信息安全与网络对抗技术实践

主　编　张文静　蒋　岚
周巧雨　刘　晓
副主编　许雯雯　沙为超　罗　琳
赵瑞华　朱　敏　薛长举

西南交通大学出版社
·成　都·

图书在版编目（C I P）数据

信息安全与网络对抗技术实践 / 张文静等主编. —
成都：西南交通大学出版社，2019.9
ISBN 978-7-5643-7146-3

Ⅰ. ①信… Ⅱ. ①张… Ⅲ. ①计算机网络 – 安全技术
– 研究 Ⅳ. ①TP393.08

中国版本图书馆 CIP 数据核字（2019）第 201236 号

Xinxi Anquan yu Wangluo Duikang Jishu Shijian
信息安全与网络对抗技术实践

主　编 / 张文静　蒋　岚　周巧雨　刘　晓

责任编辑 / 黄庆斌
特邀编辑 / 刘姗姗
封面设计 / 严春艳

西南交通大学出版社出版发行
（四川省成都市金牛区二环路北一段 111 号西南交通大学创新大厦 21 楼　610031）
发行部电话：028-87600564　028-87600533
网址：http://www.xnjdcbs.com
印刷：四川森林印务有限责任公司

成品尺寸　185 mm × 260 mm
印张　10　　字数　250 千
版次　2019 年 9 月第 1 版
印次　2019 年 9 月第 1 次

书号　ISBN 978-7-5643-7146-3
定价　30.00 元

课件咨询电话：028-81435775
图书如有印装质量问题　本社负责退换

前 言

信息安全和计算机网络对抗技术的发展对国家安全和经济建设有着极其重要的作用。因此，研究和学习信息安全知识，掌握相应主流技术迫在眉睫。目前，世界各国都积极开展了信息安全和网络对抗技术的研究和教育。为此，编者根据自己的科学实践，以多年来的科研成果为基础，结合信息技术和网络安全的教学经验，编写了本书。

本书兼顾基础知识和基本操作方法，是学生学习信息安全和网络对抗技术的入门教材。信息安全和网络对抗课程作为一门综合性科目，具有课程理论相对抽象和繁杂、理论实践联系紧密、实践性强的特点。学生经过大量的上机实践，能较好地掌握和熟悉所学内容。

本书既涵盖信息安全与网络技术的基础理论知识，又包括相关实用技术。按照从一般到特殊的原则，将理论知识和实践紧密结合，对相关领域进行深入探讨。全书分为八章，每章后有课后作业，学生可根据知识掌握程度自行设计完成，旨在培养学生分析问题、解决问题的能力和专业实践能力。各章节的主要内容安排如下：第 1 章为网络基础实验，让学员体验网络体系结构知识的实际应用，学会处理常见网络故障；第 2 章为密码技术实验，以 PGP 软件为例重点介绍加密技术在实际中的应用；第 3 章为网络攻击技术实验，包括常见的攻击手段的实施及软件的使用；第 4 章为典型攻击防御技术实验，在第 3 章的基础上实现对常见攻击手段的防御；第 5 章、第 6 章是主机安全防护实验，包括主机系统安全设置以及 Web、FTP 基本安全的防护训练；第 7 章为防火墙技术实验，以理论结合实践的方式讨论防火墙领域的若个问题，在实践中体会防火墙的使用方法；第 8 章为数据备份与恢复实验，帮助学生掌握 Windows 自带的以及常用备份工具的使用，使其能熟练应用。

本书讲解细致，具有内容全面、图文并茂的特点。学生在学习理论知识的同时，能掌握相应的操作技能。由于编者水平有限，书中难免有错误之处，恳请专家和广大读者批评指正，以利于我们不断修正。

编 者

2019 年 5 月

目 录

第1章 网络基础实验

网络环境的搭建，不单是指最底层的网线和相关设备的连接，还包括 TCP/IP 层的网络建设以及更高层的服务器、各种应用程序的设定以及操作系统网络服务配置等。网络架构的设计是否科学合理，将直接影响一个网络是否能稳定运行。网络架构中的设备及配置的服务承担着网络内信息传输的重要责任。

实验1.1 自我排查网络故障

【实验目的】

（1）会判断网络协议是否正常。

（2）会判断网络适配器是否正常。

（3）会判断网络线路是否正常。

（4）会判断 DNS 是否工作正常。

【实验内容】

（1）利用 Ping 命令自我排查网络故障。

（2）网络邻居访问故障排查。

【预备知识】

（1）计算机网络基本知识。

（2）MS-DOS 命令的基本操作知识。

【实验原理】

Ping 是 Windows、Unix 和 Linux 系统下的一个命令。Ping 也属于一个通信协议，是 TCP/IP 协议的一部分。利用“ping”命令可以检查网络是否联通，可以很好地帮助用户分析和判定网络故障。

应用格式：Ping　IP 地址

该命令还可以附加许多参数使用，具体请键入“Ping”按回车即可看到详细说明。Ping 发送一个 ICMP（Internet Control Messages Protocol），即因特网信报控制协议；响应请求消息给目的地并报告是否收到所希望的 ICMP echo（ICMP 回声应答）。它是用来检查网络是否通畅或者网络连接速度的命令。作为一个网络管理员或者黑客来说，Ping 命令是第一个必须掌握的 DOS 命令，它所利用的原理是这样的：利用网络上机器 IP 地址的唯一性，给目标 IP 地址发送一个数据包，再要求对方返回一个同样大小的数据包来确定两台网络机器是否连接相通，以及时延是多少。

【实验环境】

局域网。

【实验工具】

MS-DOS [版本 5.1.2600]，全名为 Microsoft Windows XP DOS[版本 5.1.2600]，用于 DOS 命令输入。

【实验用时】

30 分钟/实例。

【实验过程与步骤】

实验 1.1.1　利用 Ping 命令自我排查网络故障

（1）在 Windows 系统“运行”对话框中输入“cmd”，如图 1.1.1 所示，进入 MS-DOS 界面，如图 1.1.2 所示。

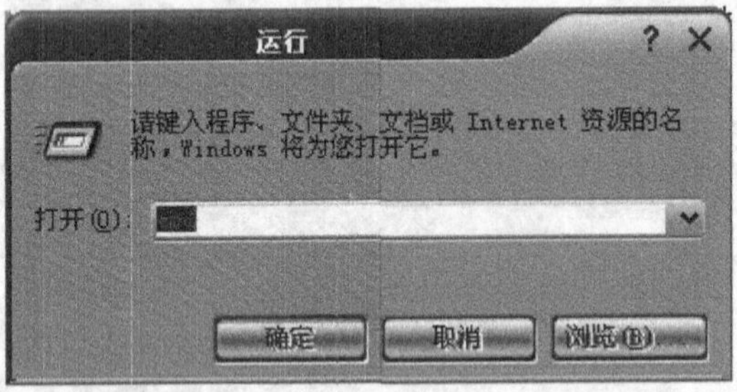

图 1.1.1　运行界面

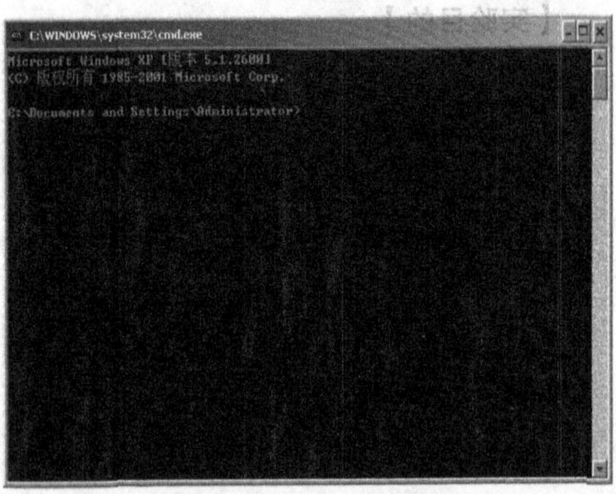

图 1.1.2　MS-DOS 界面

（2）输入命令：ping 127.0.0.1，检测本地机 TCP/IP 协议是否能正常工作，如图 1.1.3 所示。

（3）输入命令：ipconfig，查看本地计算机网络适配器分配的 IP、GW、DNS 等信息，如图 1.1.4 所示。

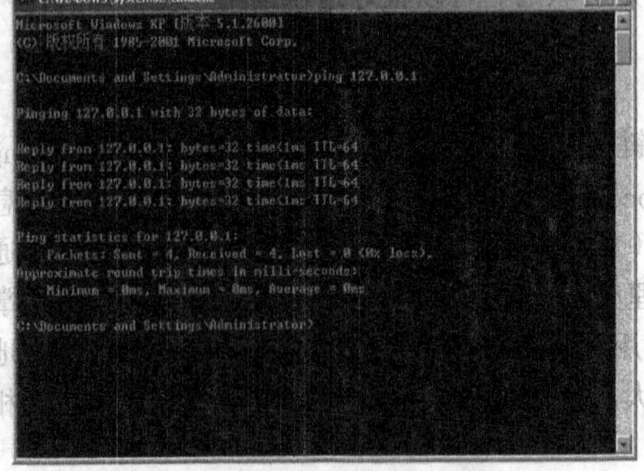

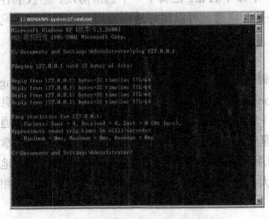

图 1.1.3　表明协议正常工作界面

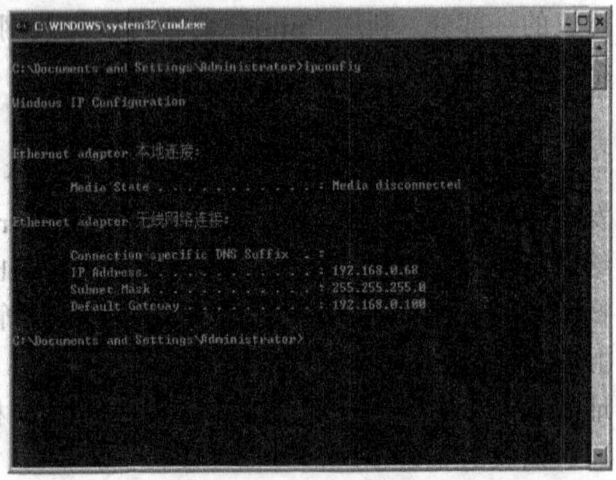

图 1.1.4　表明网络配置信息界面

（4）输入命令：ping 192.168.0.68，查看网络适配器（网卡或 MODEM）工作是否正常，如图 1.1.5 所示。

（5）输入命令：ping 192.168.0.128，查看网络线路是否出现故障（防火墙拦截除外），如图 1.1.6 所示。

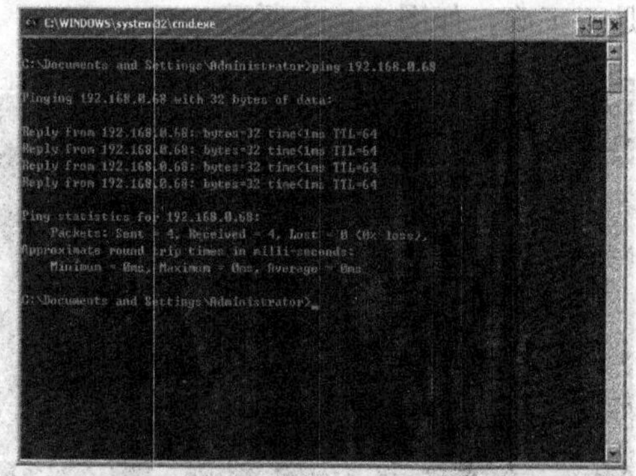

图 1.1.5　表明网络适配器正常界面

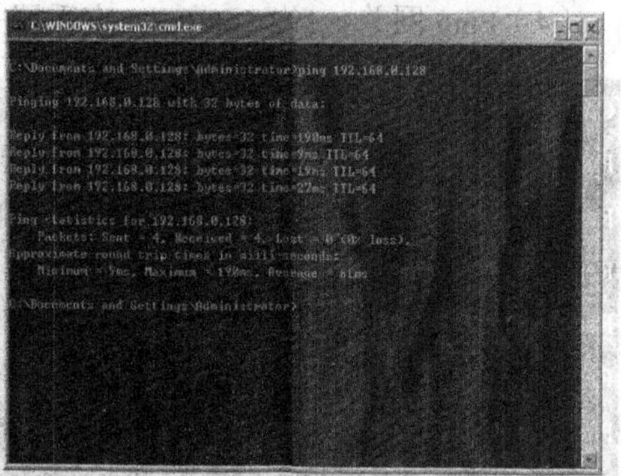

图 1.1.6　表明网络线路正常界面

（6）输入命令：ping www.google.com，查看 DNS 工作是否正常，如图 1.1.7 所示。

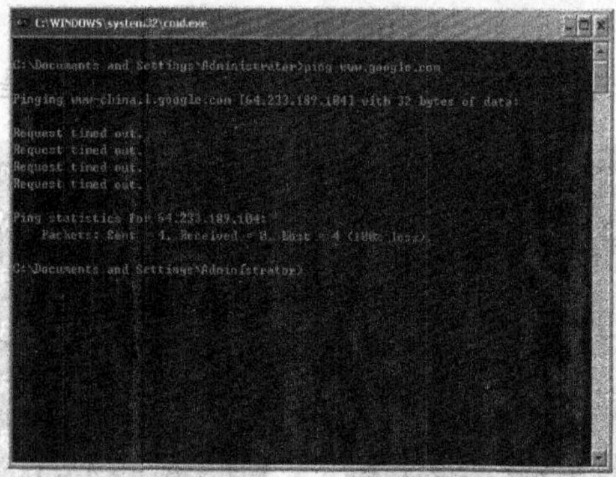

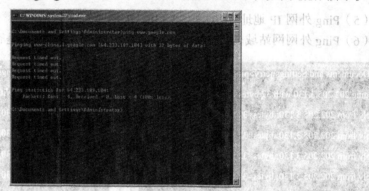

图 1.1.7　DNS 解析网址成功界面

实验 1.1.2　网络邻居访问故障排查

网络邻居访问故障的排查，首先要确定网络运行是否正常，需进行网络故障排查。如果网络运行正常，再对网络邻居涉及的各种服务进行排查。

（1）利用命令查看网络信息。ipconfig 命令界面如图 1.1.8 所示。

（2）Ping 本地回环地址，127.0.0.1，如图 1.1.9 所示，检测本地机 TCP/IP 协议是否能正常工作。

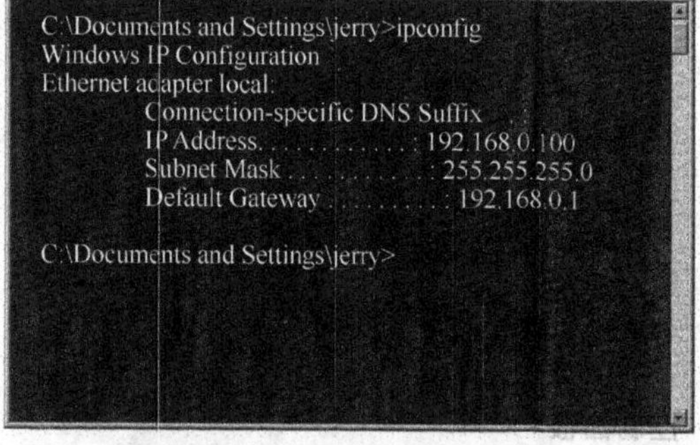

图 1.1.8　ipconfig 命令界面

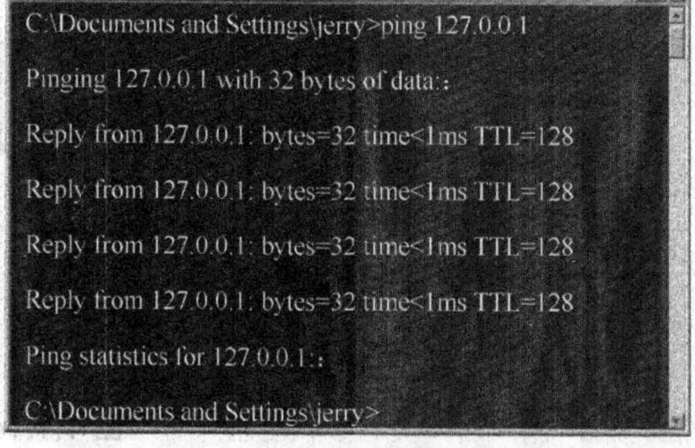

图 1.1.9　Ping 命令界面

（3）Ping 本机 IP 地址，192.168.0.100，查看网络适配器（网卡或 MODEM）工作是否正常，如图 1.1.10 所示。

（4）Ping 网关，192.168.0.1，查看网关配置是否正确，如图 1.1.11 所示。

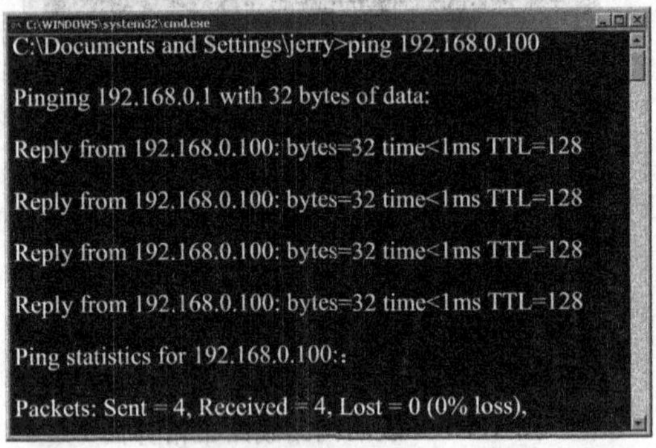

图 1.1.10　Ping 本机 IP 地址

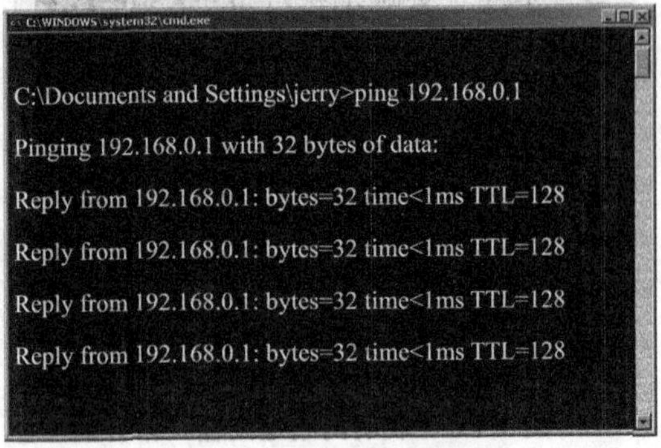

图 1.1.11　Ping 网关

（5）Ping 外网 IP 地址，202.205.3.130，如图 1.1.12 所示。

（6）Ping 外网网站域名，www.sina.com.cn，查看 DNS 工作是否正常，如图 1.1.13 所示。

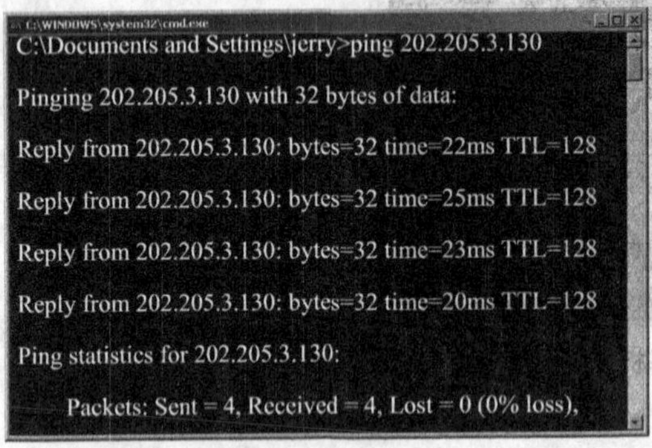

图 1.1.12　Ping 外网 IP 地址

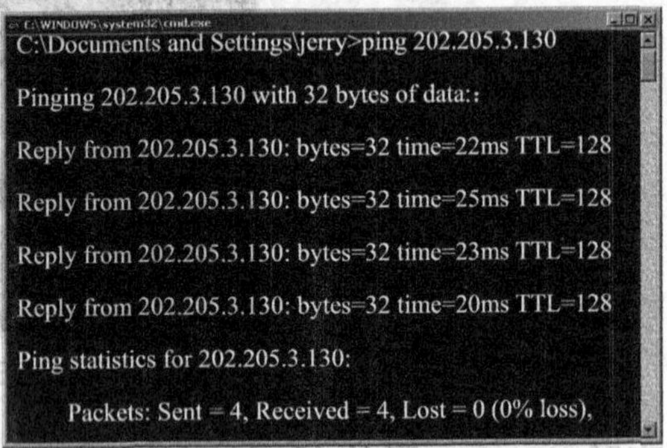

图 1.1.13　Ping 外网网站域名

（7）点击“开始”/“设置”/“控制面板”，如图 1.1.14 所示。

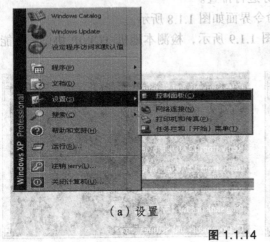

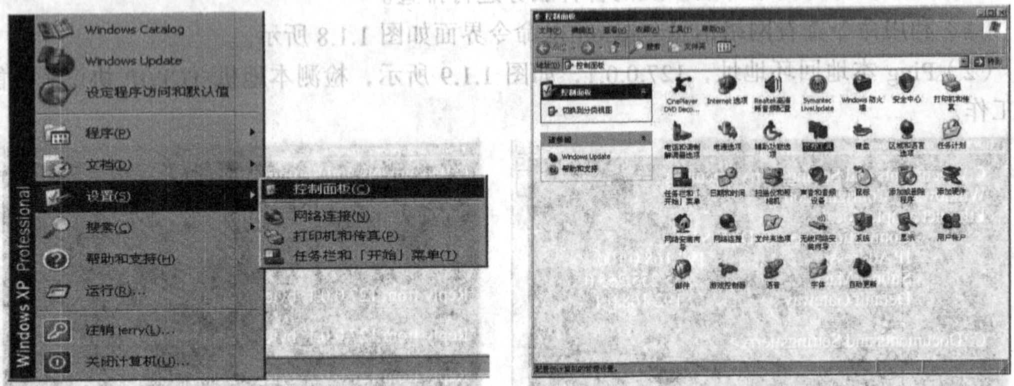

（a）设置　　　　（b）控制面板界面

图 1.1.14　控制面板

（8）双击进入管理工具，如图 1.1.15 所示。

（9）双击进入计算机管理，如图 1.1.16 所示。

（10）展开本地用户和组。

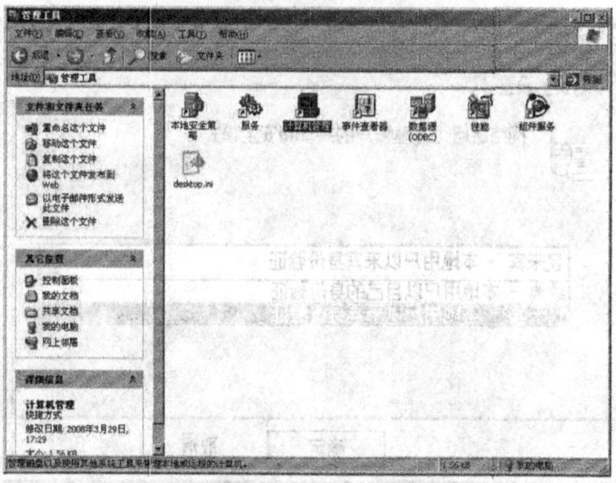

图 1.1.15　管理工具

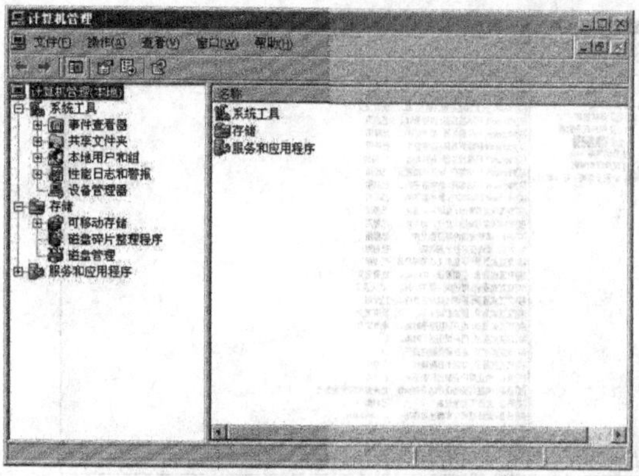

图 1.1.16　计算机管理

（11）点击“用户”，双击“Guest”，如图 1.1.17 所示，打开属性界面，如图 1.1.18 所示。

（12）点击取消“账户已停用”，完成后点击“确定”。

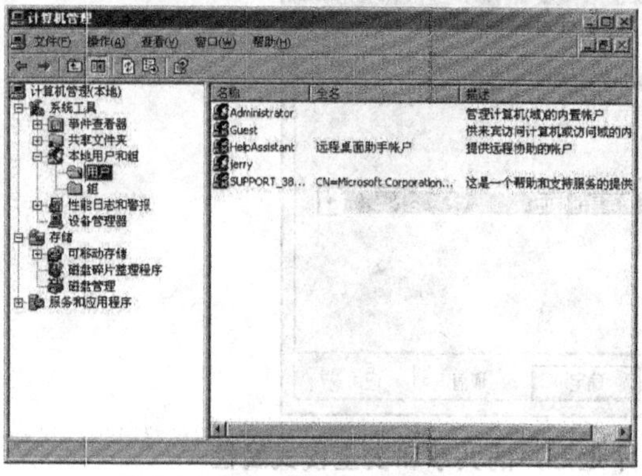

图 1.1.17　计算机管理

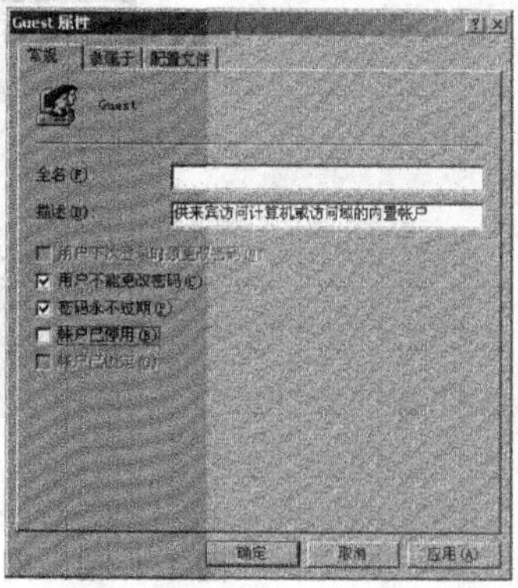

图 1.1.18　Guest 属性

（13）关闭计算机管理，双击“本地安全策略”，如图 1.1.19 所示。

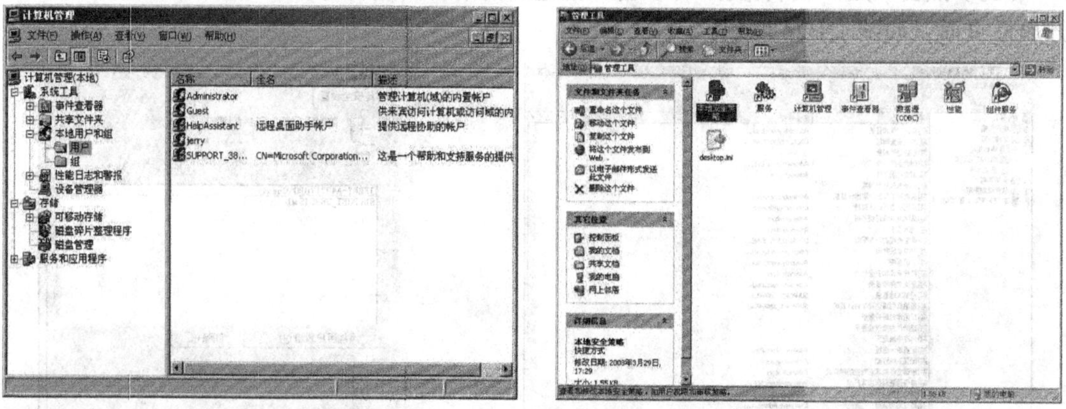

（a）计算机管理　　　　（b）管理工具

图 1.1.19　计算机管理与管理工具

（14）双击进入本地安全策略，如图 1.1.20 所示。

（15）展开本地策略，点击“安全选项”，双击开启“网络访问：本地账户的共享和安全模式属性”页面，如图 1.1.21 所示。

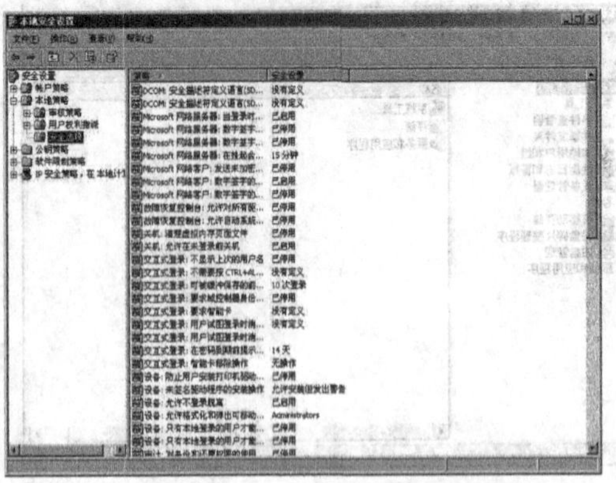

图 1.1.20　本地安全策略

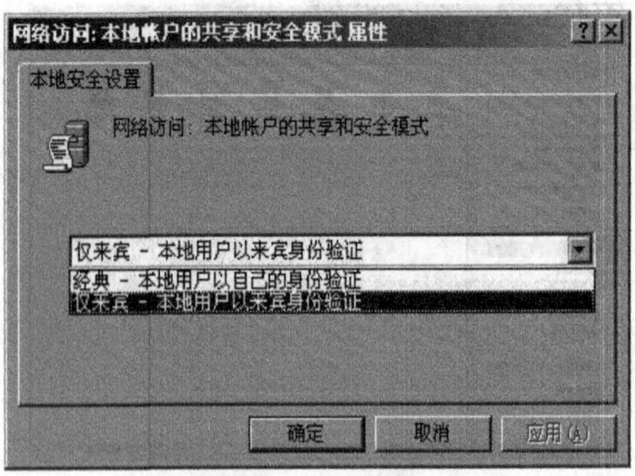

图 1.1.21　网络访问：本地账户的共享和安全模式属性

（16）选择“仅来宾”，如图 1.1.22 所示。

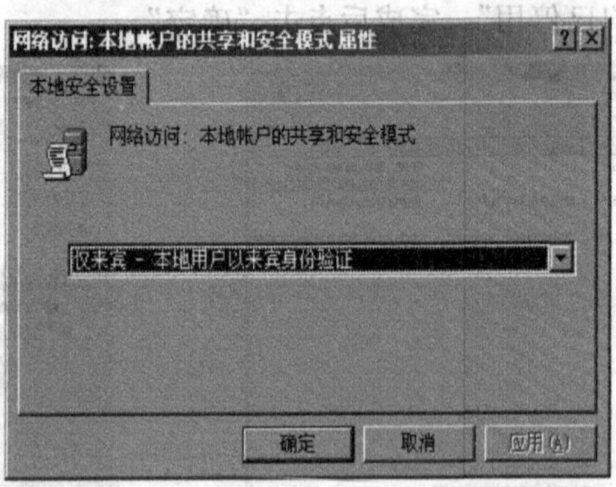

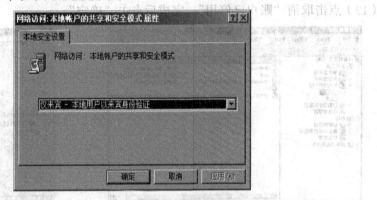

图 1.1.22　网络访问：本地账户的共享和安全模式属性

（17）完成后点击“确定”。

（18）点击“用户权利指派”，双击“拒绝从网络访问这台计算机”，如图 1.1.23 所示，打开属性页面，如图 1.1.24 所示。

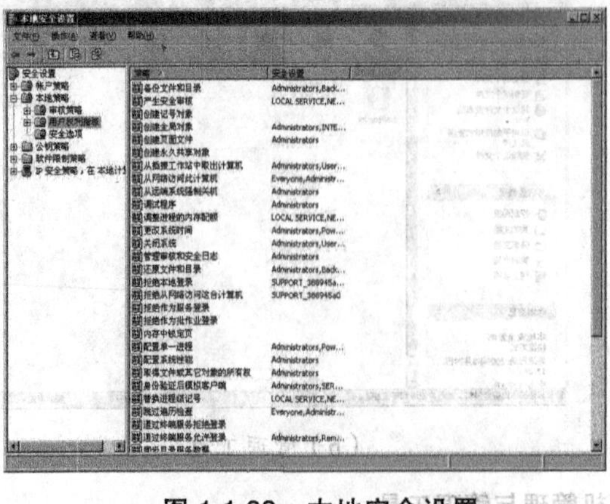

图 1.1.23　本地安全设置

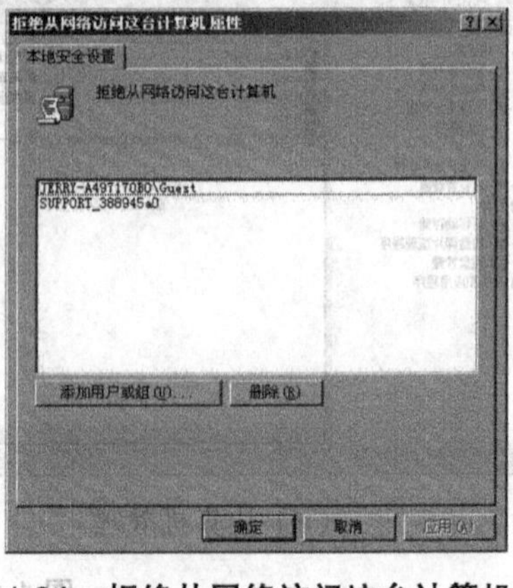

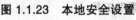

图 1.1.24　拒绝从网络访问这台计算机属性

（19）点选“Guest”，点击“删除”，如图 1.1.25 所示。

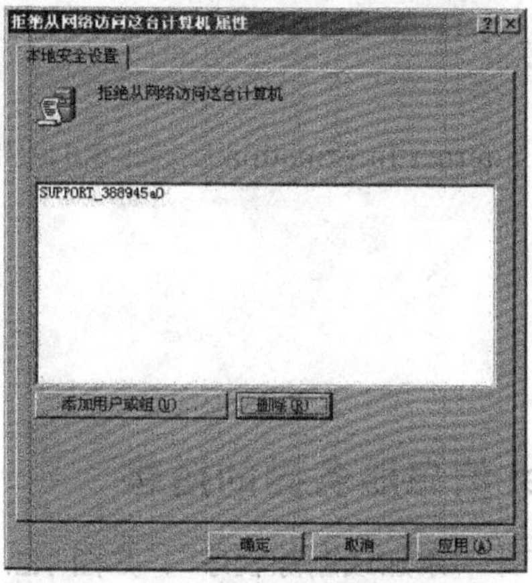

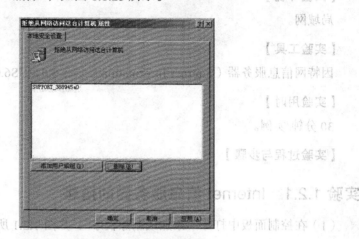

图 1.1.25　拒绝从网络访问这台计算机属性

（20）完成点击“确定”。

实验 1.2　Internet 信息服务器的初步搭建

【实验目的】

（1）了解 Windows 系统下常见的网络服务应用。
（2）掌握各种网络服务器的搭建和配置方法。

【实验内容】

（1）Internet 信息服务器的初步搭建。
（2）建立新的 FTP 站点。

【预备知识】

（1）计算机的基本操作方法。
（2）计算机网络基本知识。
（3）计算机网络服务应用的基本知识。

【实验原理】

IIS（Internet Information Services），是一个 World Wide Web Server。Gopher Server 和 FTP Server 全部包容在里面。IIS 意味着用户能发布网站，IIS 是随 Windows NT Server 4.0 一起提供的文件和应用程序服务器，是在 Windows NT Server 上建立 Internet 服务器的基本组件。它与 Windows NT Server 完全集成，允许使用 Windows NT Server 内置的安全性以及 NTFS 文件系统建立强大灵活的 Internet/Intranet 站点。IIS（Internet Information Server），即互联网信息服务，是一种 Web（网页）服务组件，其中包括 Web 服务器、FTP 服务器、NNTP 服务器和 SMTP 服务器，分别用于网页浏览、文件传输、新闻服务和邮件发送等方面，它使得在网络（包括互联网和局域网）上发布信息很容易。

【实验环境】

局域网。

【实验工具】

因特网信息服务器（Internet Information Server 6.0，IIS6.0）。

【实验用时】

30分钟/实例。

【实验过程与步骤】

实验 1.2.1　Internet 信息服务器的搭建

（1）在控制面板中打开“添加或删除程序”，如图 1.2.1 所示。

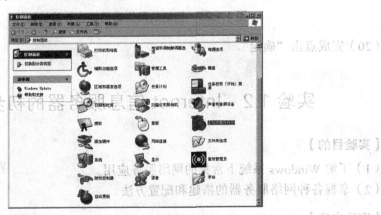

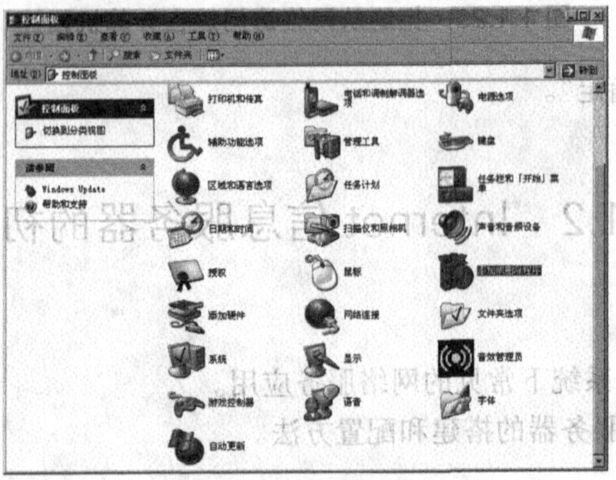

图 1.2.1　控制面板

（2）点击“添加/删除 Windows 组件”，如图 1.2.2 所示。

（3）弹出 Windows 组件向导界面，如图 1.2.3 所示。

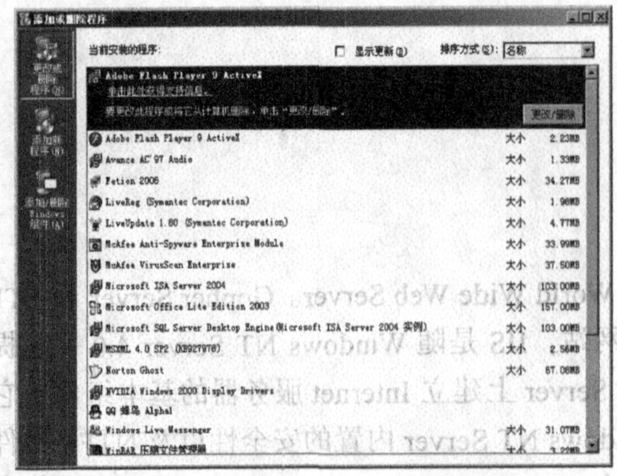

图 1.2.2　添加/删除 Windows 组件

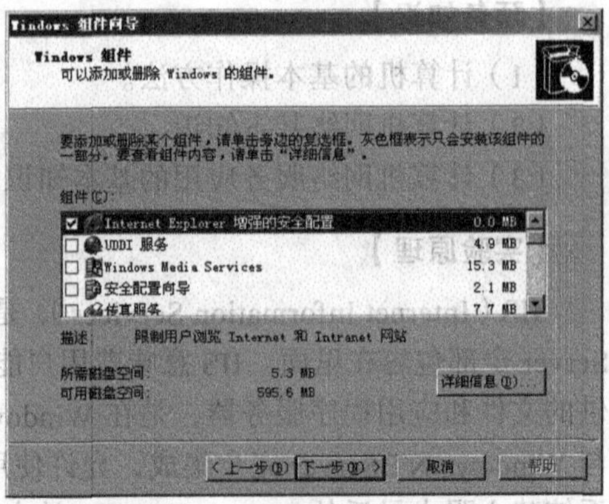

图 1.2.3　Windows 组件向导

（4）选中“应用程序服务器”项，点击“详细信息”（或双击来打开），如图 1.2.4 所示。

（5）勾选“Internet 信息服务（IIS）”，并点击“详细信息”，如图 1.2.5 所示。

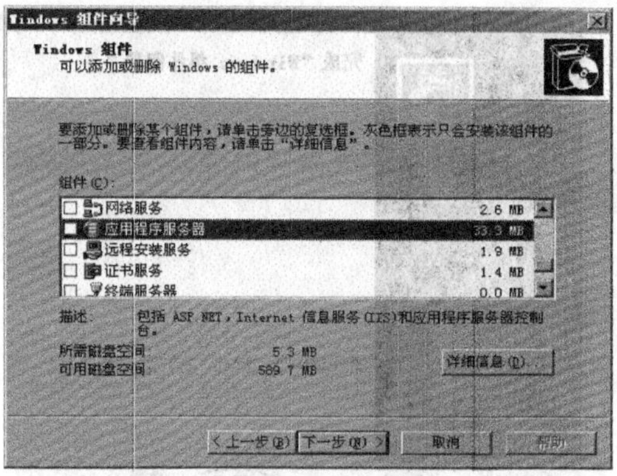

图 1.2.4　Windows 组件向导

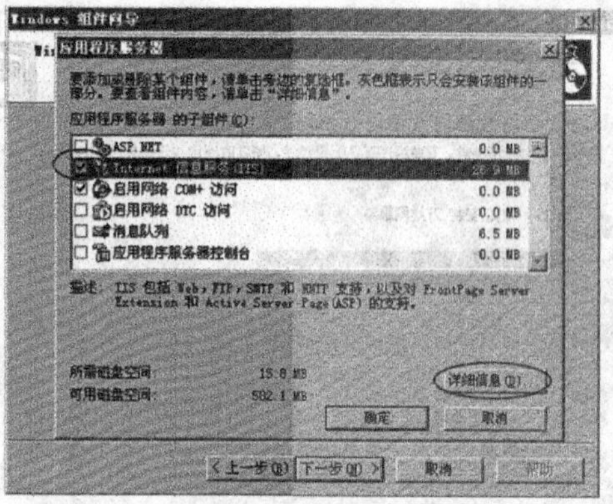

图 1.2.5　应用程序服务器

（6）可以看到 Internet 信息服务的组件列表，如图 1.2.6 所示。

（7）勾选中“文件传输协议（FTP）服务”，完成后“确定”，如图 1.2.7 所示。

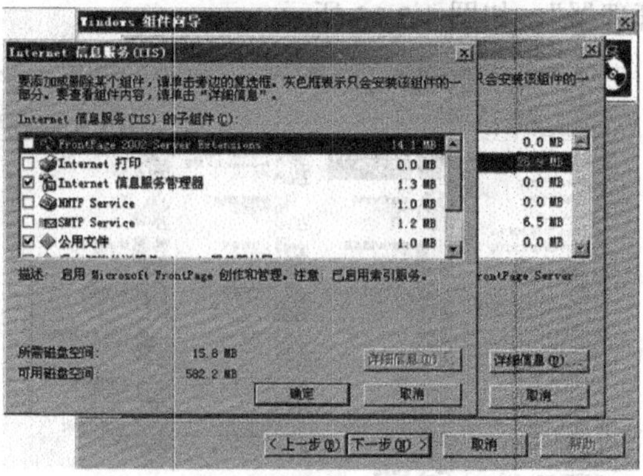

图 1.2.6　Internet 信息服务

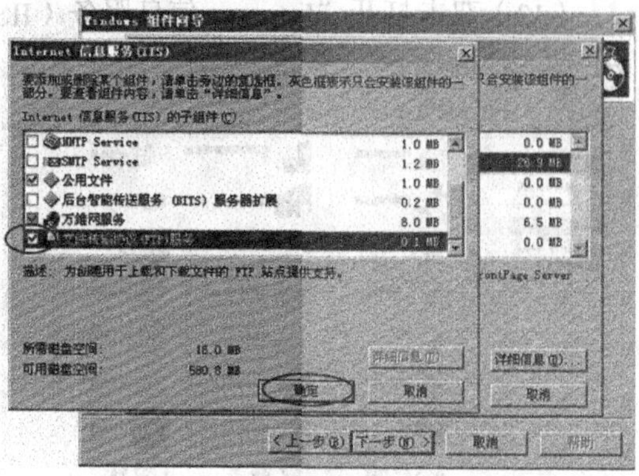

图 1.2.7　Internet 信息服务

（8）再次点击“确定”，如图 1.2.8 所示。

（9）组件选择完成后，点击“下一步”进行组件的安装，如图 1.2.9 所示。

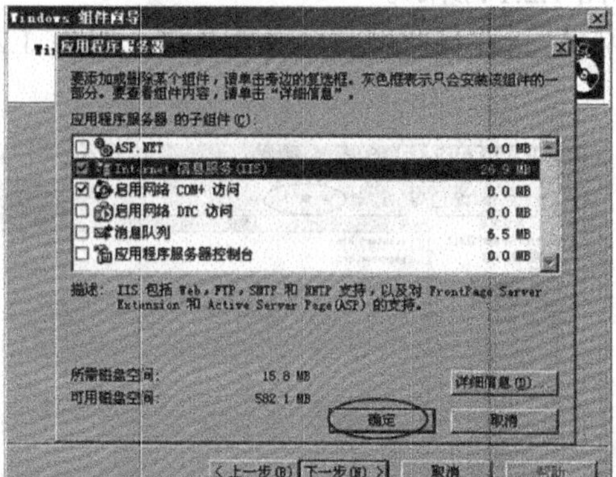

图 1.2.8　应用程序服务器

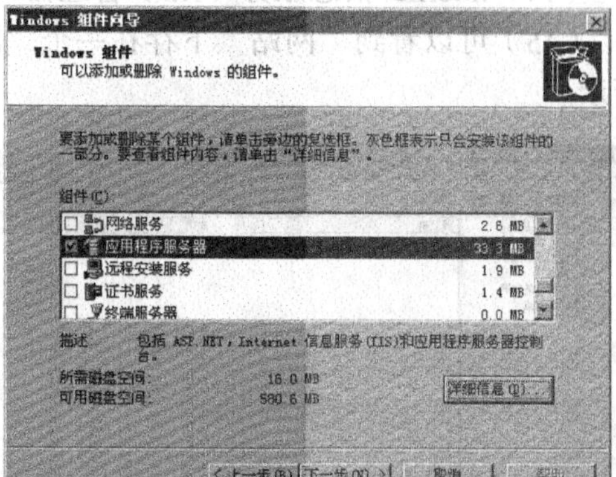

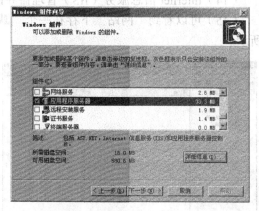

图 1.2.9　Windows 组件向导

（10）安装过程如图 1.2.10 所示，此过程中应保证 Windows 2003 系统光盘放在光驱中。

（11）点击“完成”，完成 Windows 组件的安装，如图 1.2.11 所示。

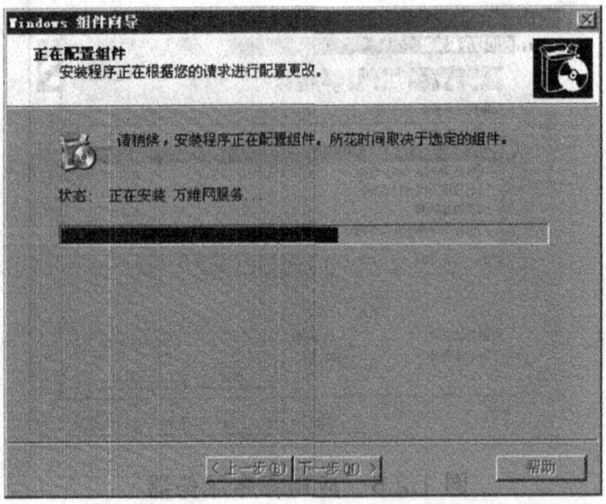

图 1.2.10　Windows 组件向导

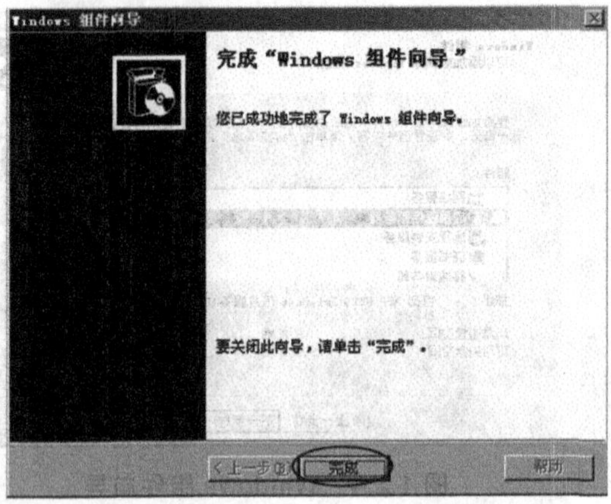

图 1.2.11　Windows 组件向导

（12）点击进入“管理工具”，如图 1.2.12 所示。

（13）双击打开“Internet 信息服务（IIS）管理器”，如图 1.2.13 所示。

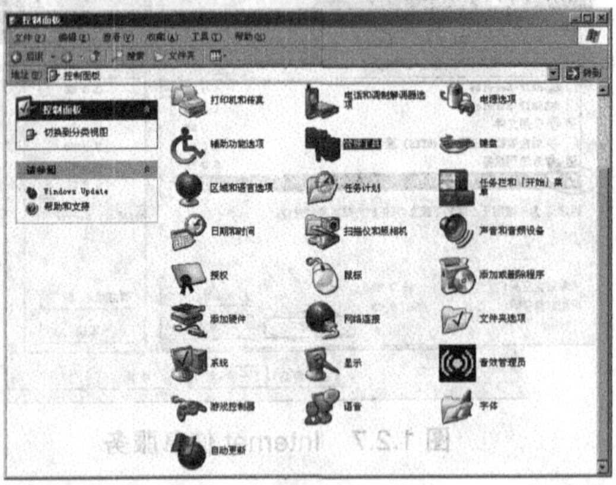

图 1.2.12　控制面板

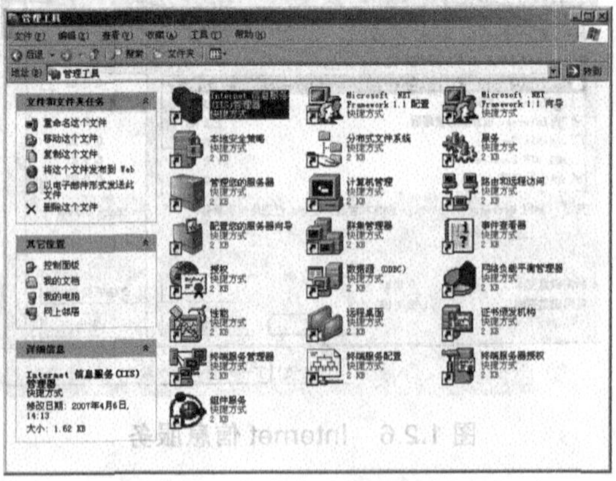

图 1.2.13　管理工具

（14）Internet 信息服务（IIS）管理器界面如图 1.2.14 所示。

（15）可以看到“网站”下存在一个“默认网站”，并且此网站已对外开放，如图 1.2.15 所示。

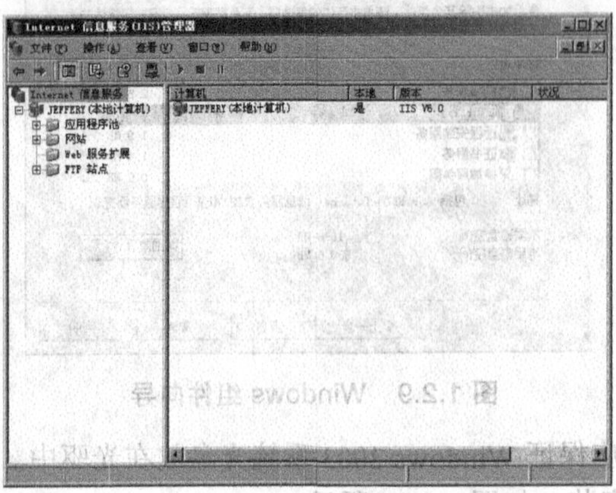

图 1.2.14　Internet 信息服务管理器

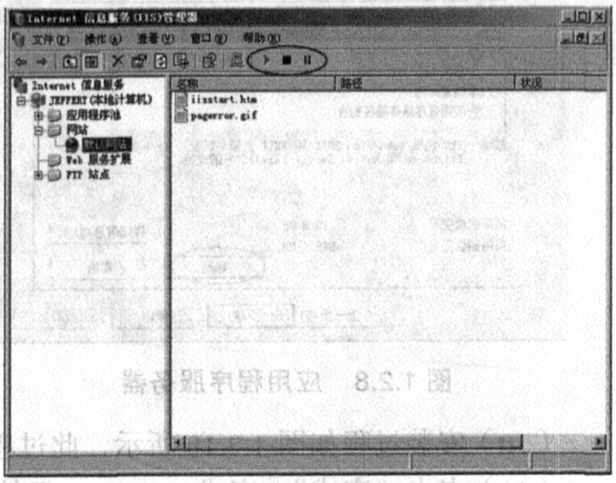

图 1.2.15　Internet 信息服务管理器

（16）同理，“FTP 站点”下存在一个“默认 FTP 站点”，同样对外开放，如图 1.2.16 所示。

（17）利用此主机的 IP 地址，测试访问其 Web 服务，如图 1.2.17 所示。

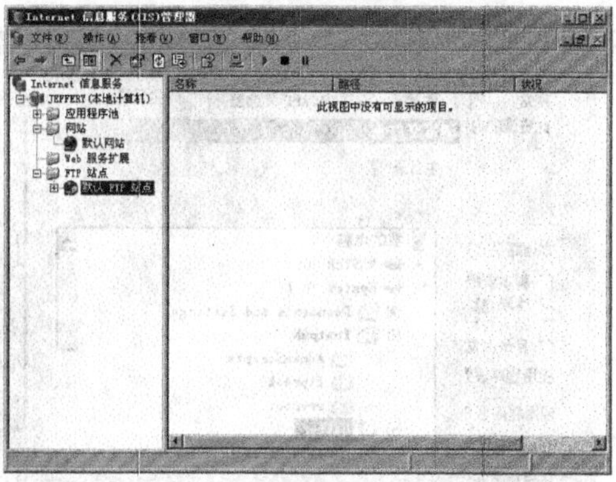

图 1.2.16　Internet 信息服务管理器

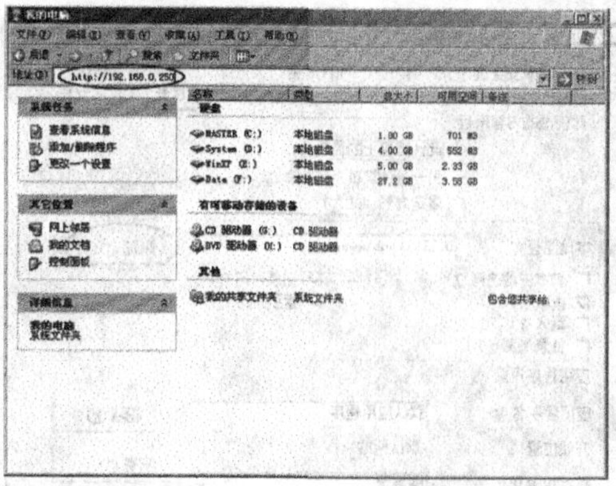

图 1.2.17　我的电脑

（18）可以看到“建设中”字样的网页，如图 1.2.18 所示，说明 Web 服务已经正常工作。

（19）再测试访问其 FTP 服务，如图 1.2.19 所示。

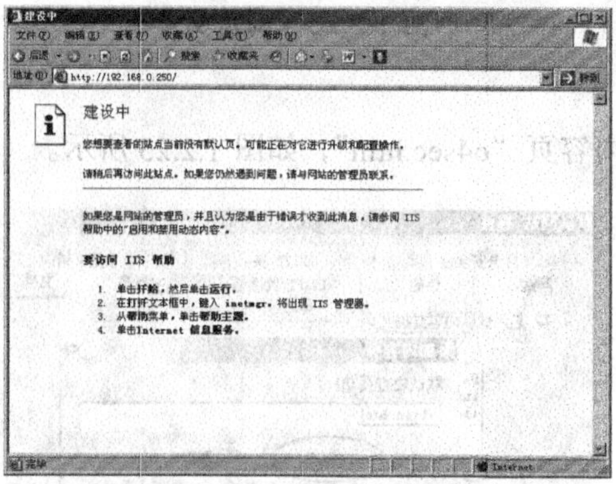

图 1.2.18　建设中

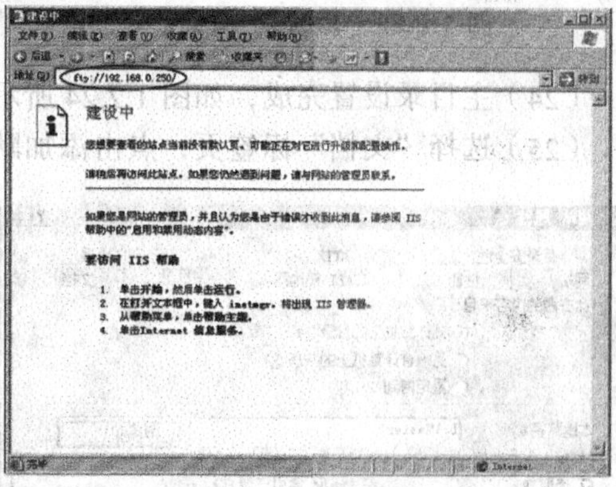

图 1.2.19　建设中

（20）正常显示 FTP 站点（但因为并未配置文件发布，所以站点资源为空），如图 1.2.20 所示。由此可以表明包含 Web 站点和 FTP 站点的 IIS 服务已成功搭建。

（21）右键点击网站的“默认站点”，选择“属性”，如图 1.2.21 所示。

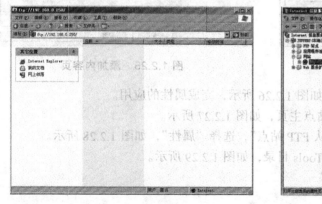

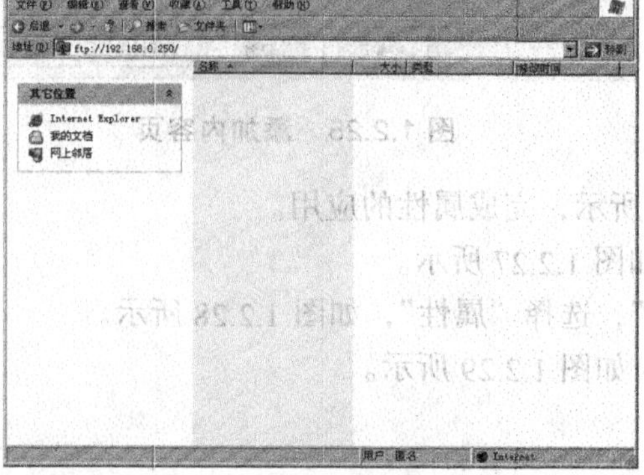

图 1.2.20　FTP 站点

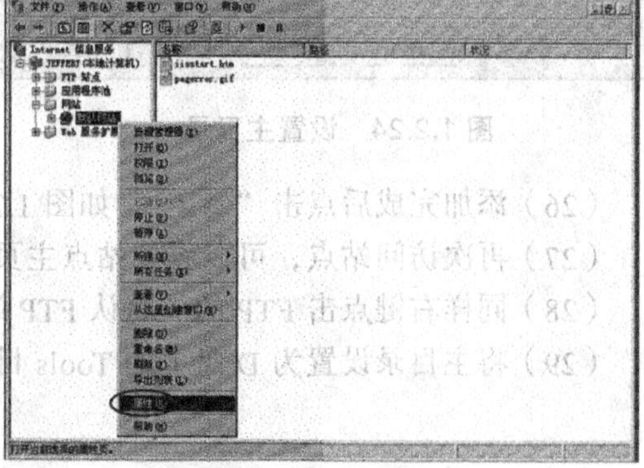

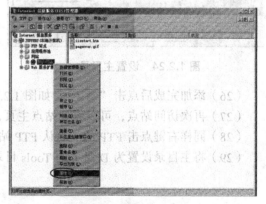

图 1.2.21　设置默认网站属性

（22）“主目录”标签页下，选择“浏览”，如图 1.2.22 所示。

（23）将主目录设置为 D 盘下的 Master 目录，如图 1.2.23 所示。

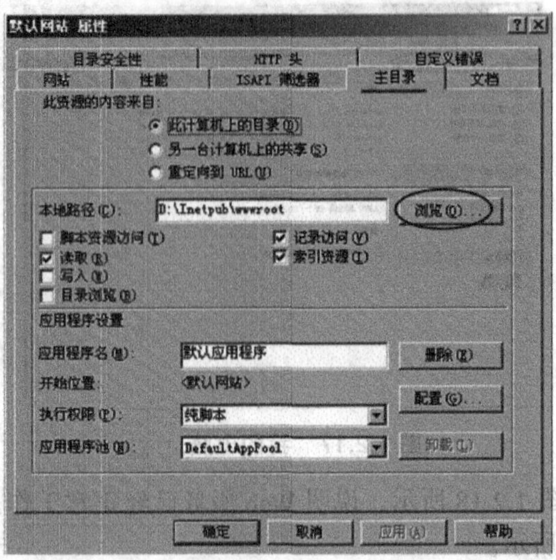

图 1.2.22　默认网站属性

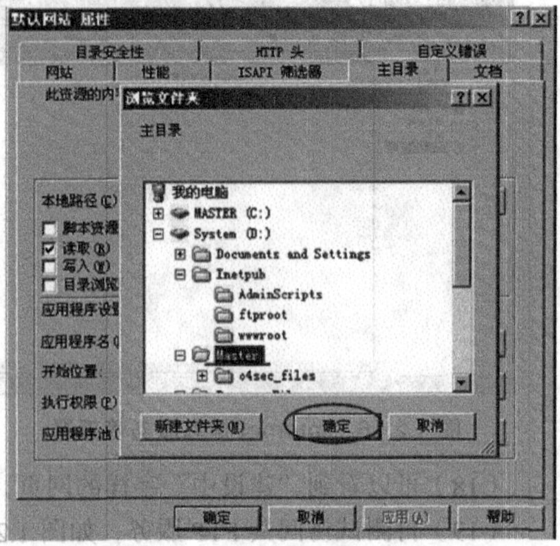

图 1.2.23　浏览文件夹

（24）主目录设置完成，如图 1.2.24 所示。

（25）选择“文档”标签页，点击添加默认内容页“o4sec.htm”，如图 1.2.25 所示。

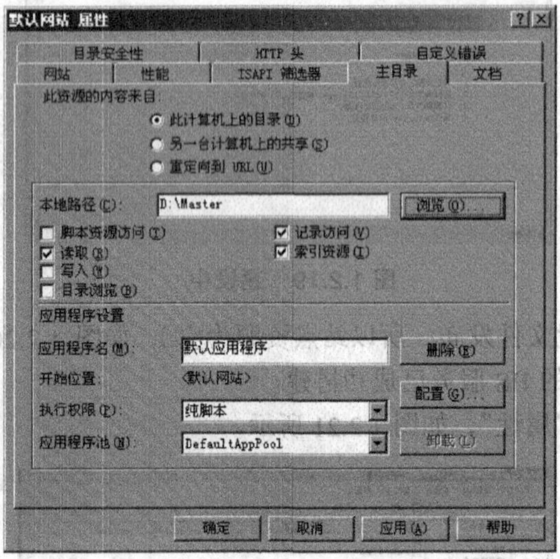

图 1.2.24　设置主目录

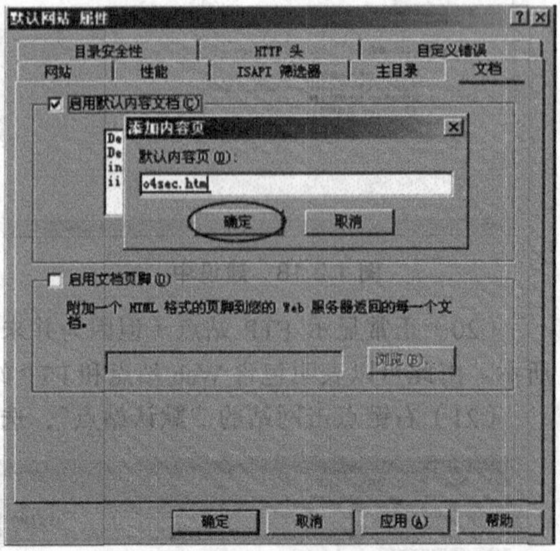

图 1.2.25　添加内容页

（26）添加完成后点击“确定”，如图 1.2.26 所示，完成属性的应用。

（27）再次访问站点，可以看到站点主页，如图 1.2.27 所示。

（28）同样右键点击 FTP 的“默认 FTP 站点”，选择“属性”，如图 1.2.28 所示。

（29）将主目录设置为 D 盘下的 Tools 目录，如图 1.2.29 所示。

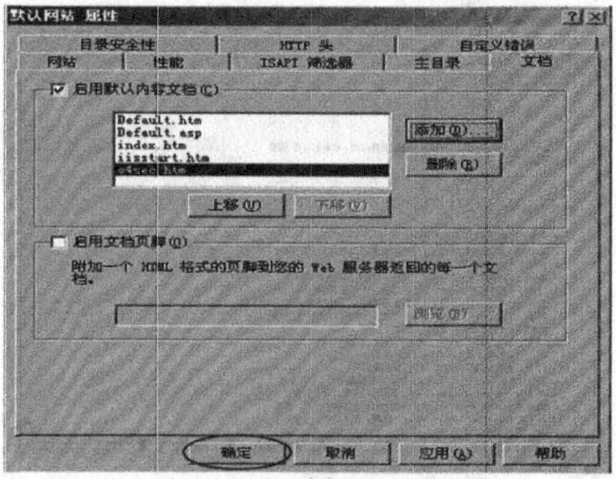

图 1.2.26　启用默认内容文档

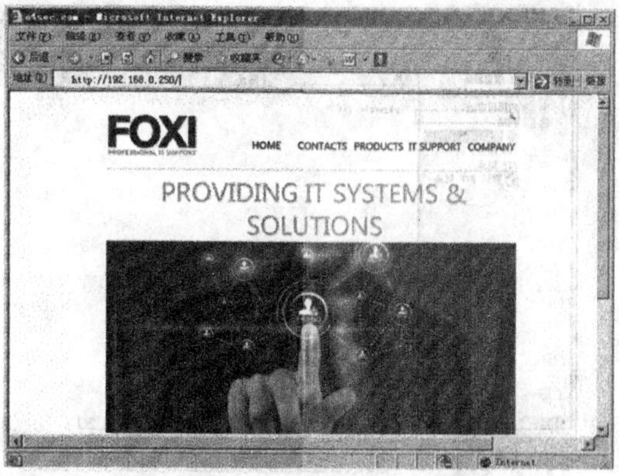

图 1.2.27　站点主页

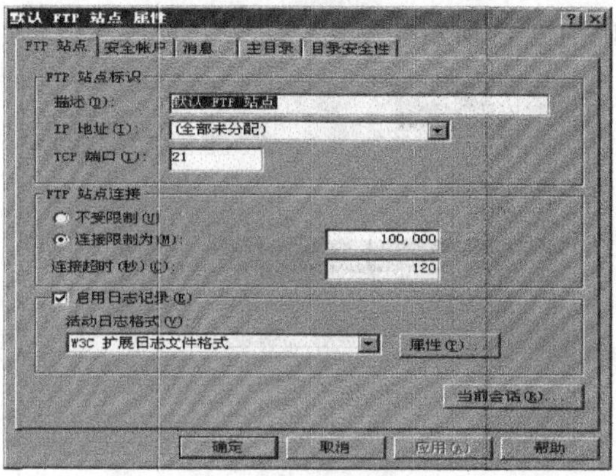

图 1.2.28　默认 FTP 站点属性

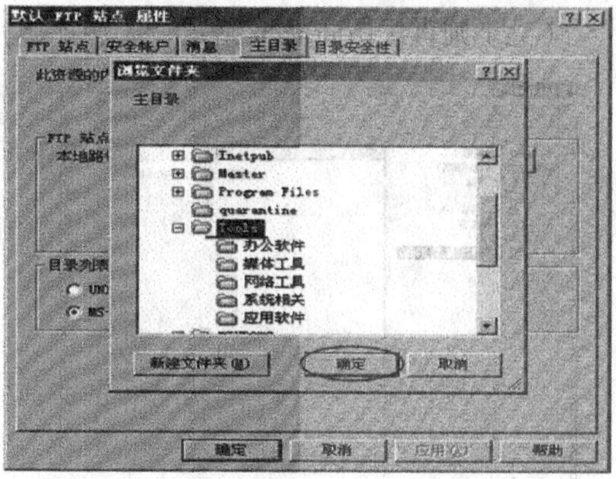

图 1.2.29　浏览文件夹

（30）设置完成后点击“确定”，完成属性的应用，如图 1.2.30 所示。

（31）再次访问 FTP 站点，可以看到其目录如图 1.2.31 所示。

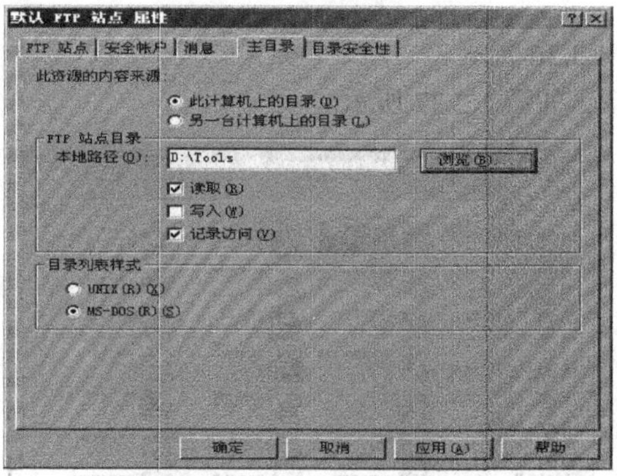

图 1.2.30　设置完成

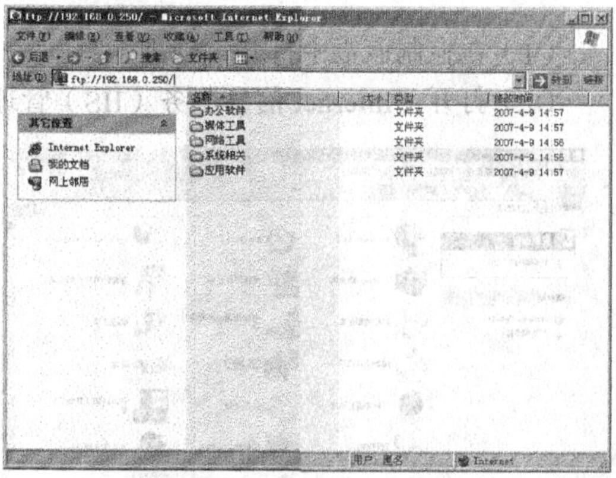

图 1.2.31　访问 FTP 站点

（32）如果一旦停止默认站点，其界面如图 1.2.32 所示。

（33）则再次访问 Web 站点，将无法显示，如图 1.2.33 所示。

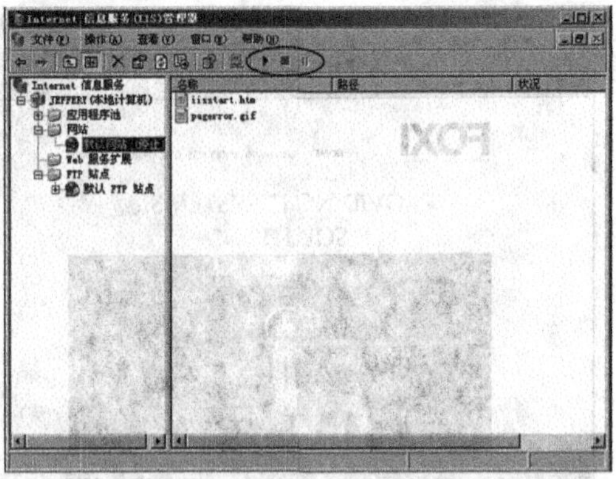

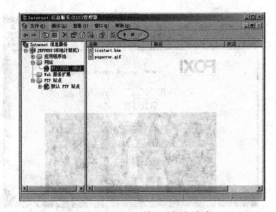

图 1.2.32　停止默认站点

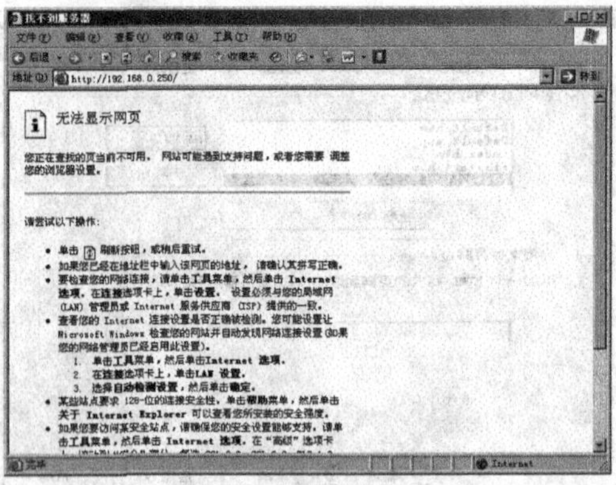

图 1.2.33　访问 Web 站点

（34）同理，一旦停止默认 FTP 站点，如图 1.2.34 所示。

（35）则再次访问 FTP 站点，无法连接，如图 1.2.35 所示。

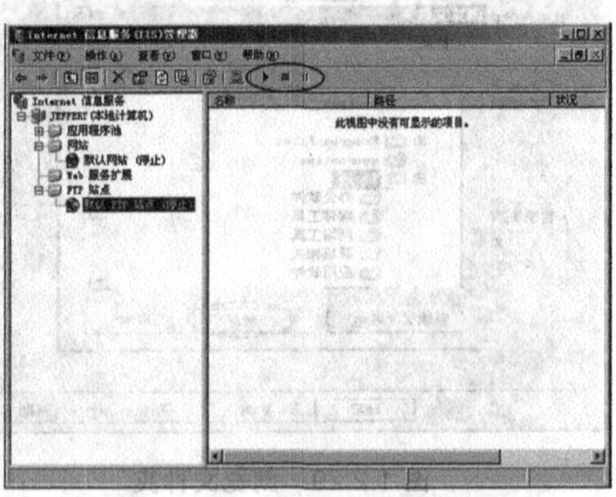

图 1.2.34　停止默认 FTP 站点

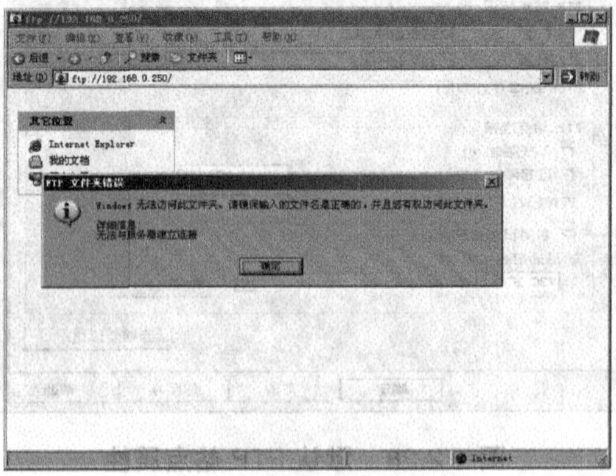

图 1.2.35　访问 FTP 站点

实验 1.2.2　建立新的 FTP 站点

（1）在控制面板中打开“管理工具”，如图 1.2.36 所示。

（2）打开“Internet 信息服务（IIS）管理器”，如图 1.2.37 所示。

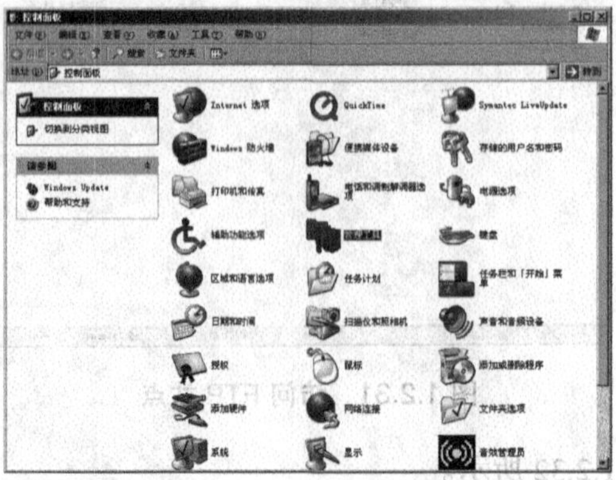

图 1.2.36　控制面板

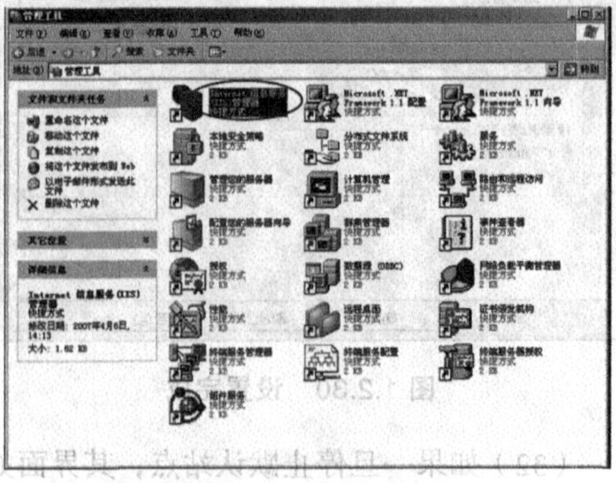

图 1.2.37　管理工具

（3）“Internet 信息服务（IIS）管理器”界面，如图 1.2.38 所示。

（4）可以看到默认的 FTP 站点，并且此站点处于开放状态，如图 1.2.39 所示。

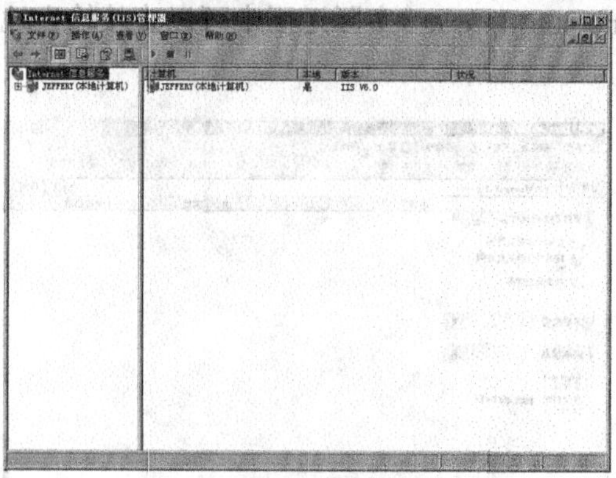

图 1.2.38　Internet 信息服务管理器

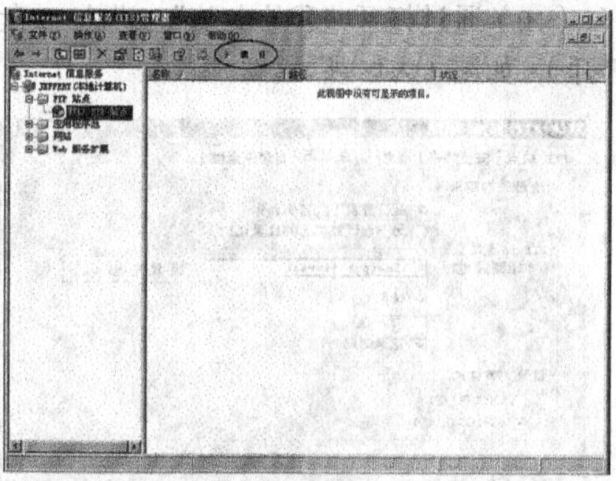

图 1.2.39　默认 FTP 站点

（5）测试访问此默认 FTP 站点，效果如图 1.2.40 所示，站点中的文件列表为空（192.168.0.250 是此服务器的 IP 地址）。

（6）右键点击此默认 FTP 站点，选择“属性”，如图 1.2.41 所示。

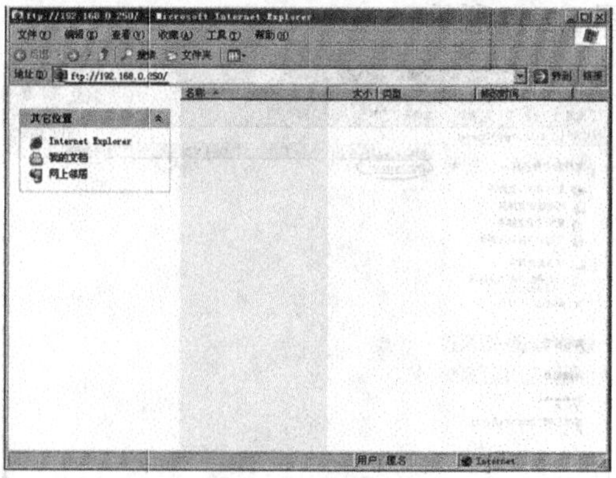

图 1.2.40　访问默认 FTP 站点

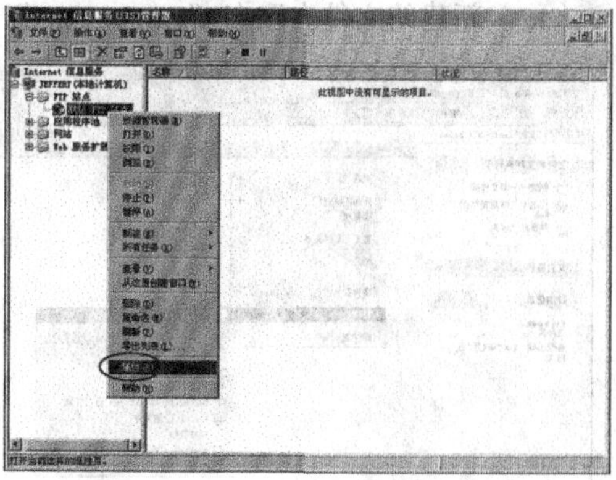

图 1.2.41　默认 FTP 站点—属性

（7）IP 地址全部未分配情况下，如图 1.2.42 所示。如果此服务器中其他的 FTP 站点未分配使用 21 端口，则直接以“ftp://IP 地址”的方式访问这个默认 FTP 站点。

（8）在“安全账户”选项卡下，可以看到此站点是允许匿名访问的，如图 1.2.43 所示。

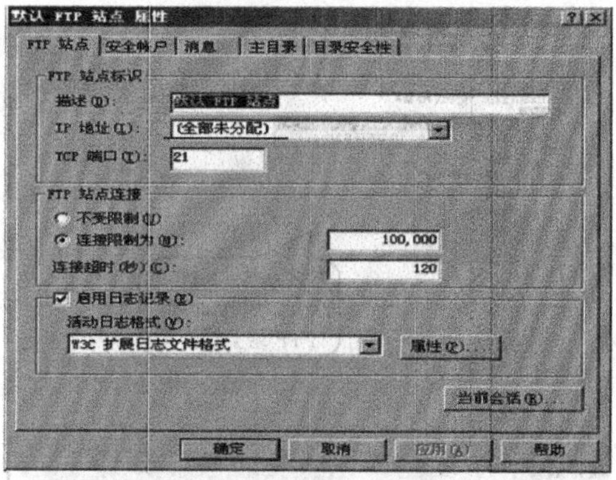

图 1.2.42　默认 FTP 站点属性—FTP 站点

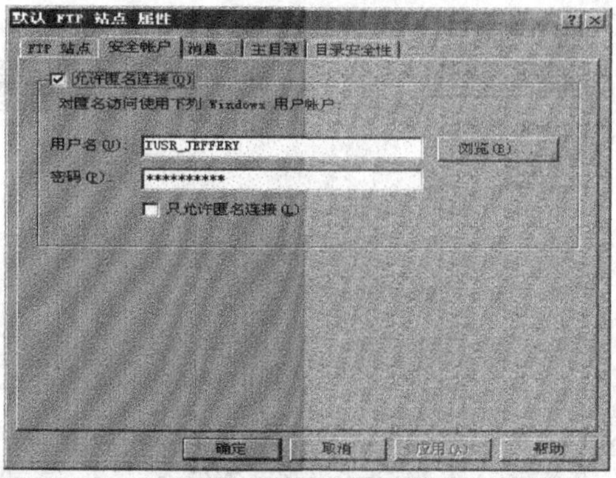

图 1.2.43　默认 FTP 站点属性—安全账户

（9）在“主目录”选项卡下，可以看到 FTP 站点的文件目录，如图 1.2.44 所示。

（10）通过打开“我的电脑”，进入 D 盘的 Inetpub\ftproot（实际运用中可以直接输入地址打开），如图 1.2.45 所示。

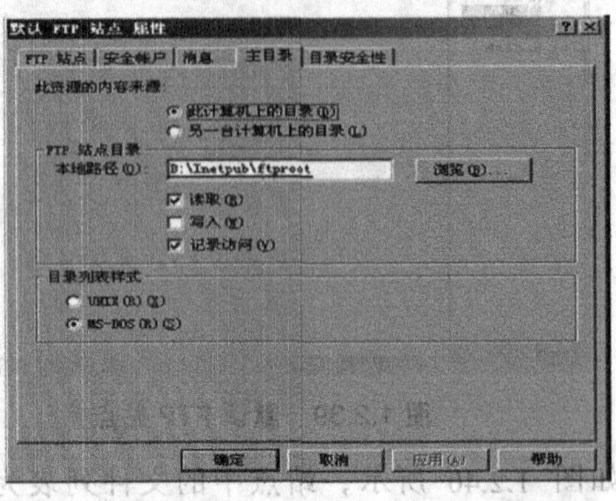

图 1.2.44　默认 FTP 站点属性—主目录

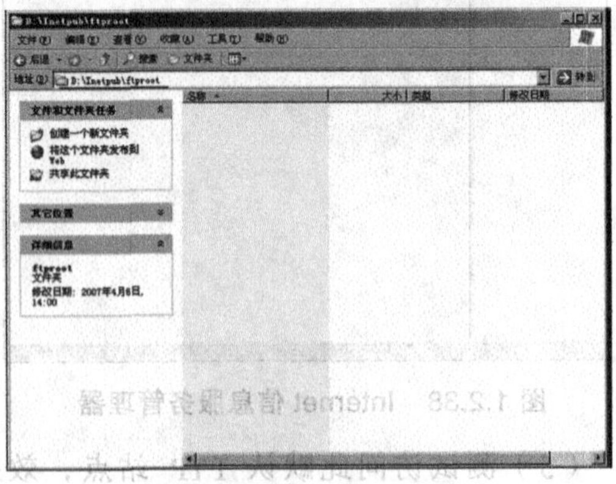

图 1.2.45　进入文件夹

（11）右键点击选择新建一个文件夹，如图 1.2.46 所示。

（12）新建的文件夹取名“Documents”，如图 1.2.47 所示。

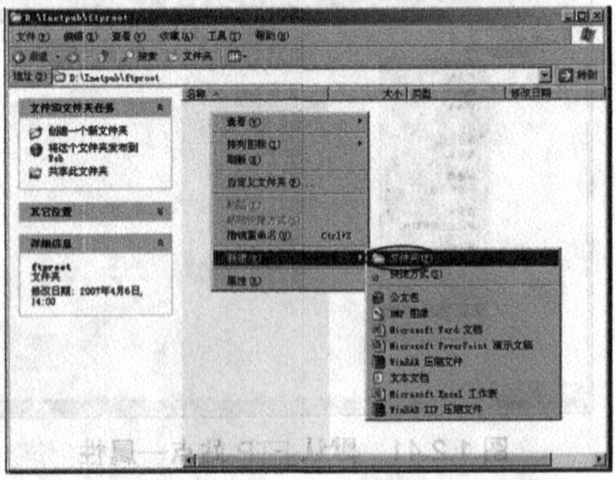

图 1.2.46　新建文件夹

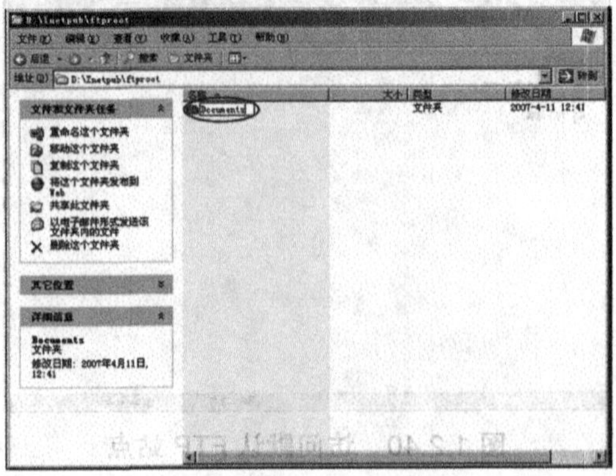

图 1.2.47　Documents

（13）再次访问此 FTP 站点，会看到刚刚新建的文件夹“Documents”，如图 1.2.48 所示。

（14）右键点击“FTP 站点”，选择新建“FTP 站点”，如图 1.2.49 所示。

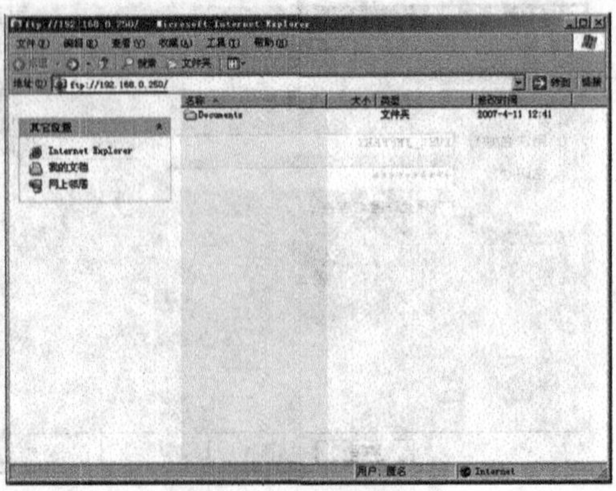

图 1.2.48　访问 FTP 站点

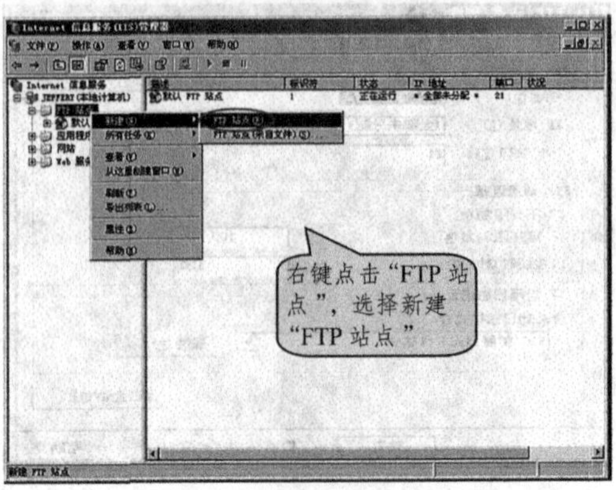

图 1.2.49　新建 FTP 站点

（15）FTP 站点创建向导如图 1.2.50 所示，点击“下一步”。

（16）描述中填入“工具”，点击“下一步”，如图 1.2.51 所示。

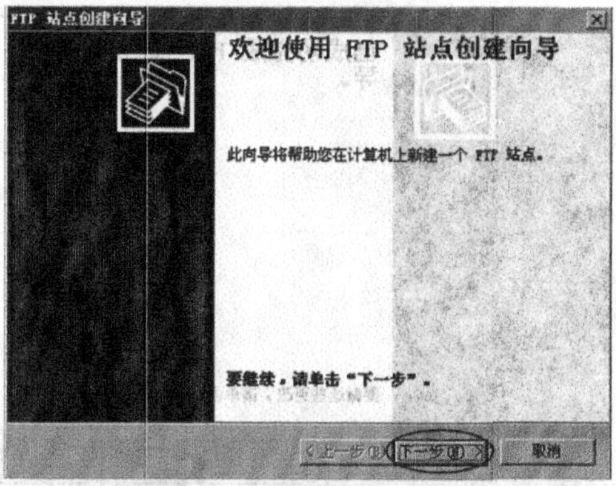

图 1.2.50　FTP 站点创建向导

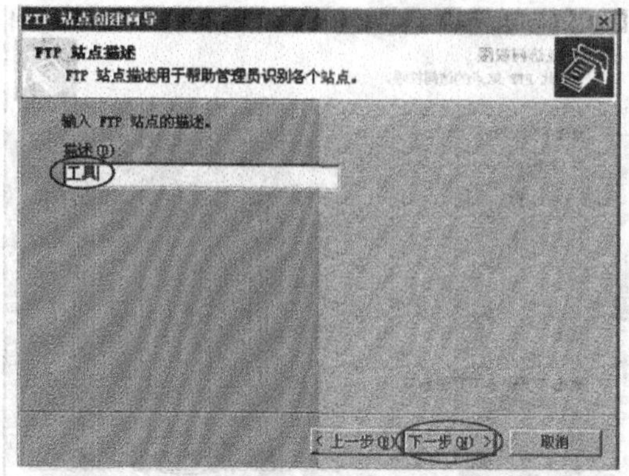

图 1.2.51　FTP 站点描述

（17）设置此新 FTP 站点使用的 IP 地址为 192.168.0.250，使用的 TCP 端口为 2121，如图 1.2.52 所示。

（18）不进行 FTP 用户隔离相关设置，直接点击“下一步”，如图 1.2.53 所示。

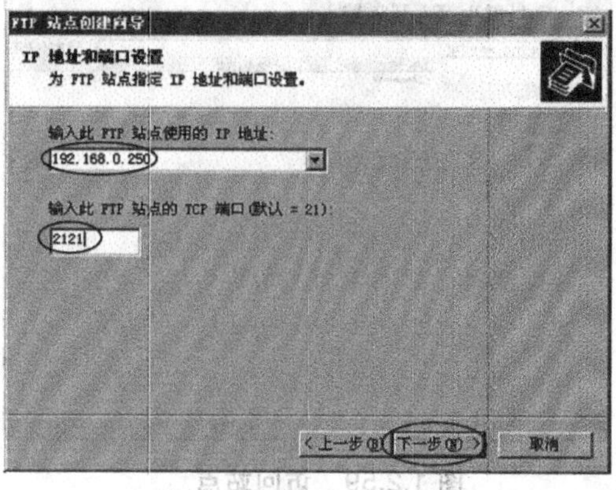

图 1.2.52　IP 地址和端口设置

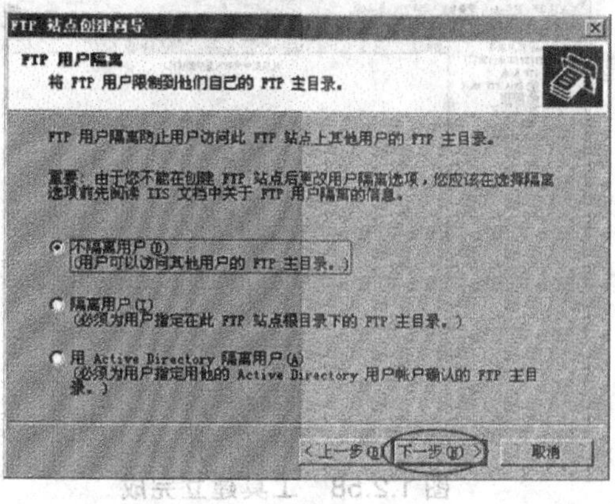

图 1.2.53　FTP 用户隔离

（19）设置此新 FTP 站点主目录为 D:\Tools 文件夹，如图 1.2.54 所示。

（20）路径设置完成，点击“下一步”，如图 1.2.55 所示。

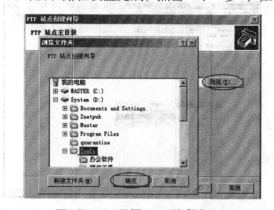

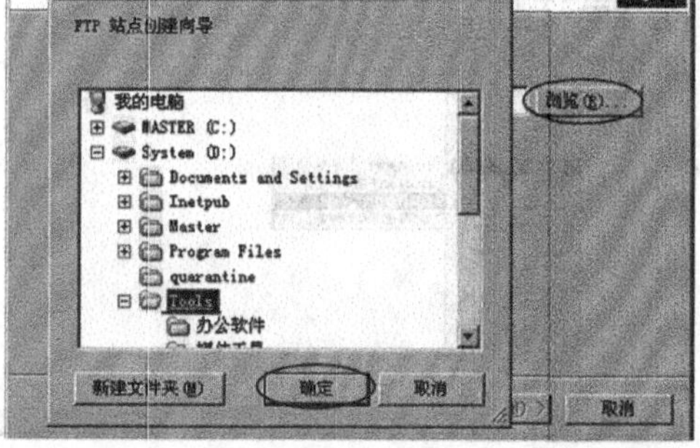

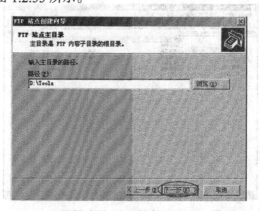

图 1.2.54　设置 FTP 站点主目录

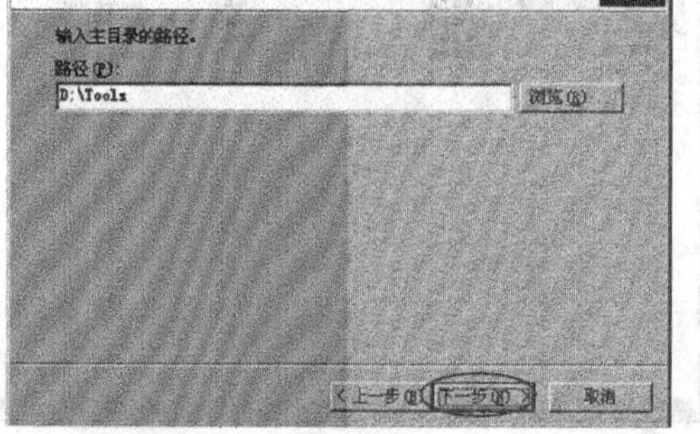

图 1.2.55　FTP 站点主目录

（21）默认权限即可，点击“下一步”，如图 1.2.56 所示。

（22）点击“完成”结束创建向导，如图 1.2.57 所示。

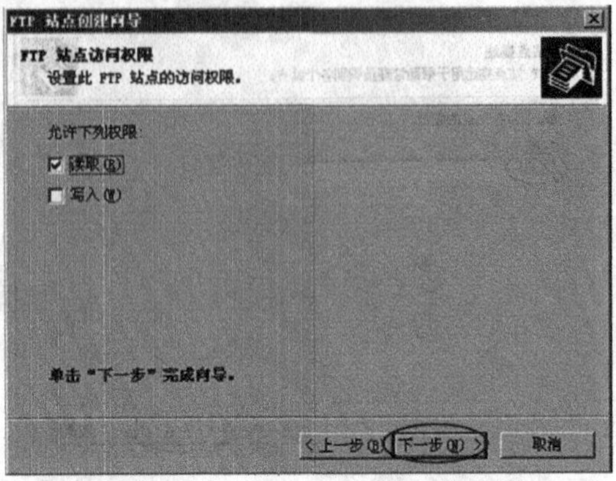

图 1.2.56　FTP 站点访问权限

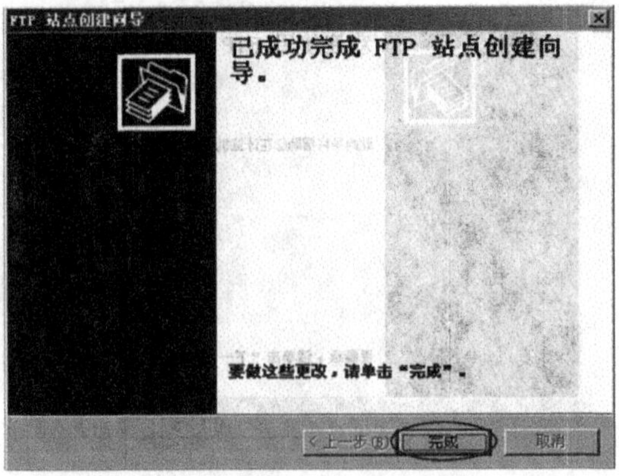

图 1.2.57　FTP 站点创建完成

（23）新 FTP 站点“工具”建立完成，如图 1.2.58 所示。

（24）再次访问站点 ftp://192.168.0.250，发现结果仍然是默认的 FTP 站点，如图 1.2.59 所示。

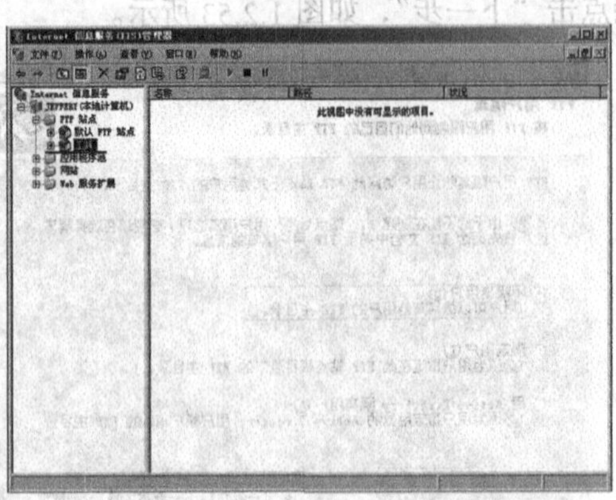

图 1.2.58　工具建立完成

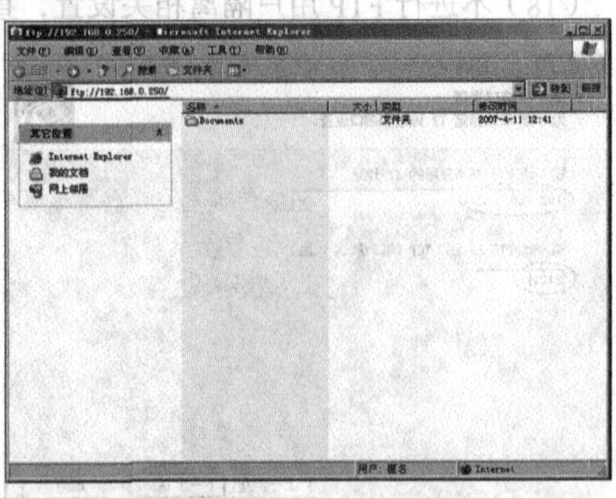

图 1.2.59　访问站点

（25）访问此 FTP 服务器的 2121 端口，就能正常访问刚刚新建的站点了，如图 1.2.60 所示。

（26）右键点击站点“工具”，选择新建“虚拟目录”，如图 1.2.61 所示。

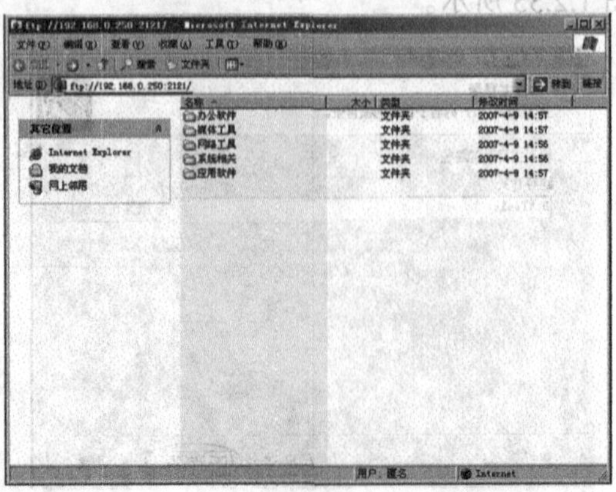

图 1.2.60　访问 FTP 服务器端口

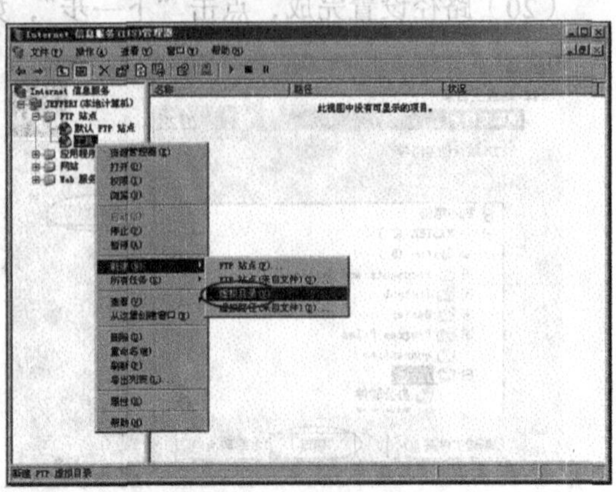

图 1.2.61　新建虚拟目录

（27）虚拟目录创建向导如图 1.2.62 所示，点击“下一步”。
（28）设置虚拟目录别名为 abc，并点击“下一步”，如图 1.2.63 所示。

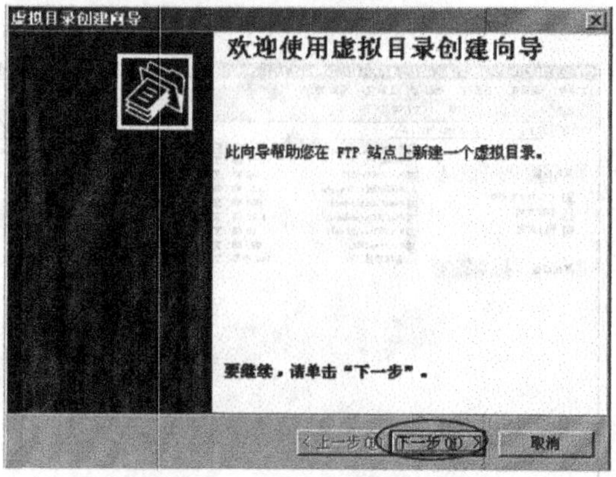

图 1.2.62　虚拟目录创建向导

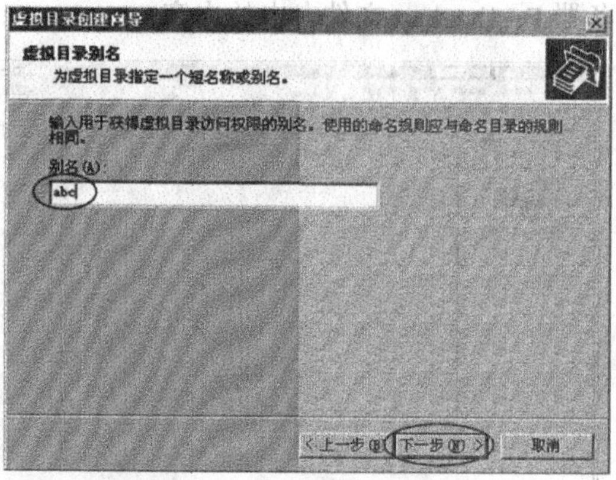

图 1.2.63　设置虚拟目录别名

（29）设置此虚拟目录的路径为 F:\backup，如图 1.2.64 所示。
（30）路径设置完成，点击“下一步”，如图 1.2.65 所示。

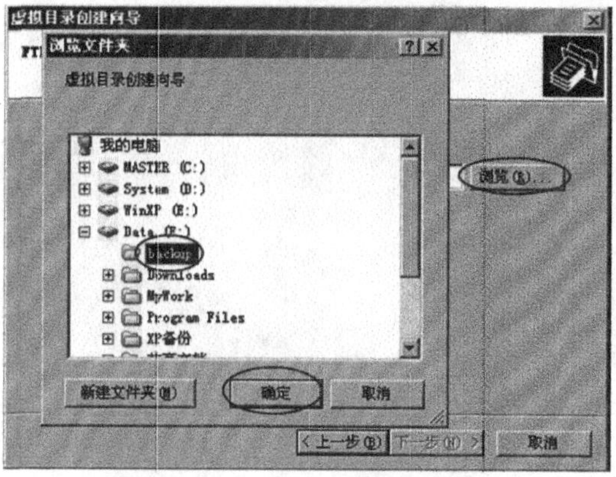

图 1.2.64　设置虚拟目录路径

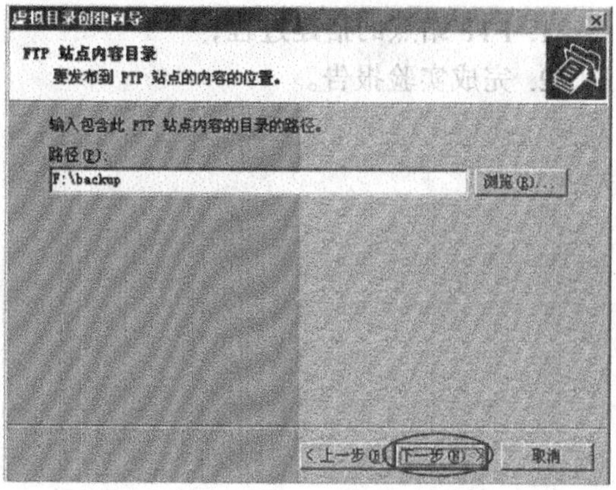

图 1.2.65　FTP 站点内容目录

（31）默认权限即可，点击“下一步”，如图 1.2.66 所示。
（32）点击“完成”结束创建向导，如图 1.2.67 所示。

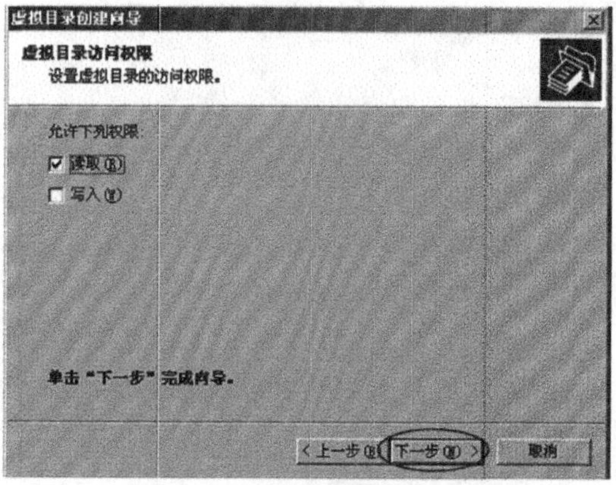

图 1.2.66　虚拟目录访问权限

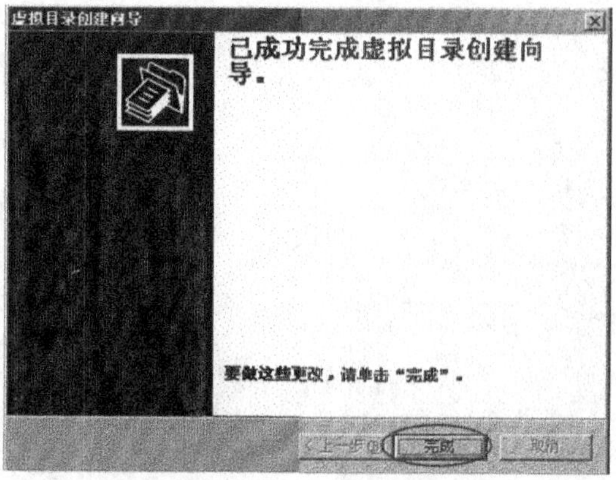

图 1.2.67　创建完成

（33）可以看到“工具”站点下刚刚创建的虚拟目录 abc，如图 1.2.68 所示。

（34）如图 1.2.69 所示，访问 FTP 站点的 abc 子目录进行检测，图中所显示的内容即是服务器 F：\backup 文件夹中的内容。

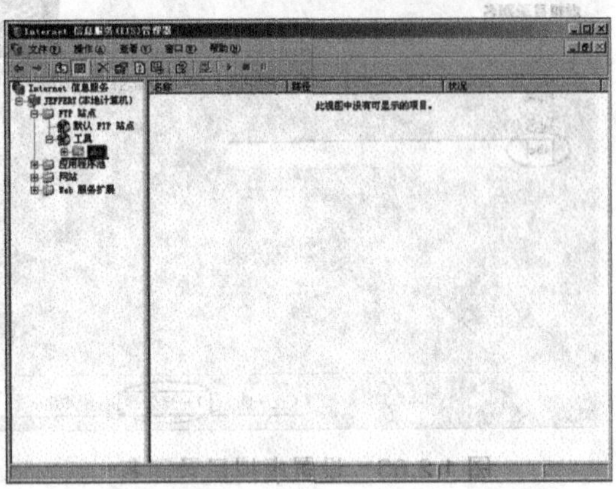

图 1.2.68　虚拟目录 abc

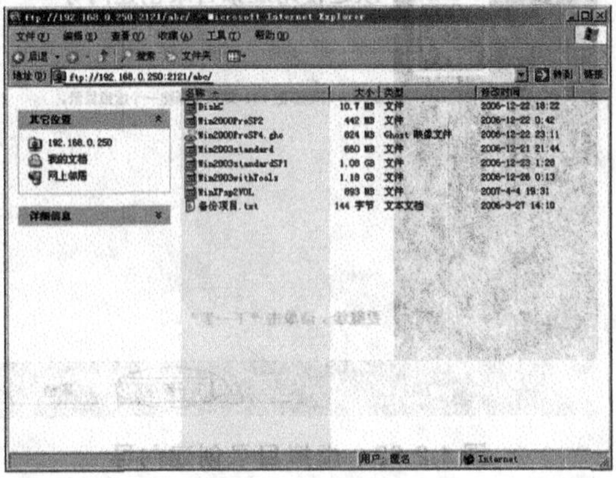

图 1.2.69　访问 abc 目录

【作业】

1. FTP 站点的搭建过程；
2. 完成实验报告。

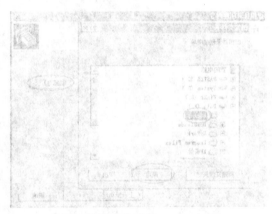

第2章　密码技术实验

随着网络技术的发展，以及网络应用的普遍化，网络安全已经成为亟待解决的一个重要问题。密码技术是走好主机、网络安全之路的重要一步。本章实验包括系统账户的安全管理、系统资源的安全管理、加密软件的应用。

【实验目的】

（1）了解 Windows 下账户的基础知识，掌握设置账户安全的方法。

（2）掌握文件加密方法。

（3）具备对邮件加密的能力。

（4）了解在实际应用中如何使用“数字证书”。

【实验内容】

（1）常见文件资源加密。

（2）系统密码策略设置。

（3）PGP 邮件加密实例。

【预备知识】

（1）了解 Windows 的基本知识。

（2）了解系统账户的基本知识。

【实验原理】

公开密钥密码体制也叫非对称密码体制、双密钥密码体制。其原理是加密密钥与解密密钥不同，形成一个密钥对，两个密钥可称为公钥和私钥，用公钥加密的结果可用对应的私钥解密，用私钥加密的结果可用对应的公钥解密。公钥密码体制的发展是整个密码学发展史上最伟大的一次革命，它与以前的密码体制完全不同。原因在于：公钥密码算法基于数学问题求解的困难性，而不再是基于代替和换位方法；另外，公钥密码体制是非对称的，它使用两个独立的密钥：一个可以公开，称为公钥；另一个不能公开，称为私钥。

公开密钥密码体制的产生主要基于以下两个原因：一是为了解决常规密钥密码体制的密钥管理与分配的问题；二是为了满足对数字签名的需求。因此，公钥密码体制在消息的保密性、密钥分配和认证领域有着重要的意义。

在公开密钥密码体制中，公开密钥是可以公开的信息，而私有密钥是需要保密的。加密算法 E 和解密算法 D 也都是公开的。用公开密钥对明文加密后，仅能用与之对应的私有密钥解密，才能恢复出明文，反之亦然。

公开密钥算法用一个密钥进行加密，而用另一个不同但是有关的密钥进行解密。这些算法有以下重要性：

仅仅知道密码算法和加密密钥而要确定解密密钥，在计算上是不可能的。

某些算法，例如 RSA，还具有这样的特性：两个相关密钥中任何一个都可以用作加密而让另一个用作解密。

公钥密码的加密与鉴定过程，如图 2.0 所示。

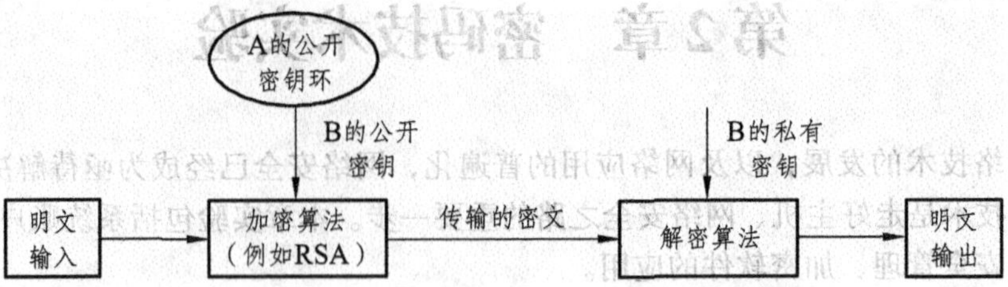

（a）公开密钥的加密过程

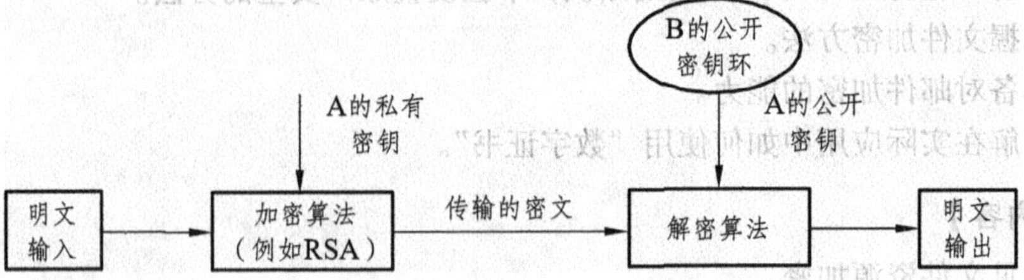

（b）公开密钥的鉴定过程

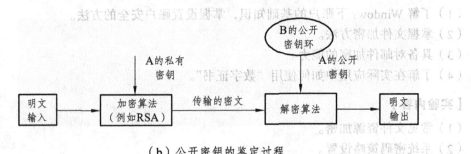

图 2.0　公开密钥加密与鉴定过程

【实验环境】

局域网。

【实验工具】

Windows 系统本地安全策略管理工具；

PGP 软件。

【实验用时】

30 分钟/实例。

【实验过程与步骤】

实验 2.1　常见文件资源加密

（1）打开 F 盘根目录下的“业务信息”文件夹，如图 2.1.1 所示。

（2）打开 Word 文档“业务流程”，如图 2.1.2 所示。

（3）打开“工具”菜单下的“选项”，如图 2.1.3 所示。

（4）打开选项中“安全性” 标签页，如图 2.1.4 所示。

（5）分别设置打开文件密码“ywlc4edu”和修改文件密码“o4sEc*159”，如图 2.1.5 所示。

（6）确定后再次确认刚刚设置的两个密码，如图 2.1.6 所示。

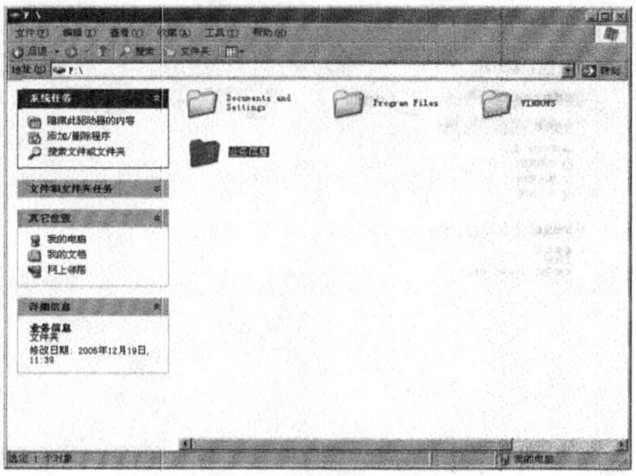

图 2.1.1　业务信息文件夹

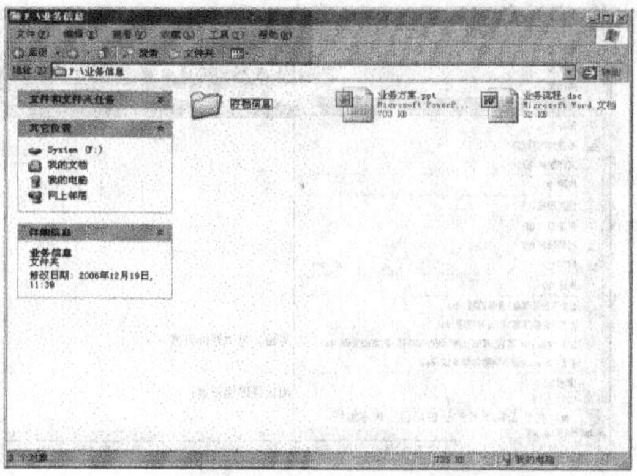

图 2.1.2　业务流程

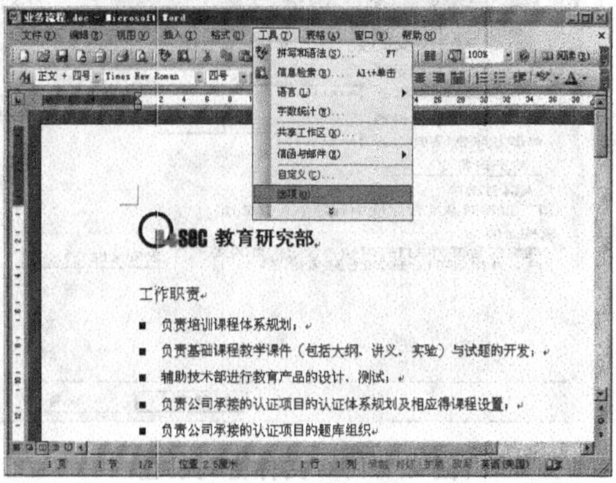

图 2.1.3　选项

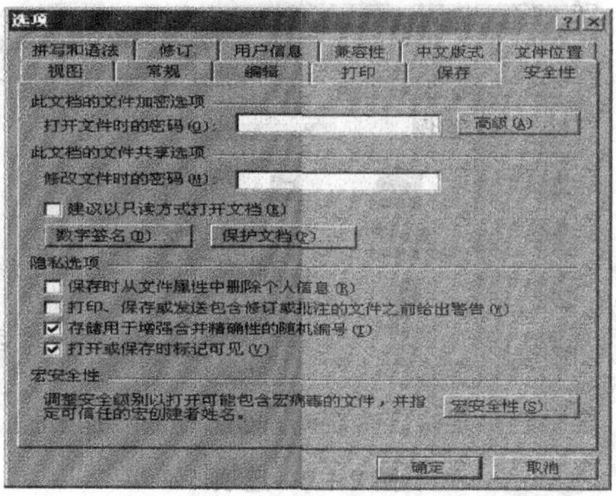

图 2.1.4　安全性

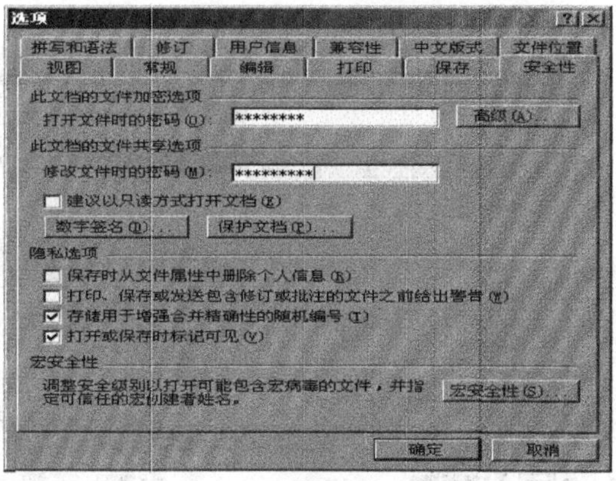

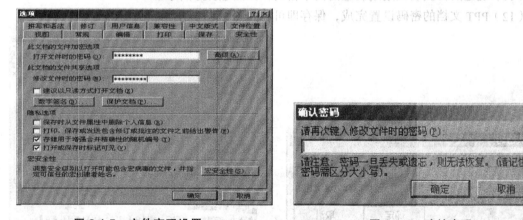

图 2.1.5　文件密码设置

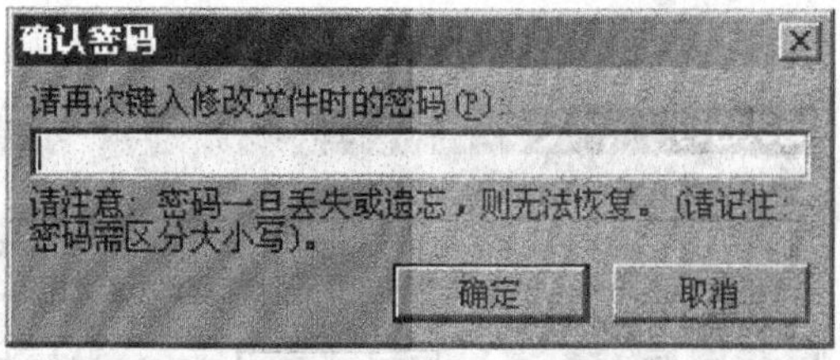

图 2.1.6　确认密码

（7）Word 文档的密码设置完成，保存即可，如图 2.1.7 所示。

（8）打开 PPT 文档“业务方案”，如图 2.1.8 所示。

（9）打开“工具”菜单下的“选项”，如图 2.1.9 所示。

（10）分别设置打开文件密码“ywlc4edu”和修改文件密码“o4sEc*159”，如图 2.1.10 所示。

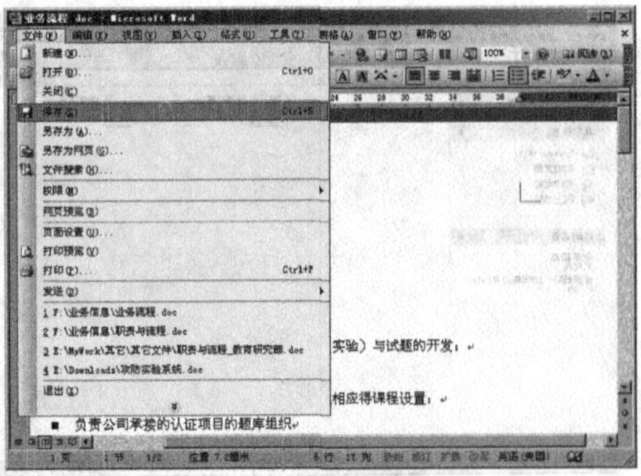

图 2.1.7　密码设置完成

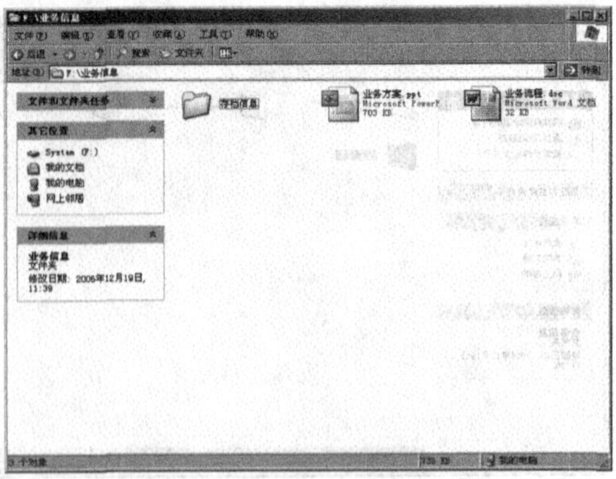

图 2.1.8　业务方案

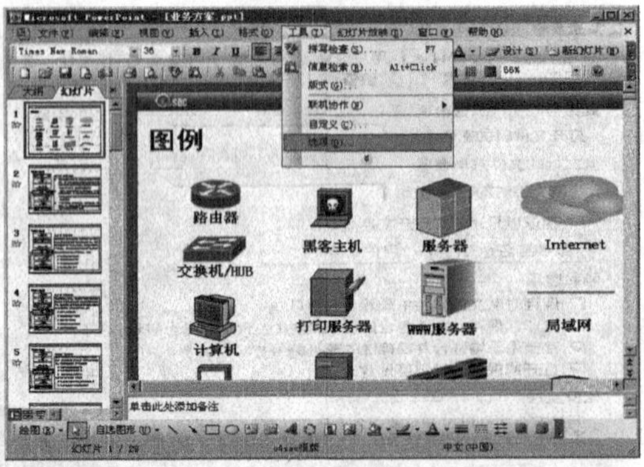

图 2.1.9　选项

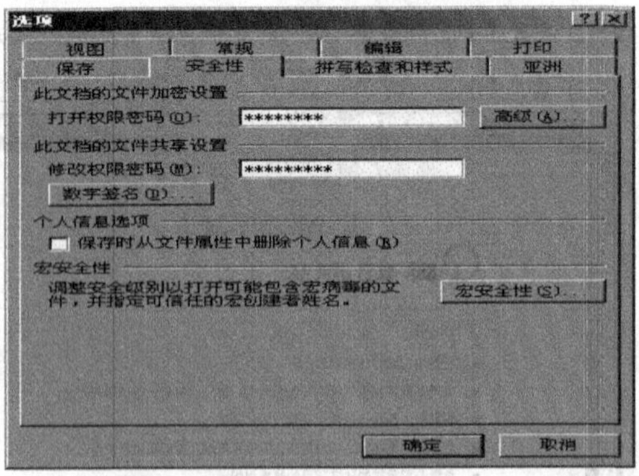

图 2.1.10　文件密码设置

（11）确定后再次确认刚刚设置的两个密码，如图 2.1.11 所示。

（12）PPT 文档的密码设置完成，保存即可，如图 2.1.12 所示。

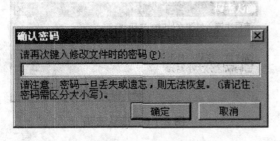

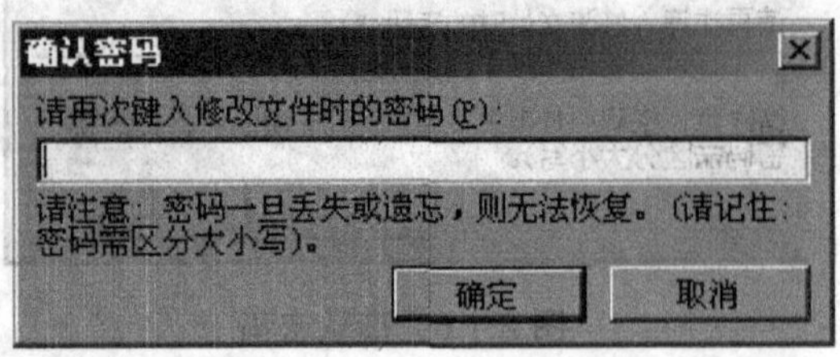

图 2.1.11　确认密码

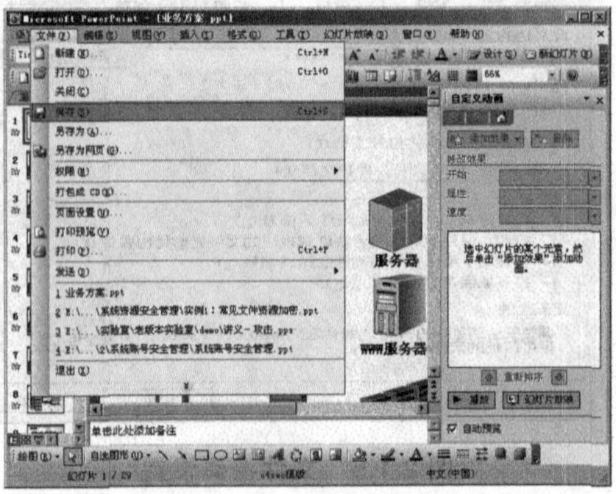

图 2.1.12　密码设置完成

（13）右键点击“存档信息”文件夹，选择“添加到压缩文件”，如图 2.1.13 所示。

（14）参数界面如图 2.1.14 所示，选中“压缩后删除源文件”。

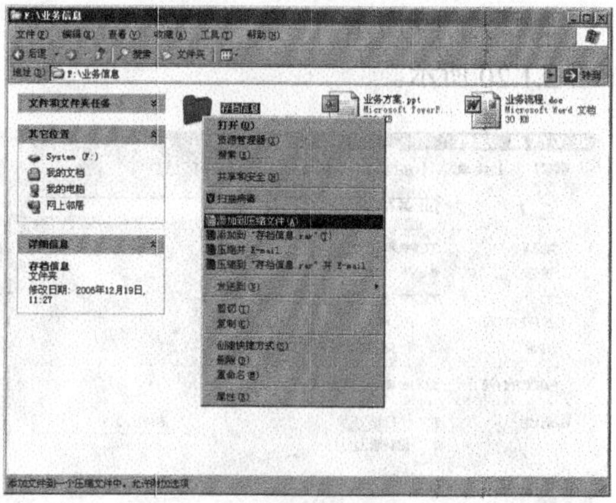

图 2.1.13　添加到压缩文件

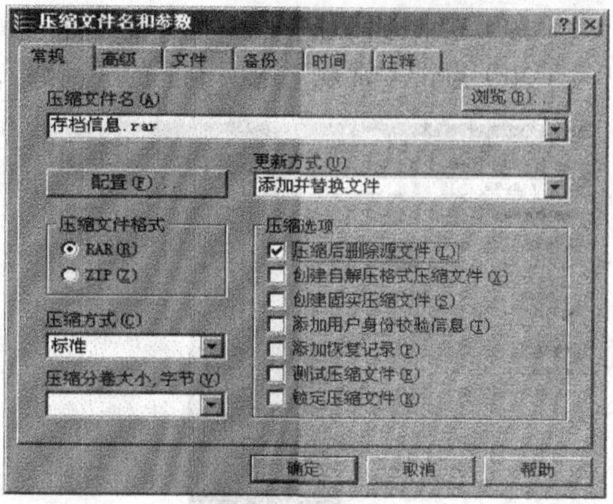

图 2.1.14　常规

（15）在“高级”选项卡中点击“设置密码”，如图 2.1.15 所示。

（16）设置密码“o4sEc*159”，并选中“加密文件名”，如图 2.1.16 所示。

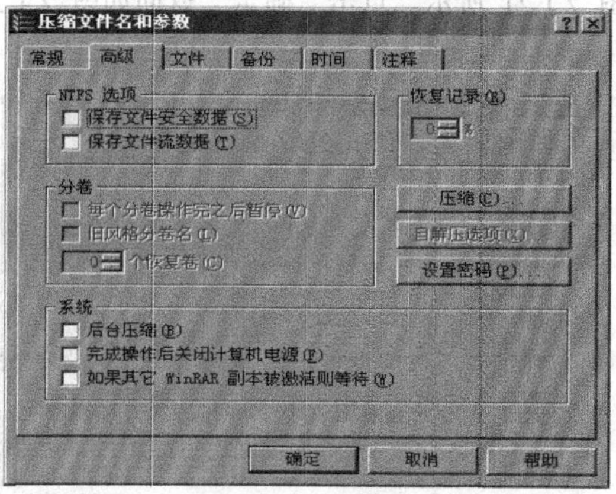

图 2.1.15　高级

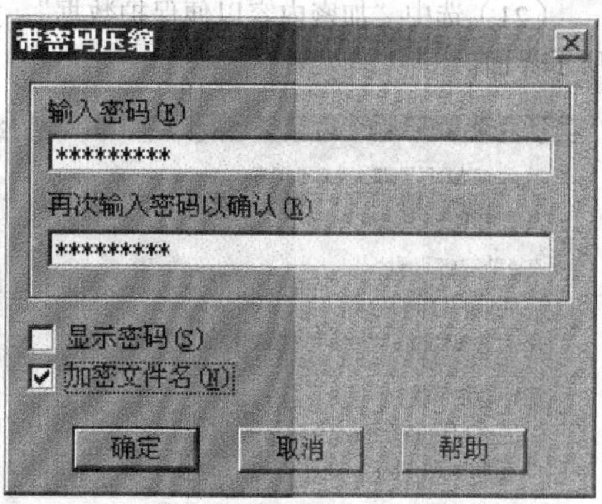

图 2.1.16　带密码压缩

（17）设置完成后确定即可，如图 2.1.17 所示。

（18）压缩过程如图 2.1.18 所示。

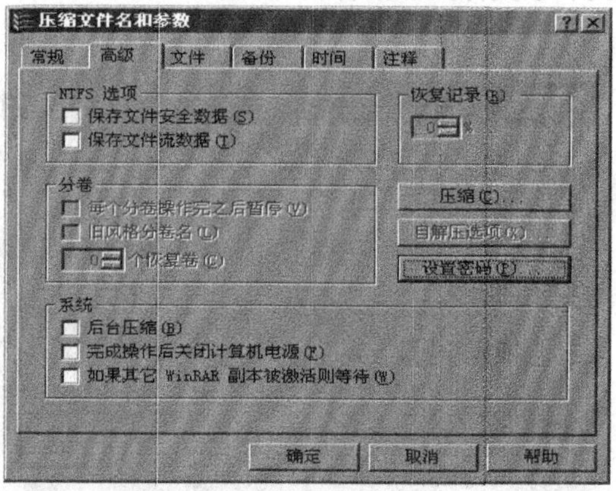

图 2.1.17　设置完成

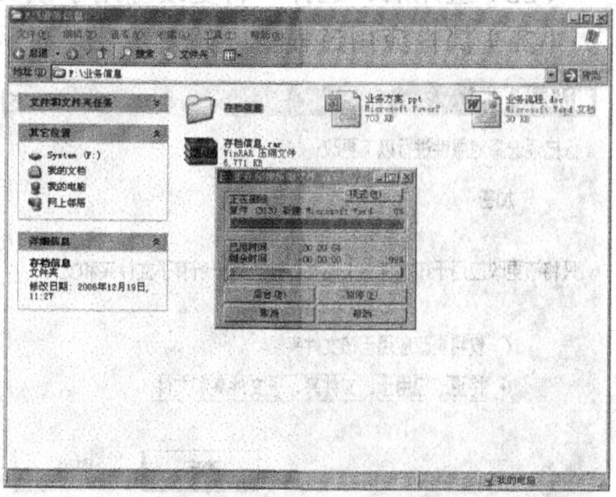

图 2.1.18　压缩过程

（19）在业务信息中，点击右键选择“属性”，如图 2.1.19 所示。

（20）点击“常规”选项卡下的“高级”，如图 2.1.20 所示。

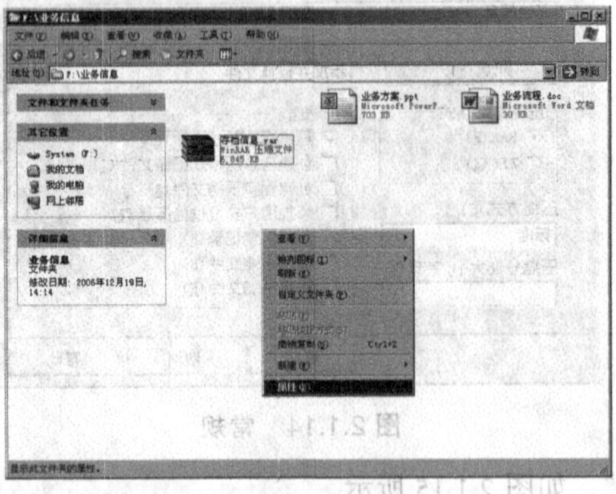

图 2.1.19　属性

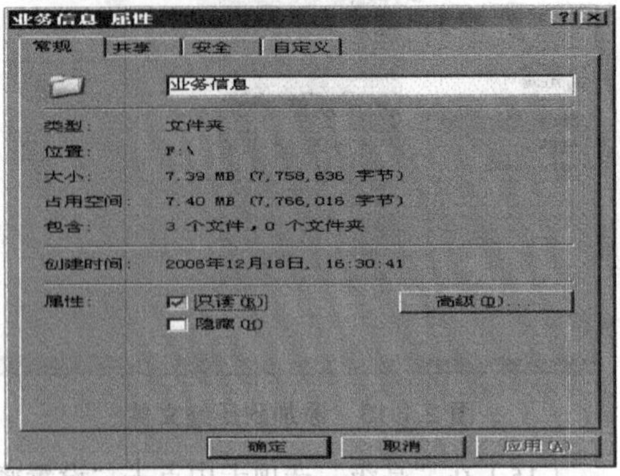

图 2.1.20　业务信息属性

（21）选中“加密内容以便保护数据”，如图 2.1.21 所示。点击“确定”返回如图 2.1.22 所示界面。

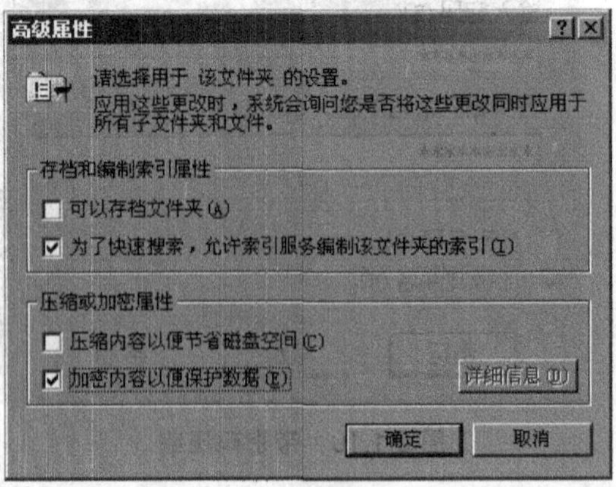

图 2.1.21　高级属性

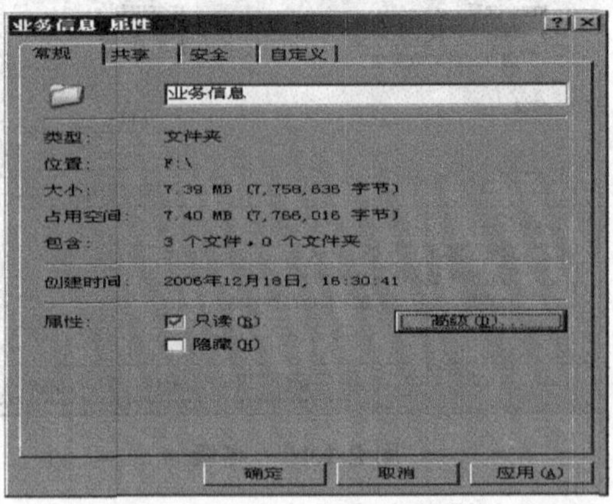

图 2.1.22　业务信息属性

（22）应用后，选择“将更改应用于该文件夹、子文件夹和文件”，如图 2.1.23 所示。

（23）属性应用过程中，如图 2.1.24 所示。

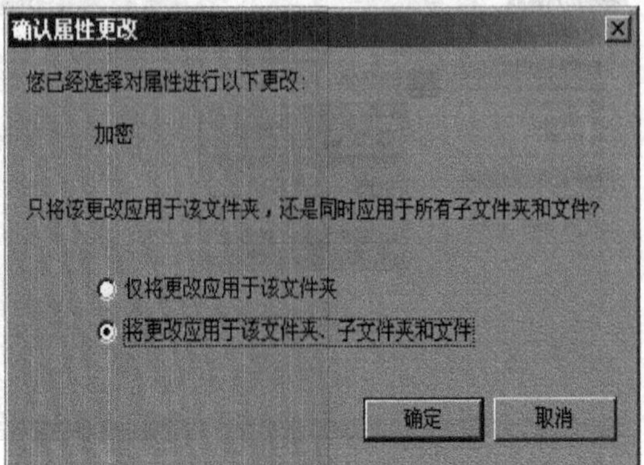

图 2.1.23　确认属性更改

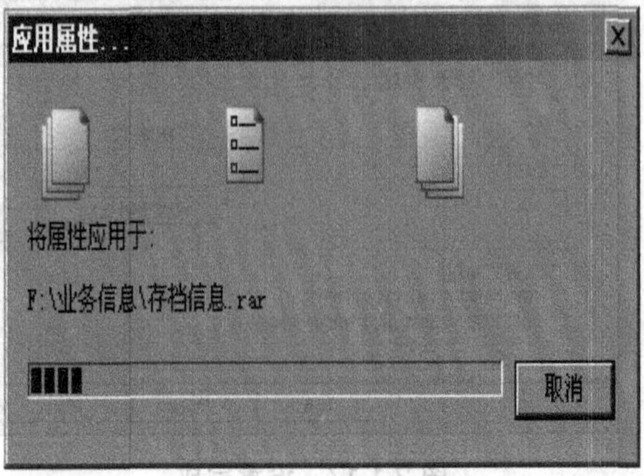

图 2.1.24　应用属性

（24）应用完成，确定即可，如图 2.1.25 所示。

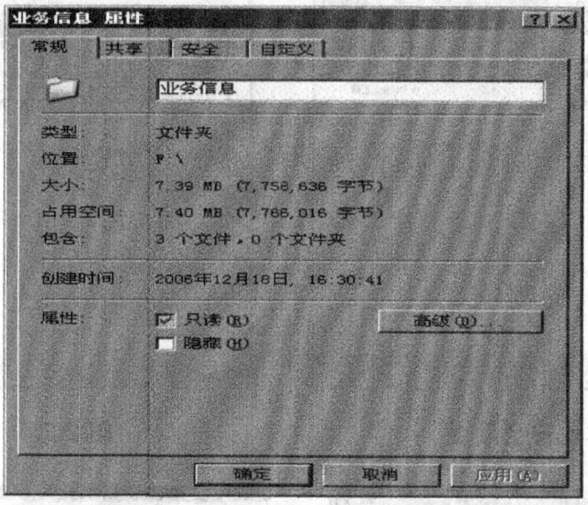

图 2.1.25　应用完成

实验 2.2　系统密码策略设置

（1）在开始菜单中选择“控制面板”。

（2）从控制面板里打开“管理工具”，如图 2.2.1 所示。

（3）双击打开“本地安全策略”，如图 2.2.2 所示。

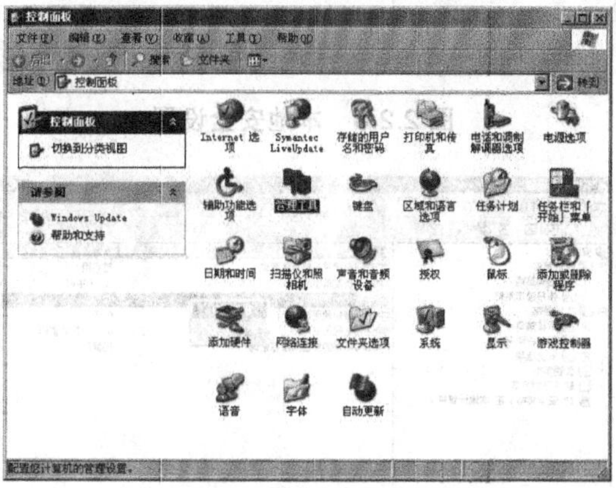

图 2.2.1　控制面板

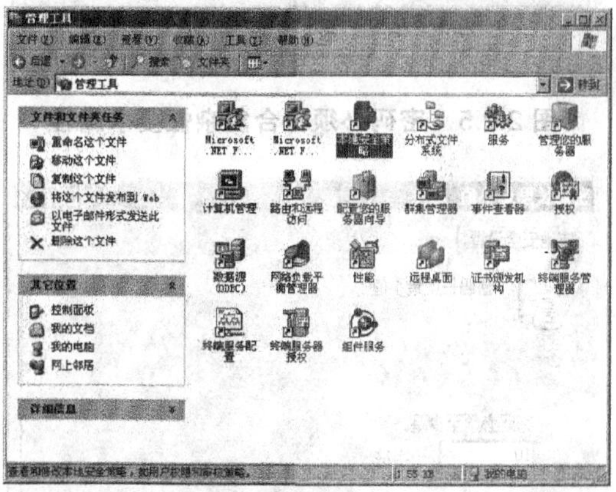

图 2.2.2　管理工具

（4）本地安全策略界面如图 2.2.3 所示。

（5）在“密码策略”中，右键点击“密码必须符合复杂性要求”，选择“属性”，如图 2.2.4 所示。

（6）启用密码复杂性要求，如图 2.2.5 所示。

（7）右键点击“密码长度最小值”，选择“属性”，如图 2.2.6 所示。

（8）设置密码最小长度为 10，如图 2.2.7 所示。

（9）右键点击“密码最长使用期限”，选择“属性”，如图 2.2.8 所示。

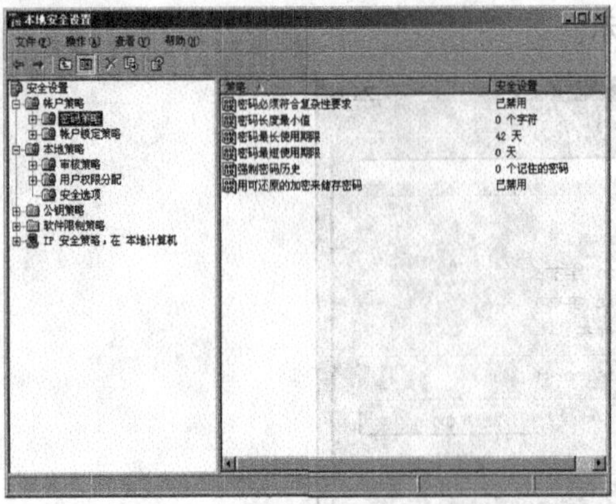

图 2.2.3　本地安全设置

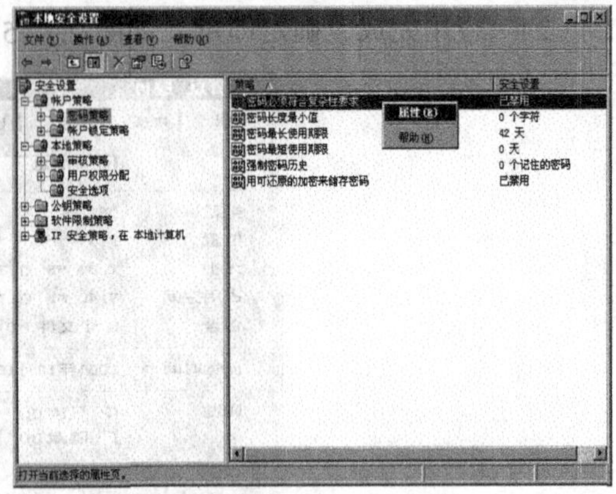

图 2.2.4　本地安全设置

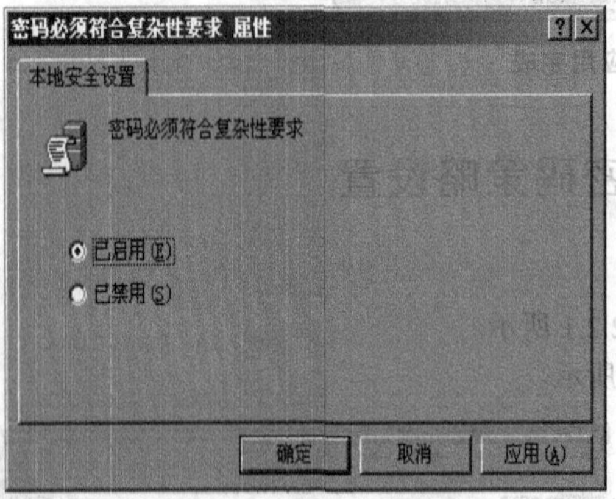

图 2.2.5　密码必须符合复杂性要求属性

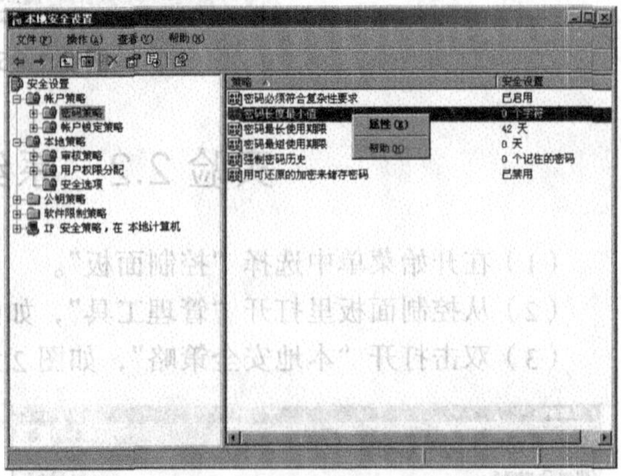

图 2.2.6　本地安全设置

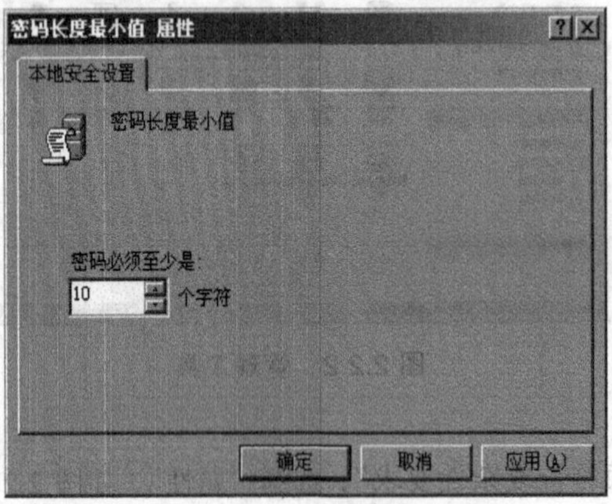

图 2.2.7　密码长度最小值属性

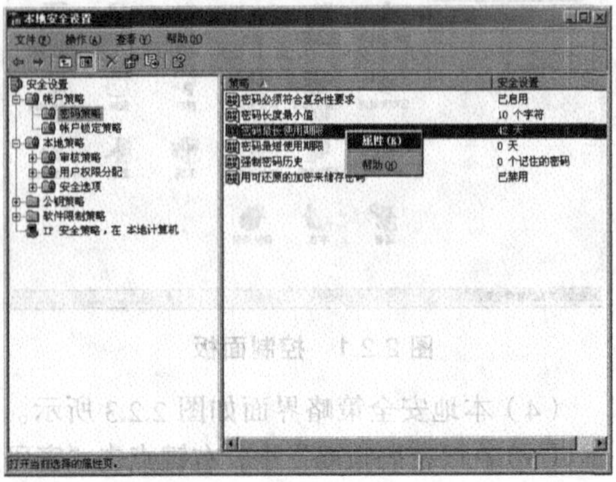

图 2.2.8　本地安全设置

（10）设置密码过期时间为 90 天，如图 2.2.9 所示。

（11）右键点击“密码最短使用期限”，选择“属性”，如图 2.2.10 所示。

（12）设置至少 30 天后才能更改密码，如图 2.2.11 所示。

（13）右键点击“强制密码历史”，选择“属性”，如图 2.2.12 所示。

图 2.2.9　密码最长使用期限属性

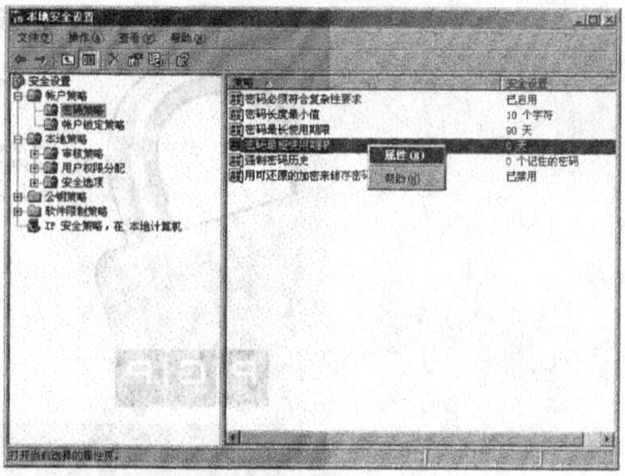

图 2.2.10　本地安全设置

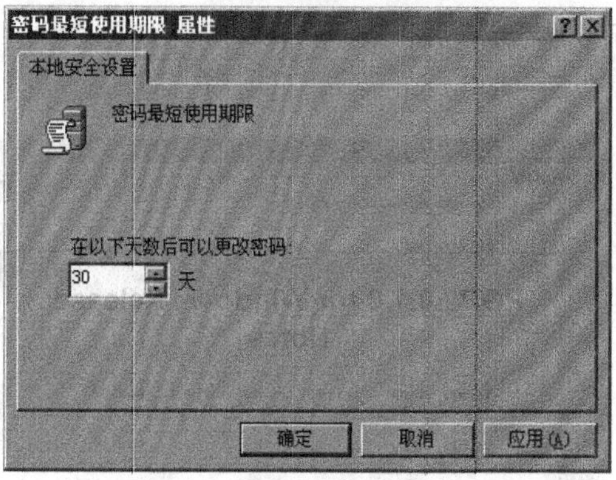

图 2.2.11　密码最短使用期限属性

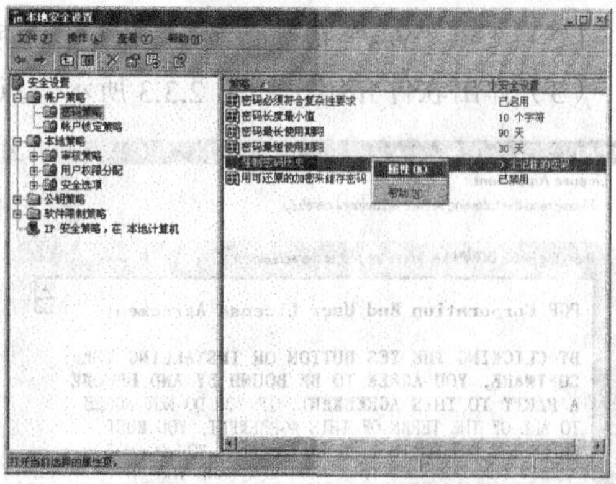

图 2.2.12　本地安全设置

（14）设置记住 3 个使用过的密码，如图 2.2.13 所示。
（15）设置完成效果如图 2.2.14 所示。

图 2.2.13　强制密码历史属性

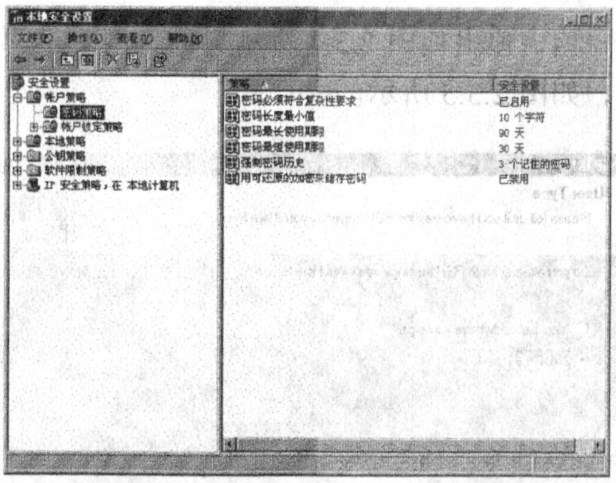

图 2.2.14　本地安全设置

实验 2.3　PGP 邮件加密实例

（1）安装 PGP 8.1，如图 2.3.1 所示，点击“下一步”。

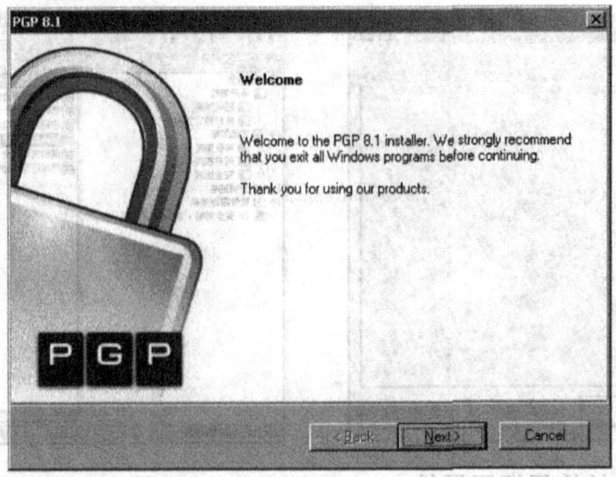

图 2.3.1　安装 PGP

（2）选择“Yes”接受条款，如图 2.3.2 所示。

（3）弹出软件介绍，如图 2.3.3 所示，点击“下一步”。

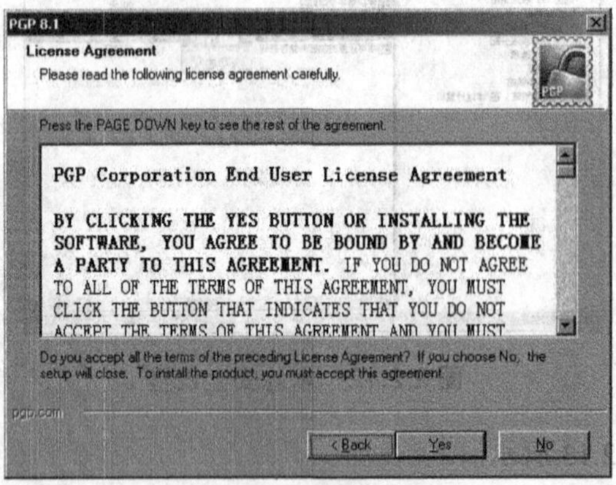

图 2.3.2　接受条款

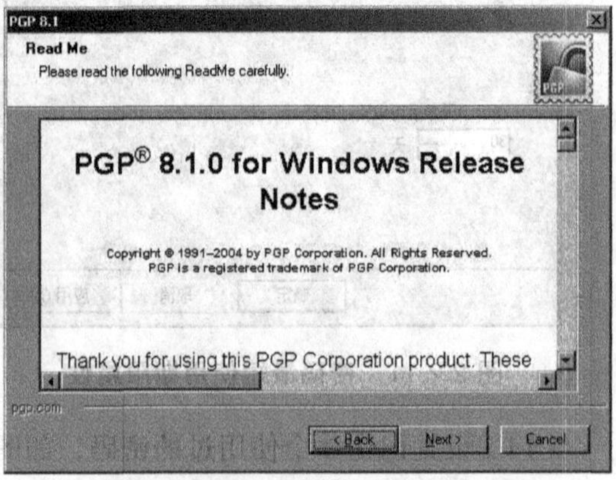

图 2.3.3　软件介绍

（4）弹出如图 2.3.4 所示界面，因为是第一次使用 PGP，所以需要选择路径，一般默认即可，如图 2.3.5 所示。

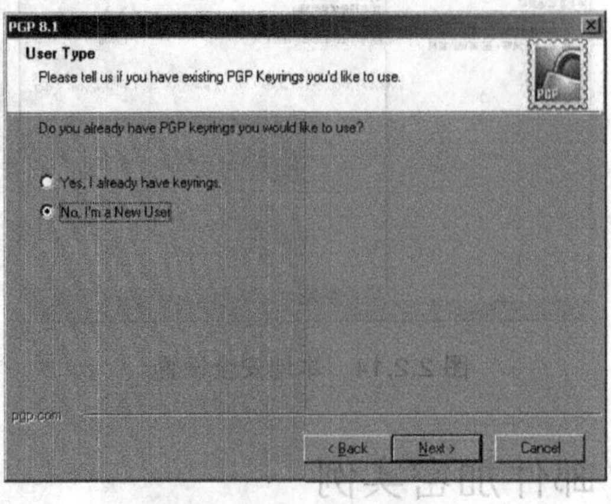

图 2.3.4　第一次使用 PGP

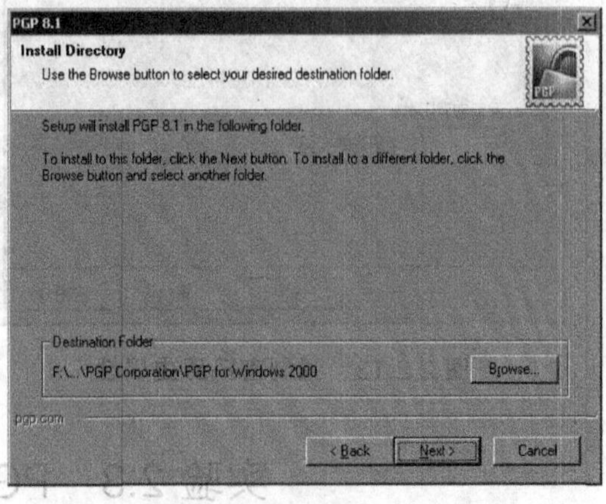

图 2.3.5　选择路径

（5）选择需要进行加密的项目，第一项为硬盘文件加密，后两项是中国用户常用邮箱软件加密，如图 2.3.6 所示。

（6）确认安装信息，如图 2.3.7 所示。

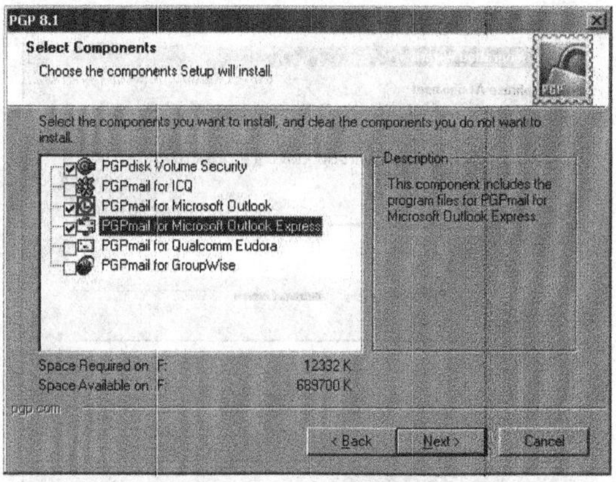

图 2.3.6　选择加密项目

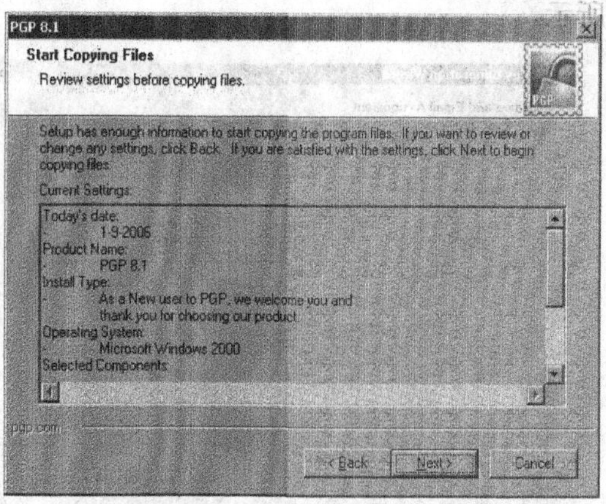

图 2.3.7　确认安装信息

（7）点击“Finish”后重启计算机，如图 2.3.8 所示。

（8）重启后将出现软件注册对话框，点击“Manual”，即手动输入，如图 2.3.9 所示。

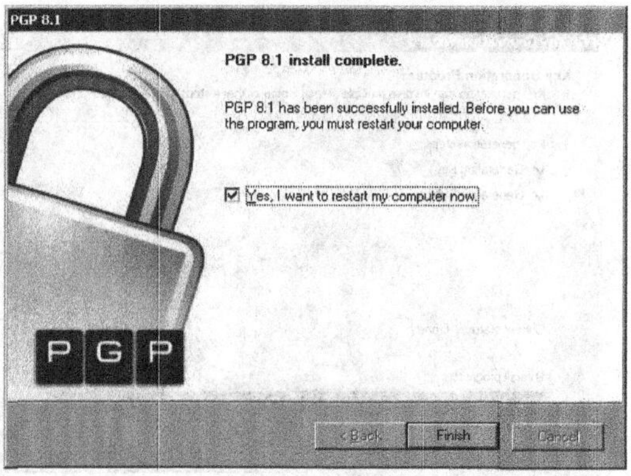

图 2.3.8　重新启动

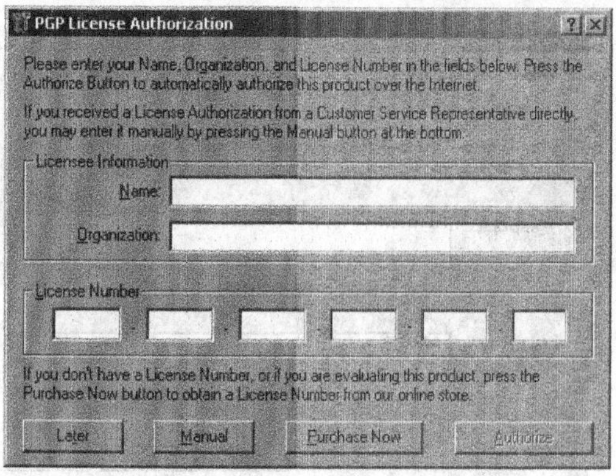

图 2.3.9　注册软件

（9）输入购买 PGP 时的授权信息，如图 2.3.10 所示。

（10）对于第一次使用 PGP 的用户，将出现密钥生成向导，如图 2.3.11 所示。

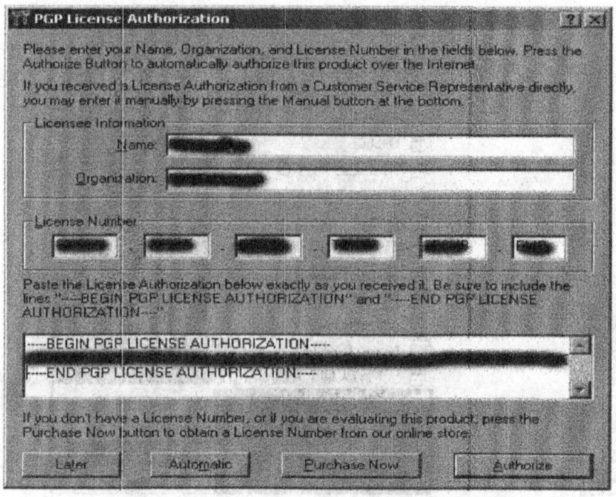

图 2.3.10　输入注册信息

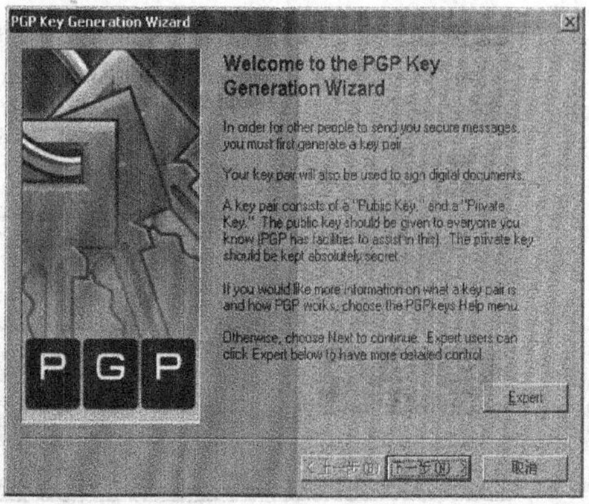

图 2.3.11　密钥生成向导

（11）输入名称和邮件地址作为密钥的证明，如图 2.3.12 所示。

（12）输入生成密钥所需的密码并确认，此时密码设置在界面中是隐藏的，如图 2.3.13 所示。

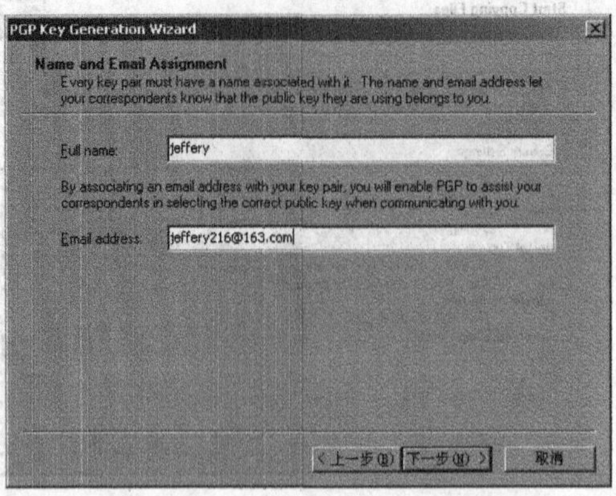

图 2.3.12　输入名称和邮件地址

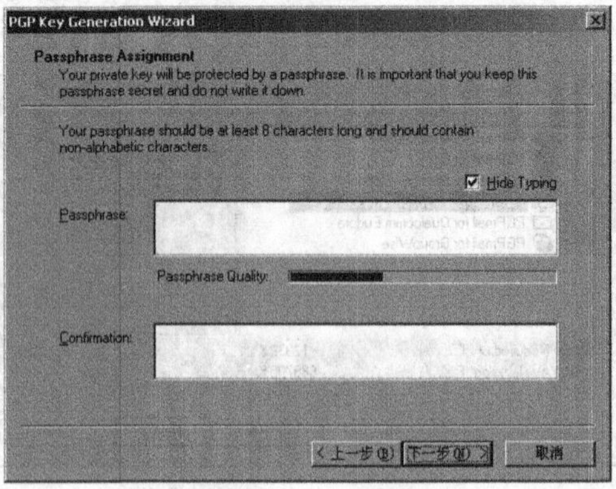

图 2.3.13　设置口令

（13）如果要查看密码，可以取消选中“Hide Typing”，如图 2.3.14 所示。

（14）生成主密钥和次密钥，如图 2.3.15 所示。

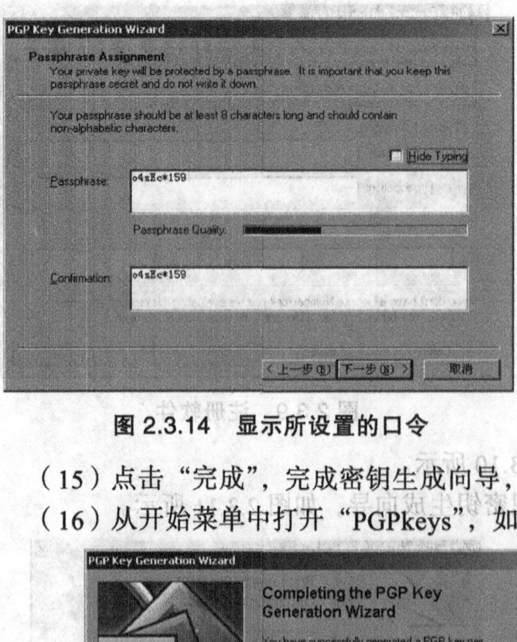

图 2.3.14　显示所设置的口令

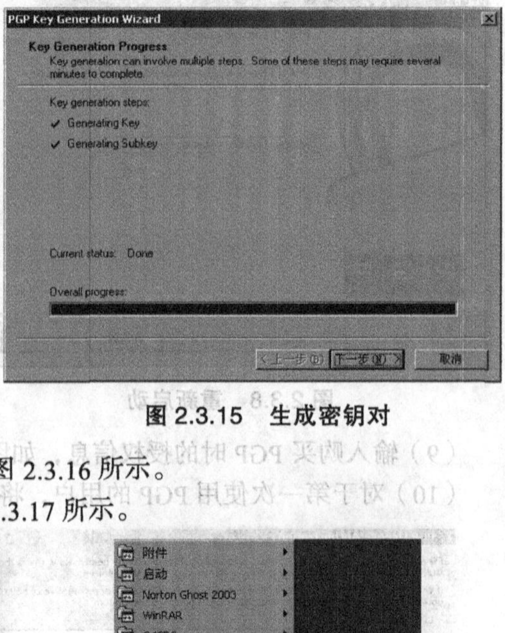

图 2.3.15　生成密钥对

（15）点击“完成”，完成密钥生成向导，如图 2.3.16 所示。

（16）从开始菜单中打开“PGPkeys”，如图 2.3.17 所示。

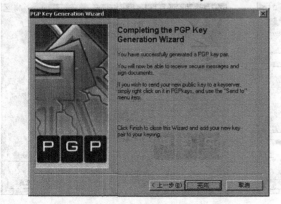

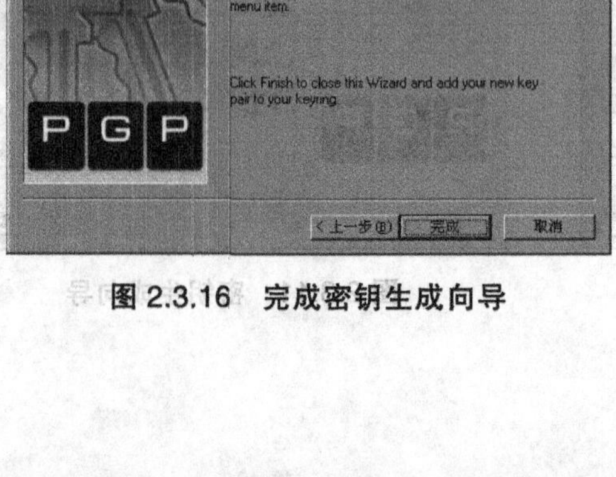

图 2.3.16　完成密钥生成向导

图 2.3.17　PGPkeys

（17）可以看到刚刚申请的密钥信息，如图 2.3.18 所示。

（18）右键点击此密钥，操作如图 2.3.19 所示，目的是将此密钥的公钥通过邮件发送给受信任的人。

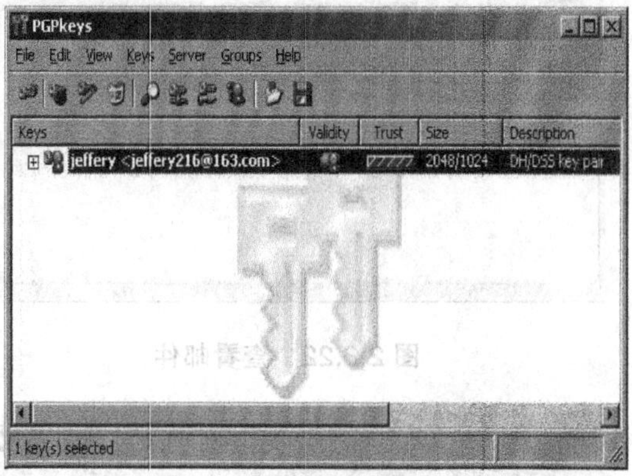

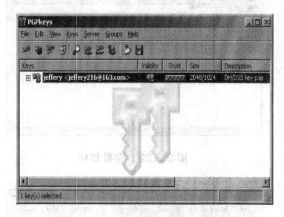

图 2.3.18 PGPkeys

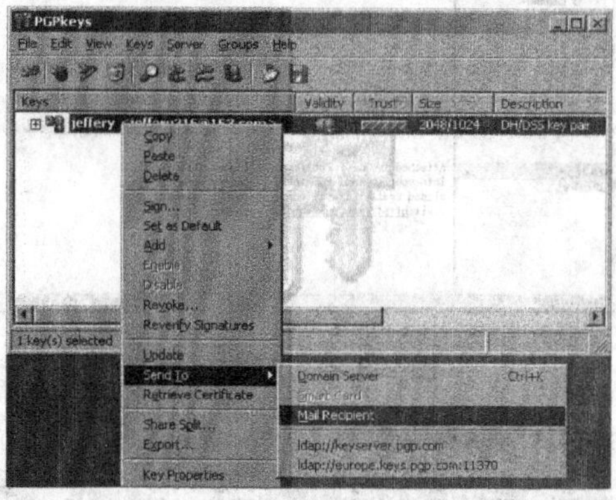

图 2.3.19 发送公钥

（19）在弹出的邮件中填入接收此密钥的邮件地址，如图 2.3.20 所示。

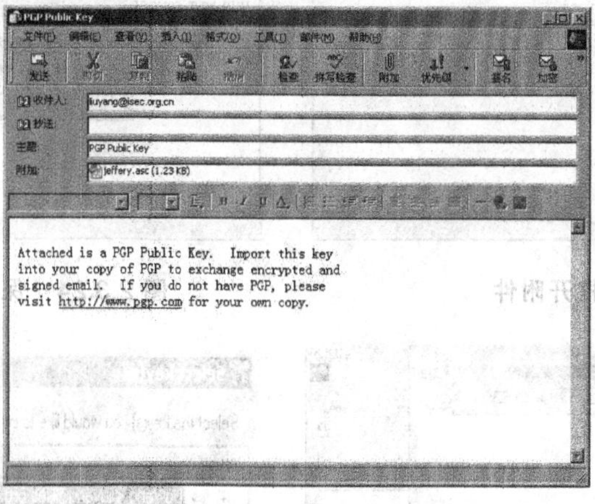

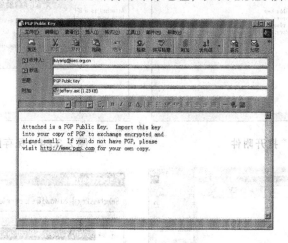

图 2.3.20 输入收件人地址

刚才所发送的公钥的作用是用它对信息进行加密，当某个信息被加密后，如果想查看此信息，就必须提供此公钥相对应的私钥，也就是说：私钥的作用就是对信息进行解密。

下面介绍如何处理接收到的公钥。

（20）在收件箱中找到“Liu Yang”发送过来的公钥邮件，如图 2.3.21 所示。

（21）打开邮件，会看到附件，如图 2.3.22 所示。

（22）右键点击，选择“打开”（或者直接双击），如图 2.3.23 所示。

（23）选择将附件保存到磁盘（实例中直接打开附件载入），如图 2.3.24 所示。

（24）选择保存路径，这里保存到桌面，如图 2.3.25 所示。

（25）双击刚刚保存到桌面上的文件“Liu Yang.asc”，点击“Import”，如图 2.3.26 所示。

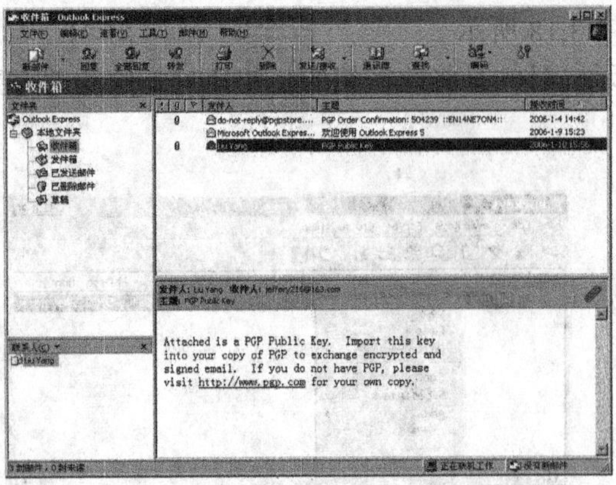

图 2.3.21　接收公钥邮件

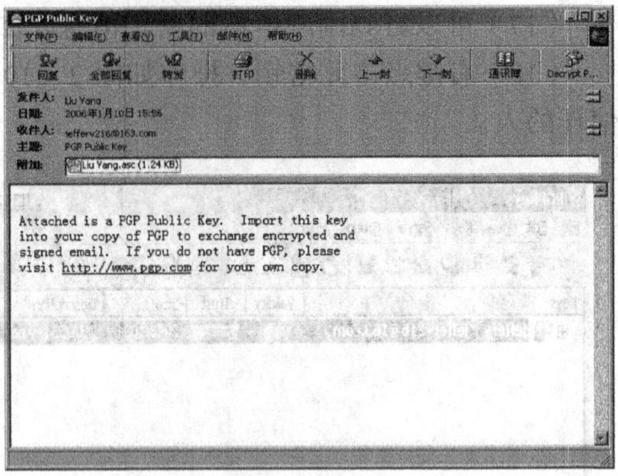

图 2.3.22　查看邮件

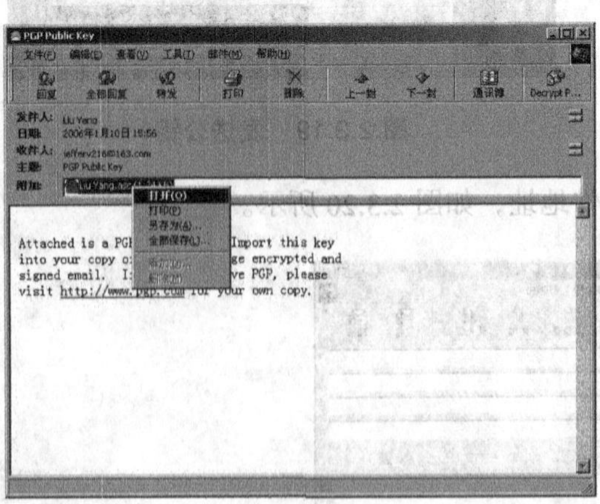

图 2.3.23　打开附件

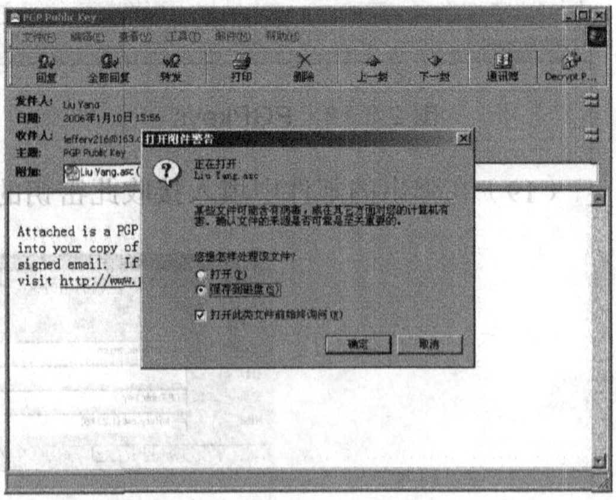

图 2.3.24　保存附件到磁盘

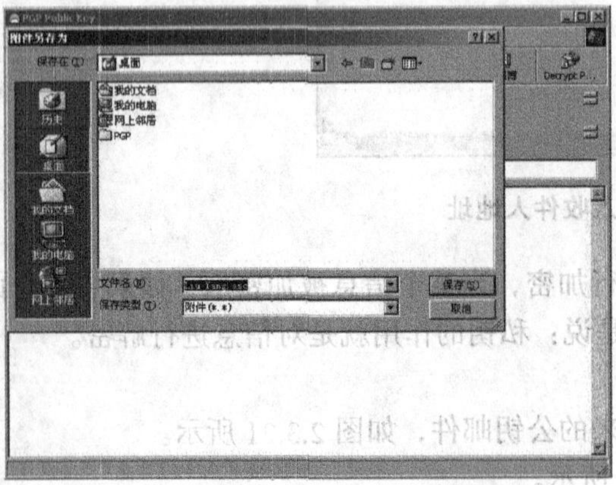

图 2.3.25　将附件保存到桌面

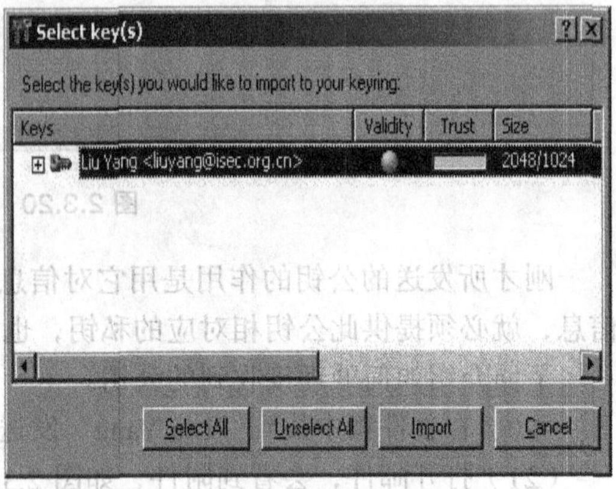

图 2.3.26　导入公钥

（26）打开 PGPkeys，会看到刚刚导入的公钥“Liu Yang”，如图 2.3.27 所示。

（27）右键点击密钥“Liu Yang”，选择“Sign”，如图 2.3.28 所示。

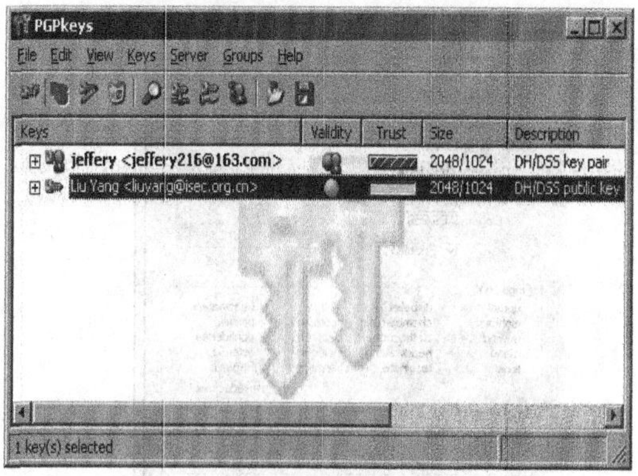

图 2.3.27　导入公钥之后的 PGPkeys

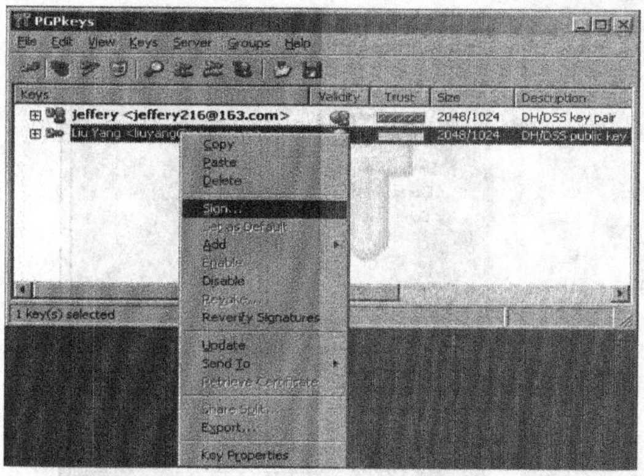

图 2.3.28　签名公钥

（28）点击“OK”，继续执行对公钥签名的操作，如图 2.3.29 所示。

（29）输入生成密钥“jeffery”时所设置的密码，点击“确定”，完成签名过程，如图 2.3.30 所示。

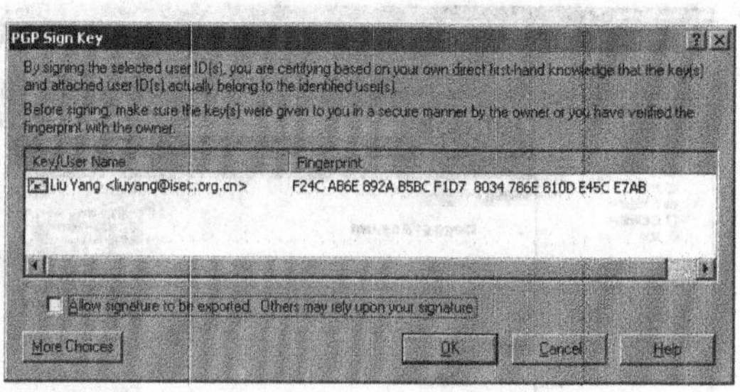

图 2.3.29　确认签名

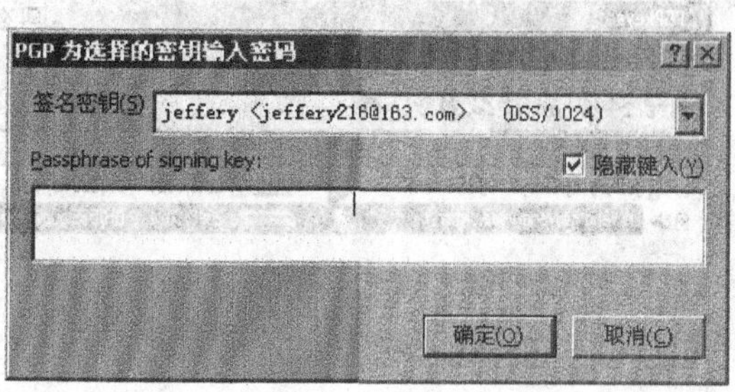

图 2.3.30　完成签名

（30）此时可以看到“Validity”已经变成绿色，即密钥已经可用，如图 2.3.31 所示。

（31）右键密钥，选择“Key Properties”，即属性，如图 2.3.32 所示。

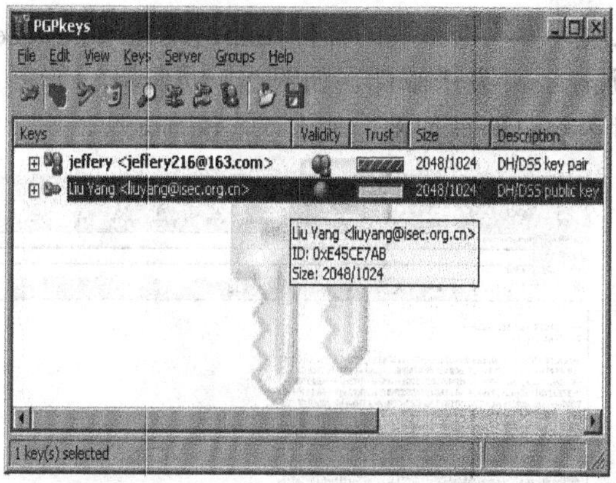

图 2.3.31　公钥已经可用

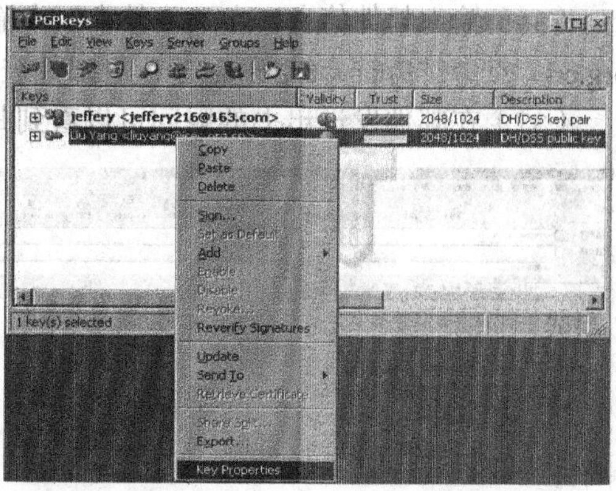

图 2.3.32　编辑公钥属性

（32）可以看到密钥处于“Untrusted”状态，如图 2.3.33 所示。

（33）用鼠标将滚动条调整到“Trusted”状态，点击“关闭”，如图 2.3.34 所示。

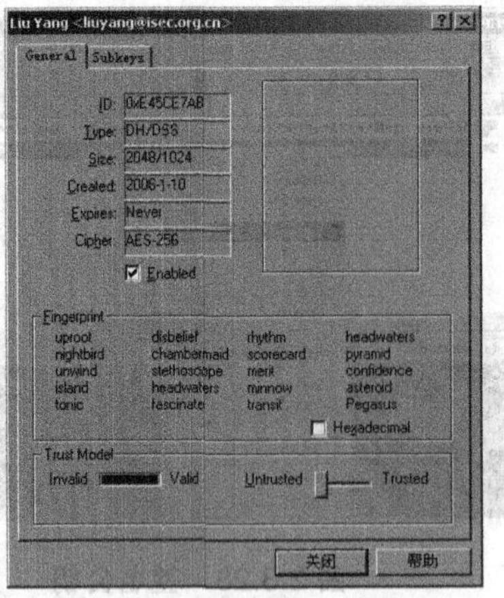

图 2.3.33　查看公钥状态

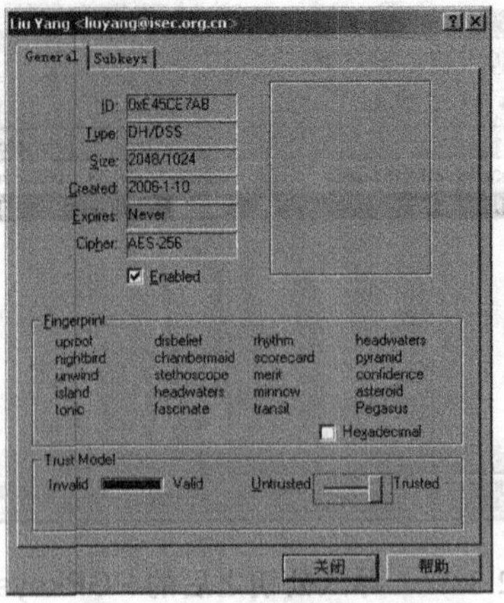

图 2.3.34　调整信任度

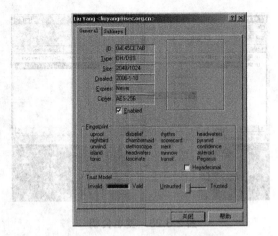

（34）可以看到“Trust”变为暗灰色，即密钥可信任，如图 2.3.35 所示。

（35）创建一封新邮件进行加密测试，如图 2.3.36 所示。

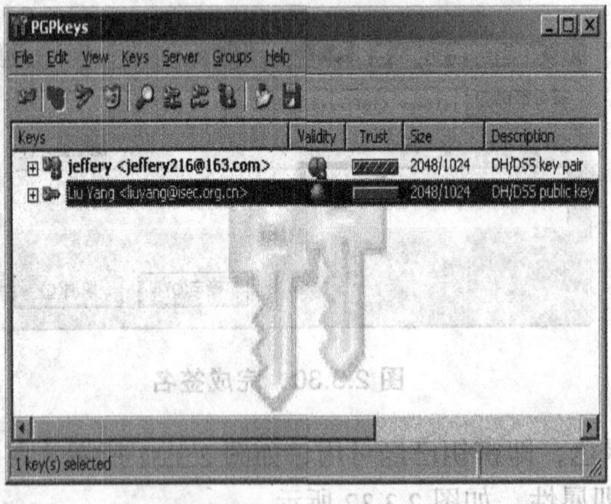

图 2.3.35　公钥可信任

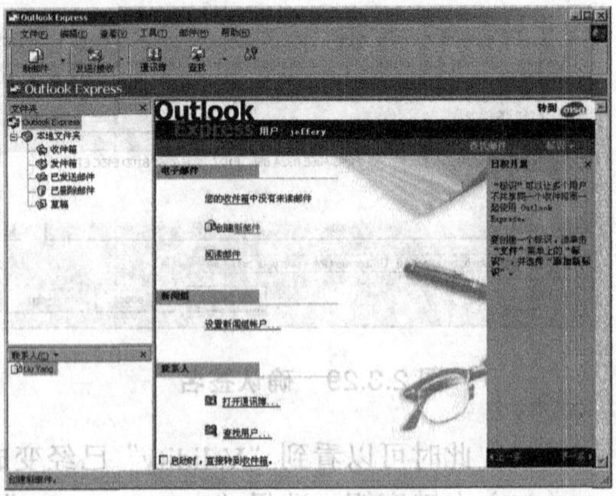

图 2.3.36　创建新邮件

（36）输入邮件信息，在“收件人”中输入刚才导入的密钥的邮件地址，即 liuyang@isec.org.cn，点中“Encrypt Message”，对邮件进行加密，并发送邮件，如图 2.3.37 所示。

（37）在邮件发送出去的瞬间可以看到邮件内容已经被加密，如图 2.3.38 所示。

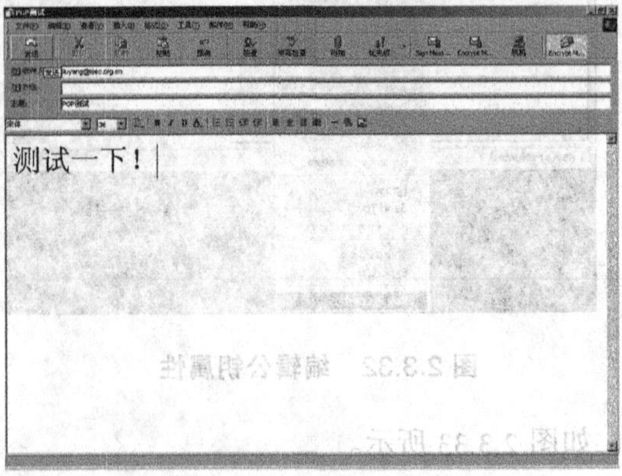

图 2.3.37　输入收件人地址并设置加密

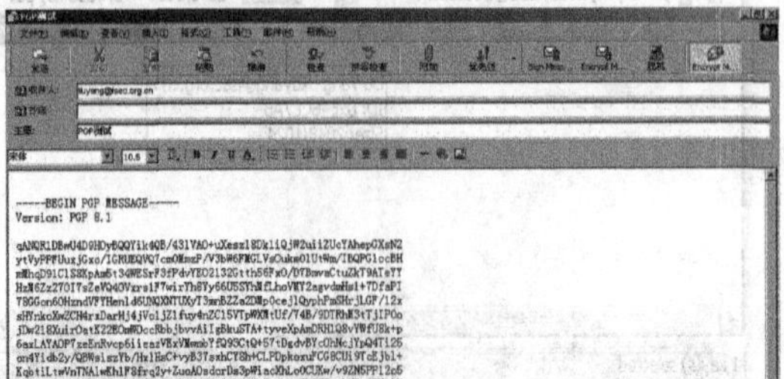

图 2.3.38　加密发送

（38）如果输入的邮件地址不是密钥中的地址，比如输入 holand8@163.com，如图 2.3.39 所示。然后加密并发送。

（39）就会弹出如图 2.3.40 所示界面，点击“取消”。

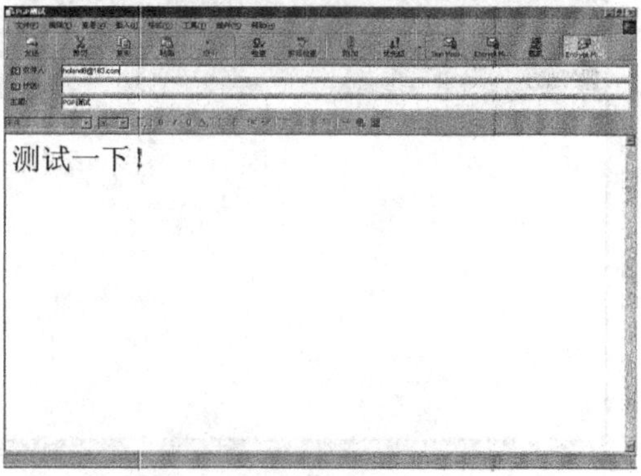

图 2.3.39　输入非密钥邮件地址

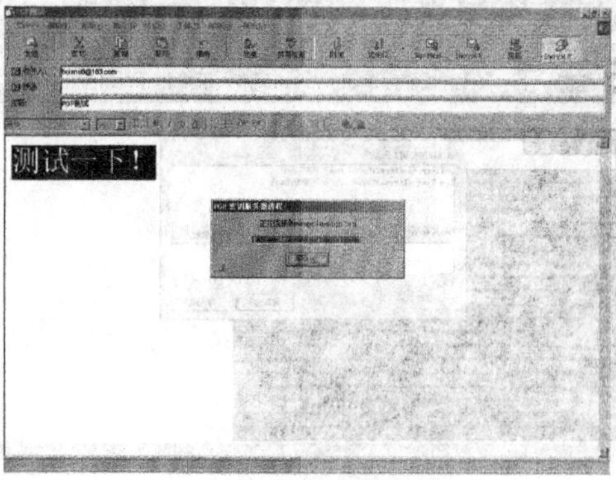

图 2.3.40　弹出窗口

（40）双击加密用的公钥，如此例中的“Liu Yang”，如图 2.3.41 所示。

（41）如图 2.3.42 所示，下边窗口中的公钥将用于加密，点击“确定”，邮件将被加密发送到 holand8@163.com。

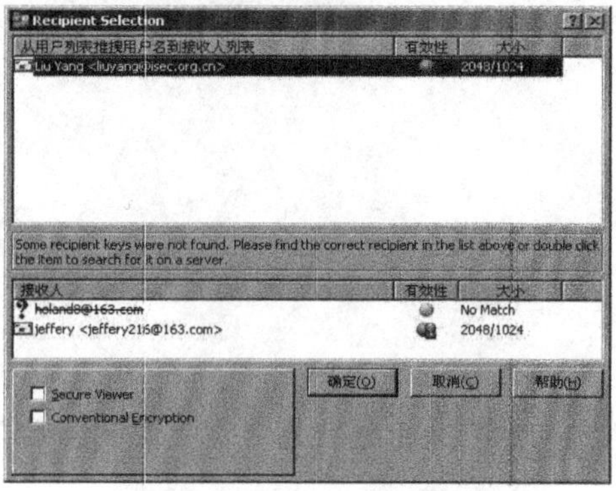

图 2.3.41　双击公钥

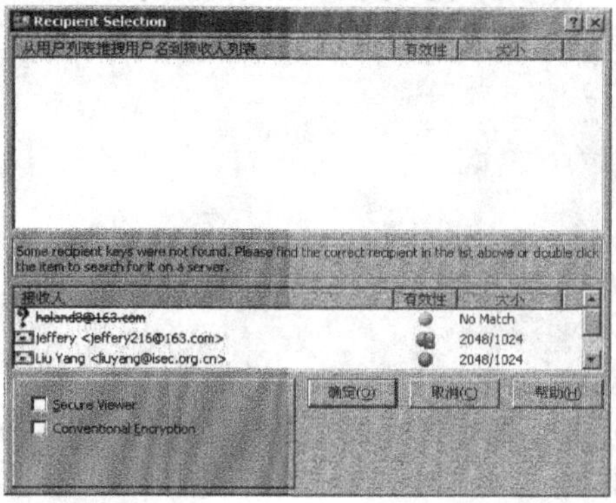

图 2.3.42　添加公钥完成

（42）收件人收到 jeffery 发送的邮件，如图 2.3.43 所示。

（43）打开邮件，如图 2.3.44 所示，只能看到加密后的信息，点击“Decrypt PGP Message”，即进行解密。

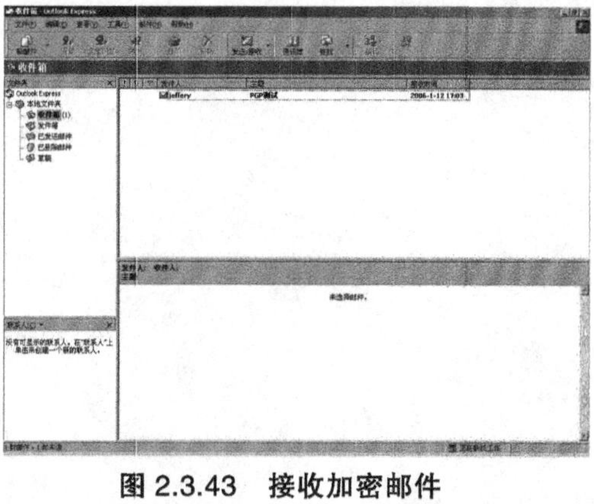

图 2.3.43　接收加密邮件

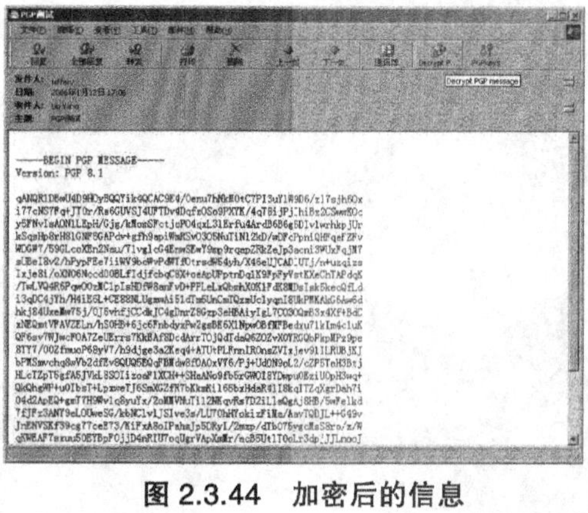

图 2.3.44　加密后的信息

（44）输入自己的私钥密码，点击“确定”，如图 2.3.45 所示。

（45）这时就可以看到加密前的邮件内容了，如图 2.3.46 所示。

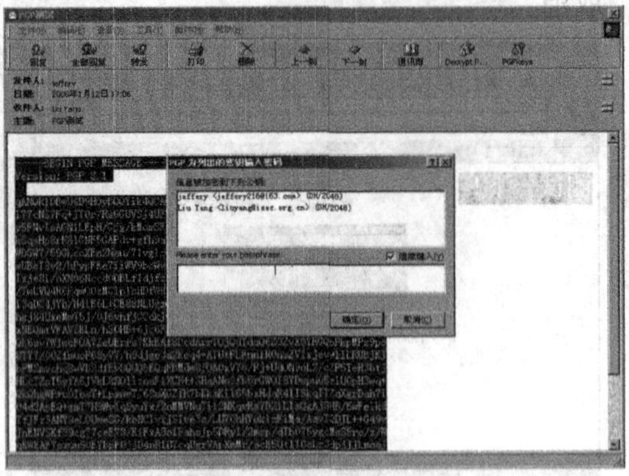

图 2.3.45　输入密钥口令

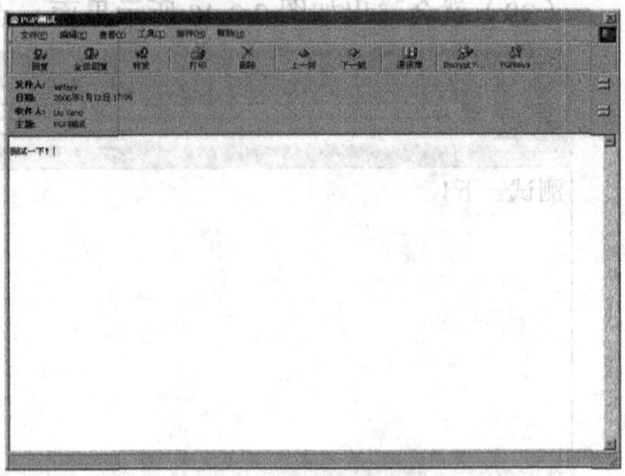

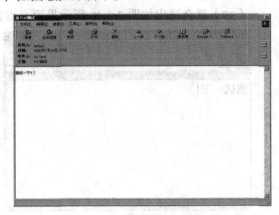

图 2.3.46　查看加密前的内容

【作业】

1. 什么是数据加密?简述加密和解密的基本过程。
2. PGP 完成了哪些安全服务?
3. 完成实验报告。

第3章 网络攻击技术实验

在网络世界里，其安全漏洞无处不在。即便旧的安全漏洞补上了，新的安全漏洞又将不断涌现。网络攻击正是利用这些存在的漏洞和安全缺陷对系统和资源进行攻击。

也许有人会对网络安全抱着无所谓的态度，认为最多不过是被攻击者盗用账号，造不成多大的危害。他们往往会认为“安全”只是针对那些大中型企事业单位和网站而言。其实，单从技术上讲，黑客入侵的动机是成为目标主机的主人。只要他们获得了一台网络主机的超级用户权限，他们就有可能在该主机上修改资源配置、安置“特洛伊”程序、隐藏行踪、执行任意进程等。因此，每一个人都有可能面临着安全威胁，都有必要对网络安全有所了解，并能够针对一些典型的攻击做出相应的防范措施。

实验 3.1 扫描探测攻击实验

【实验目的】

（1）了解常用的扫描软件及其基本原理。
（2）了解常用的攻击手段类型。
（3）了解扫描工具的使用方法。

【实验内容】

（1）使用小榕流光扫描目标主机。
（2）根据已探测出的用户名和口令用 net 命令进行攻击。

【预备知识】

（1）了解网络攻击的一般流程。
（2）了解常用的扫描软件及其功能。

【实验环境】

局域网，实验终端需安装小榕流光软件和 Superscan 软件。

【实验工具】

小榕流光软件、Superscan 软件。

【实验用时】

30 分钟/实例。

【实验过程与步骤】

实验 3.1.1 使用小榕流光扫描目标主机

（1）第一次运行小榕流光需设置密码，输入“ISEC1234”，如图 3.1.1 所示。

（2）选择“探测”下的“扫描 POP3/FTP/NT/SQL”，如图 3.1.2 所示。

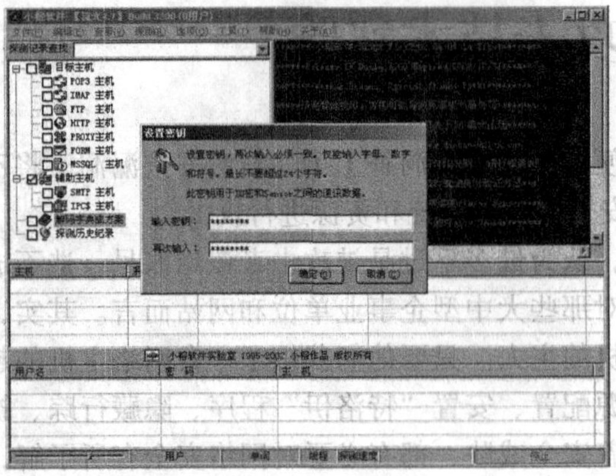

图 3.1.1　设置密码

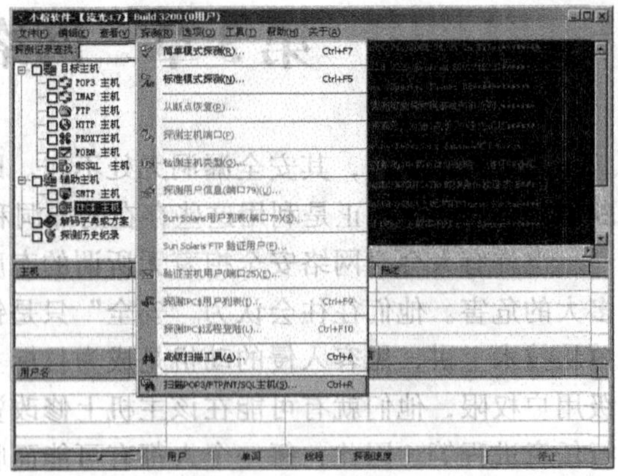

图 3.1.2　扫描 POP3/FTP/NT/SQL 主机

（3）填入“扫描范围”、“主机类型”及其他参数，如图 3.1.3 所示。

（4）点击“确定”，如图 3.1.4 所示。

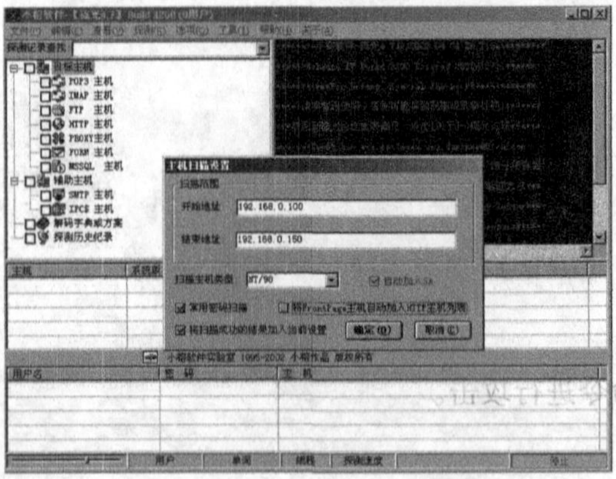

图 3.1.3　主机扫描设置

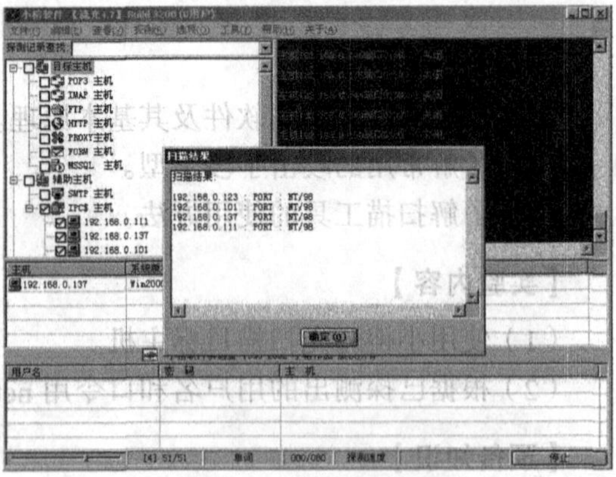

图 3.1.4　扫描结果

（5）输入 IP 地址即可查找此主机有关的信息，此处选择“关闭”，如图 3.1.5 所示。

（6）此时选择不察看报告，如图 3.1.6 所示。

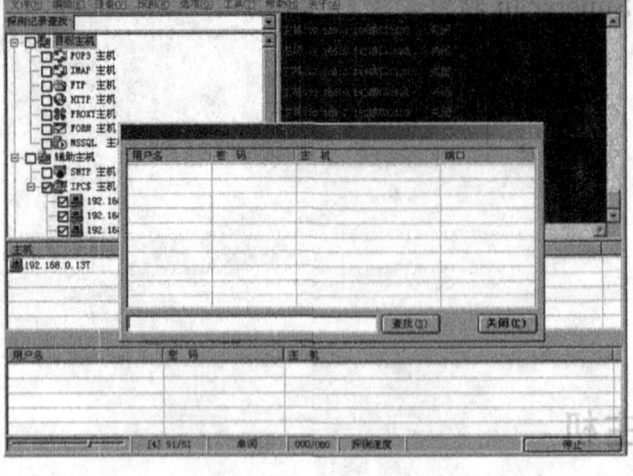

图 3.1.5　查找主机信息

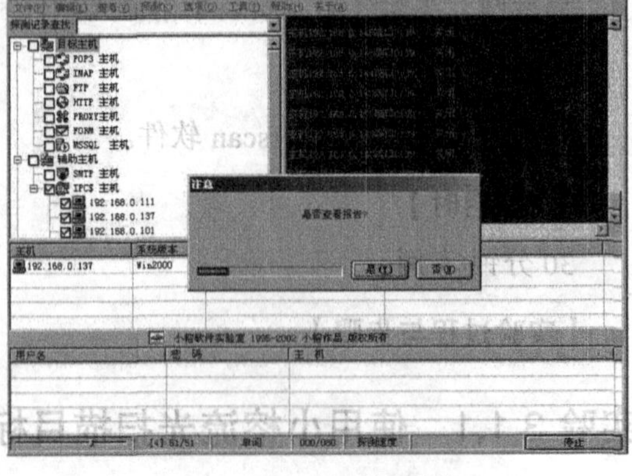

图 3.1.6　不察看报告

（7）右键点击 IPC$主机，选择“探测”下的“探测所有 IPC$用户列表”，如图 3.1.7 所示。

（8）选中“仅探测 Administrator 组的用户”，再点击“是”，如图 3.1.8 所示。

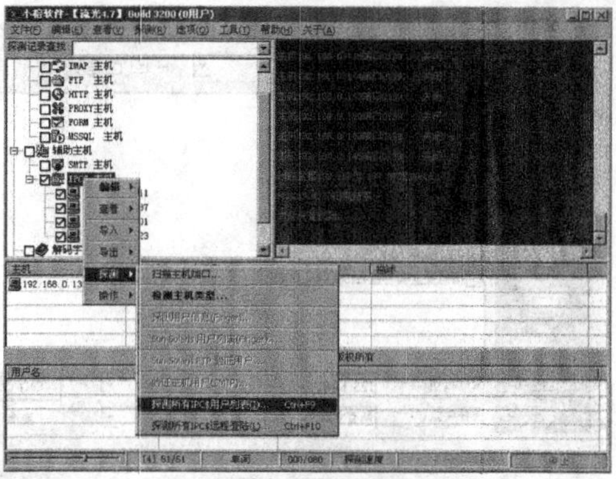

图 3.1.7　探测所有 IPC$主机列表

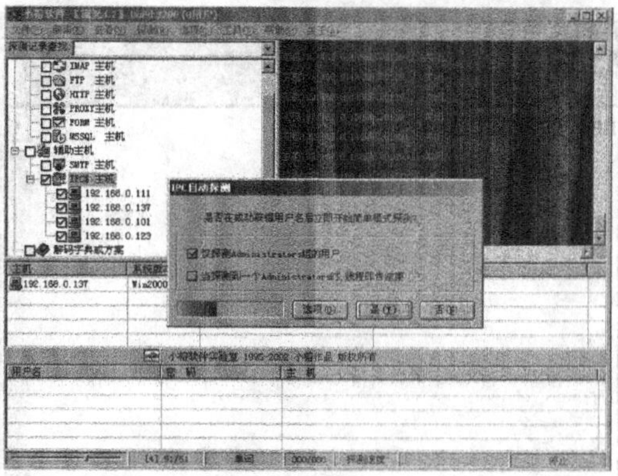

图 3.1.8　仅探测 Administrator 组的用户

（9）点击“是”，查看检测报告，如图 3.1.9 所示。

（10）发现主机 192.168.0.137 的 Administrator 账户的密码为 admin，如图 3.1.10 所示。

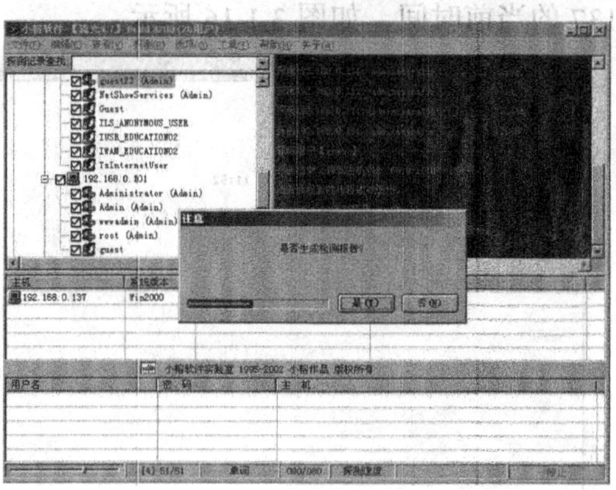

图 3.1.9　查看检测报告

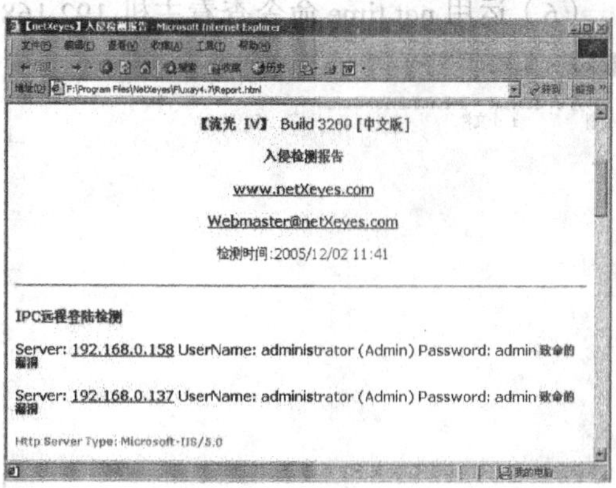

图 3.1.10　检测报告结果

实验 3.1.2　根据已探测出的用户名和口令用 net 命令进行攻击

（1）在运行中输入“cmd”，并回车，启用 MS-DOS，如图 3.1.11 所示。

（2）输入命令，与主机 192.168.0.137 建立空连接，成功界面如图 3.1.12 所示。

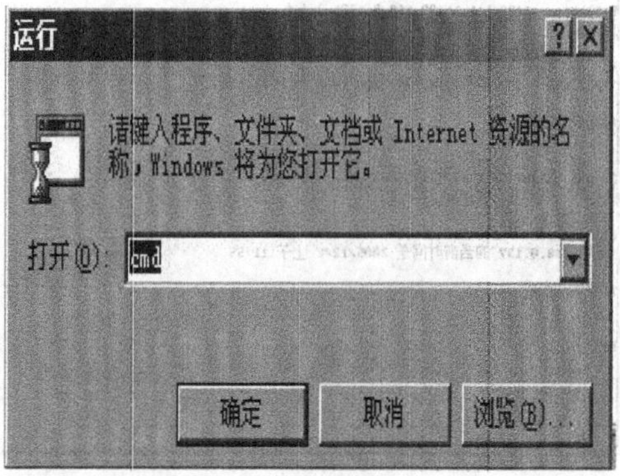

图 3.1.11　启用 MS-DOS

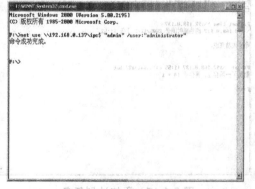

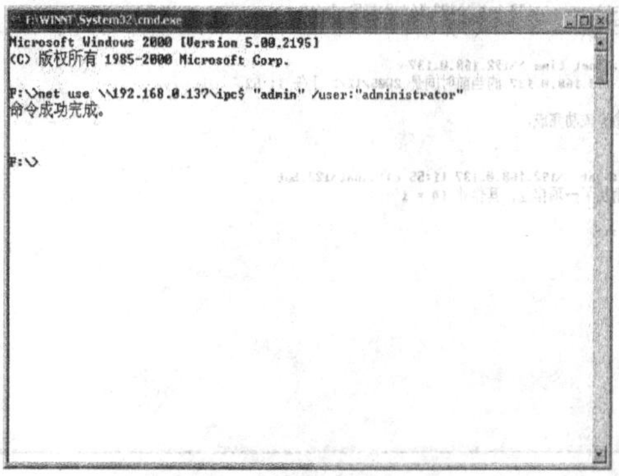

图 3.1.12　建立空连接

（3）在记事本中输入命令，如图 3.1.13 所示，作用为启动 telnet 服务。

（4）选择保存类型“所有文件”到 C 盘，命名为 123.bat，如图 3.1.14 所示。

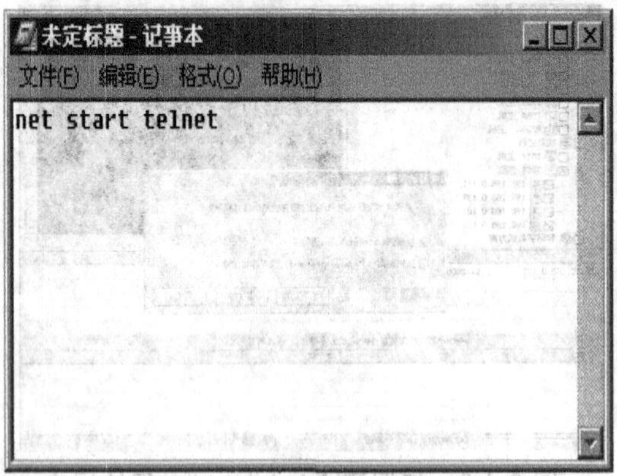

图 3.1.13　编辑记事本文件

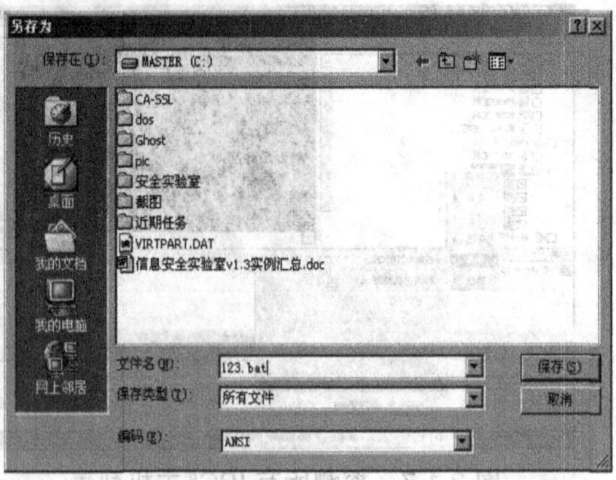

图 3.1.14　存储文件

（5）把 123.bat 文件拷贝到主机 192.168.0.137 的\winnt\system32 目录中，如图 3.1.15 所示。

（6）运用 net time 命令查看主机 192.168.0.137 的当前时间，如图 3.1.16 所示。

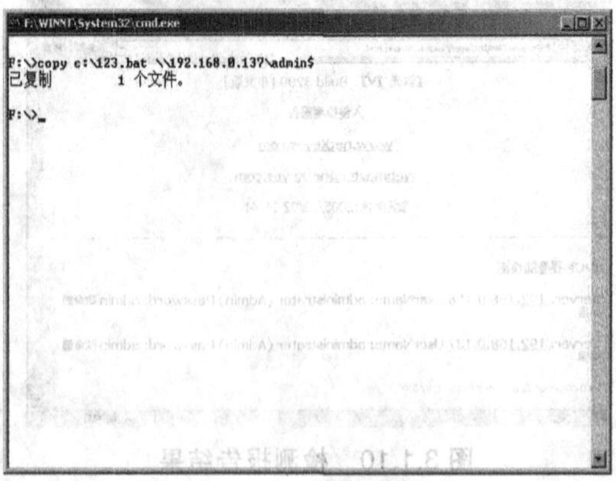

图 3.1.15　拷贝文件

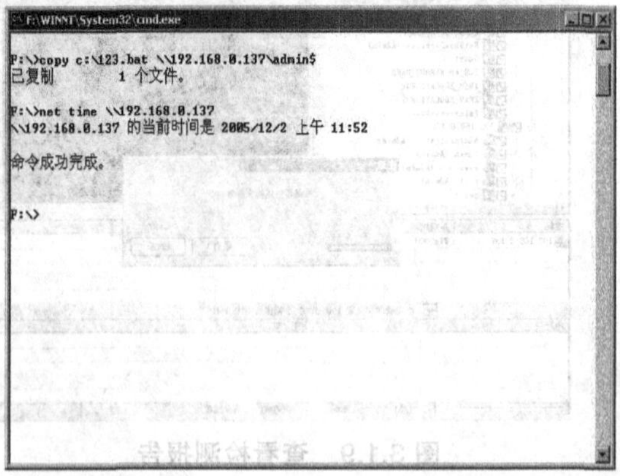

图 3.1.16　查看目标主机当前时间

（7）添加计划任务，如图 3.1.17 所示，使得在规定时间运行 123.bat 文件。

（8）再次查看目标主机的时间，已经到了 123.bat 运行时间，如图 3.1.18 所示。

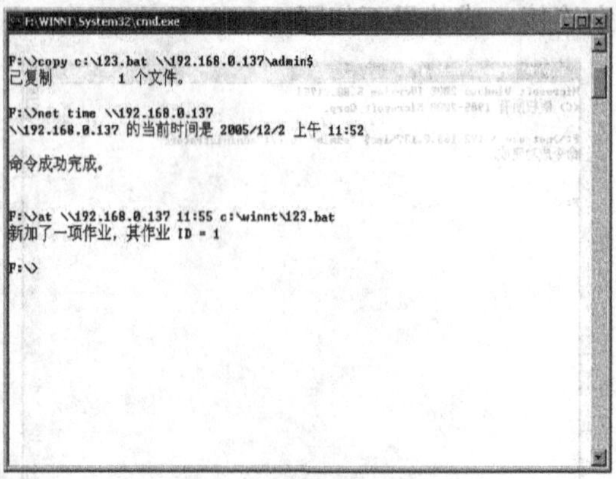

图 3.1.17　添加计划任务

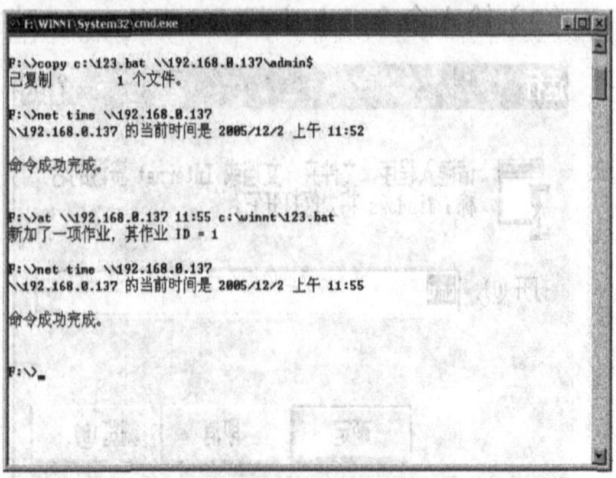

图 3.1.18　再次查看目标主机当前时间

（9）与目标主机进行 telnet 连接，如图 3.1.19 所示。

（10）发现 telnet 连接成功！如图 3.1.20 所示。

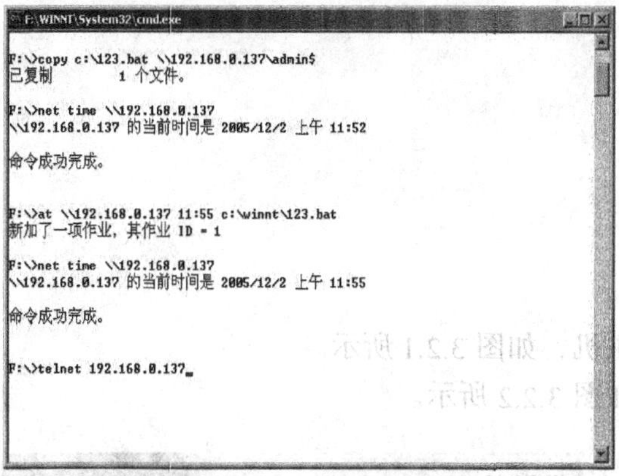

图 3.1.19 telnet 连接

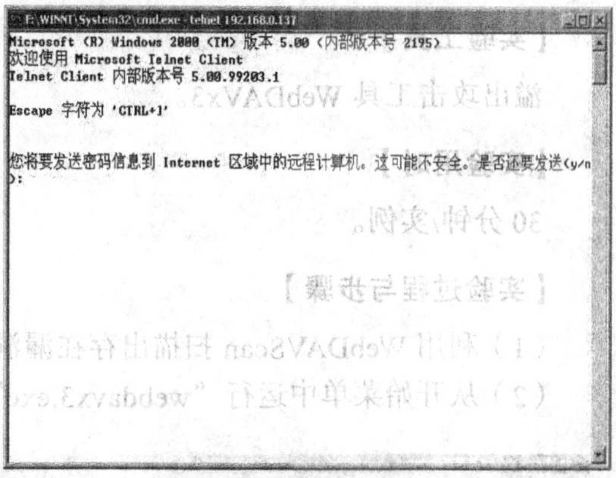

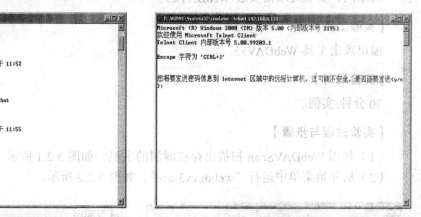

图 3.1.20 telnet 连接成功

实验 3.2 系统溢出攻击

【实验目的】

（1）了解系统溢出攻击的基本原理。

（2）了解系统溢出攻击过程。

【预备知识】

（1）了解 Windows 的基本使用知识。

（2）理解溢出及溢出攻击的相关概念。

【实验原理】

缓冲区是用来存储用户输入的数据的，它的长度是被事先设定好的。如果用户输入的数据超过了缓冲区的长度，那么就会溢出。而这些溢出的数据就会覆盖在合法的数据上，这就像杯子装水的道理，水多了杯子装不下，当然就会溢出。当缓冲区溢出时，过剩的信息对计算机内存中原有内容进行完全替换，如未进行备份，用户的内容就永远丢失了。理想的情况是程序检查数据长度，并不允许输入超过缓冲区长度的字符，但是绝大多数程序都会假设数据长度总是与所分配的储存空间相匹配，这就为缓冲区溢出埋下隐患。“溢出攻击”在对缓冲区中的文件进行替换的同时，还会执行一些非法程序，从而得到命令行下的管理员权限，之后攻击者再通过命令行建立管理员账号，对计算机进行控制。

在当前网络与分布式系统安全中，被广泛利用的 50%以上都是缓冲区溢出，其中最著名的例子是 1988 年利用 fingerd 漏洞的蠕虫。而缓冲区溢出中，最为危险的是堆栈溢出，因为入侵者可以利用堆栈溢出，在函数返回时改变返回程序的地址，让其跳转到任意地址，带来的危害有两种：一种是程序崩溃导致拒绝服务；另一种就是跳转并且执行一段恶意代码，比如得到 shell，然后为所欲为。

【实验环境】

局域网，实验终端需安装 WebDAVx3。

【实验工具】

溢出攻击工具 WebDAVx3。

【实验用时】

30 分钟/实例。

【实验过程与步骤】

（1）利用 WebDAVScan 扫描出存在漏洞的主机，如图 3.2.1 所示。

（2）从开始菜单中运行“webdavx3.exe”，如图 3.2.2 所示。

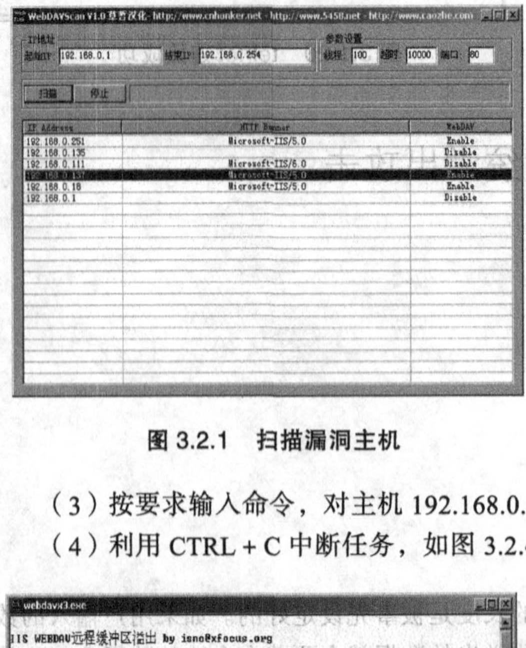

图 3.2.1　扫描漏洞主机

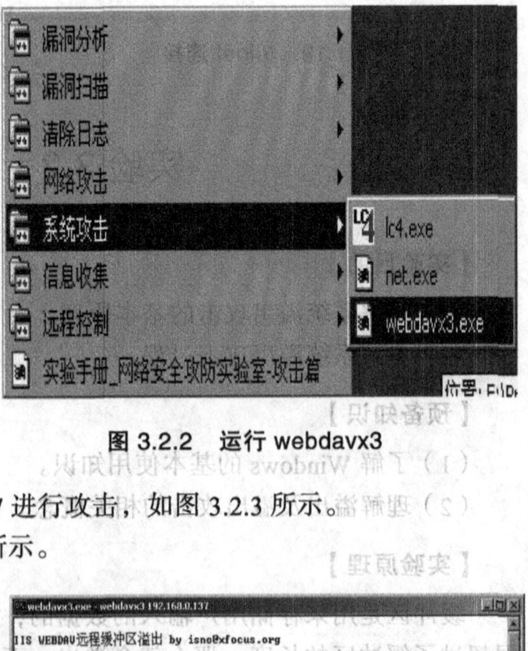

图 3.2.2　运行 webdavx3

（3）按要求输入命令，对主机 192.168.0.137 进行攻击，如图 3.2.3 所示。

（4）利用 CTRL + C 中断任务，如图 3.2.4 所示。

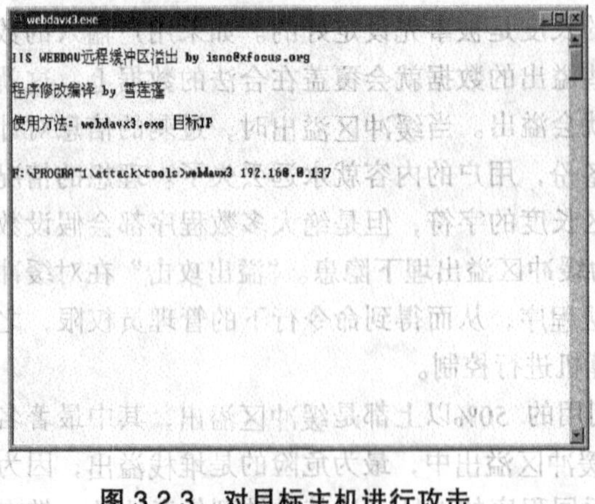

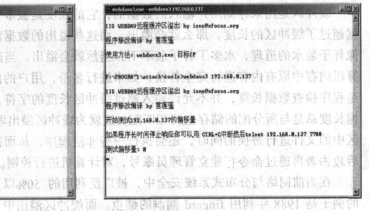

图 3.2.3　对目标主机进行攻击

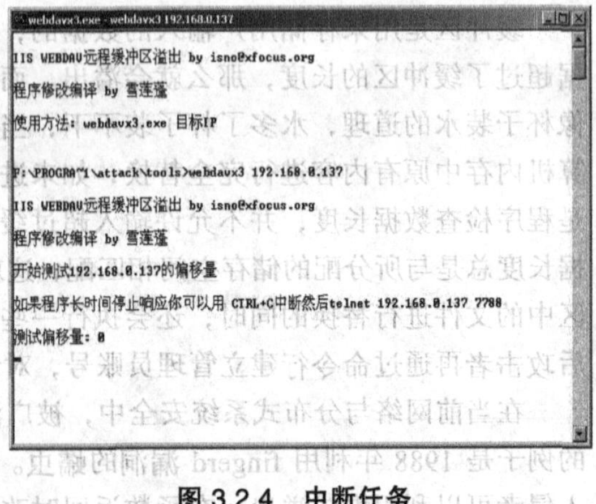

图 3.2.4　中断任务

（5）按照提示，telnet 连接被攻击主机的 7788 端口，如图 3.2.5 所示。

（6）telnet 连接成功，且不需要输入用户名和密码，如图 3.2.6 所示。

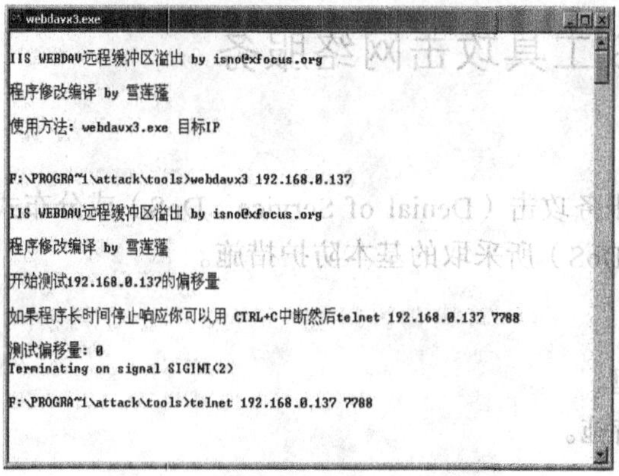

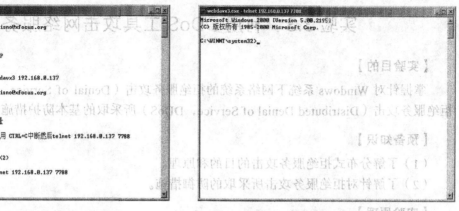

图 3.2.5 telnet 连接 7788 端口

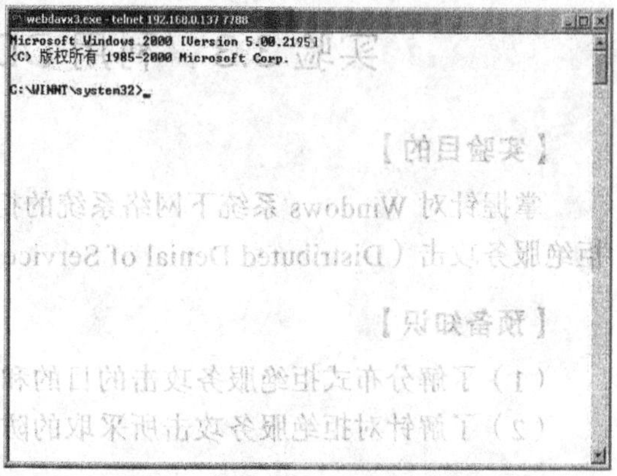

图 3.2.6 telnet 连接成功

（7）查看网络相关信息，确定已经在主机 192.168.0.137 上，如图 3.2.7 所示。

（8）输入命令，作用是给 guest 用户添加密码 “guest”（命令在输入时不显示，需要盲打，回车两次后才可看到），如图 3.2.8 所示。输入命令，作用是把账户 “guest” 添加到 Administrator 组中，如图 3.2.9 所示。

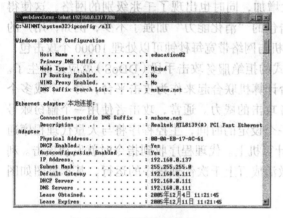

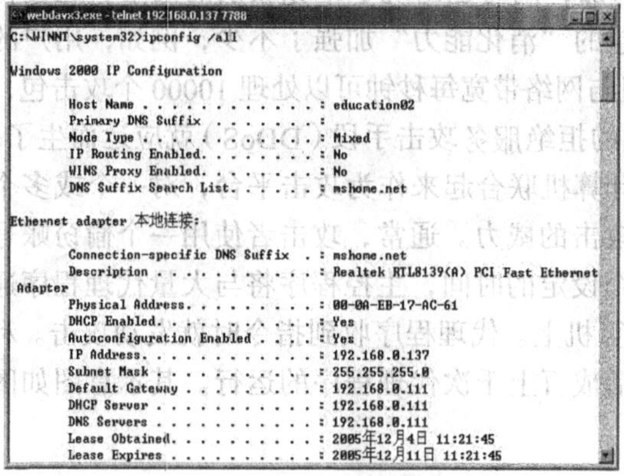

图 3.2.7 查看网络信息

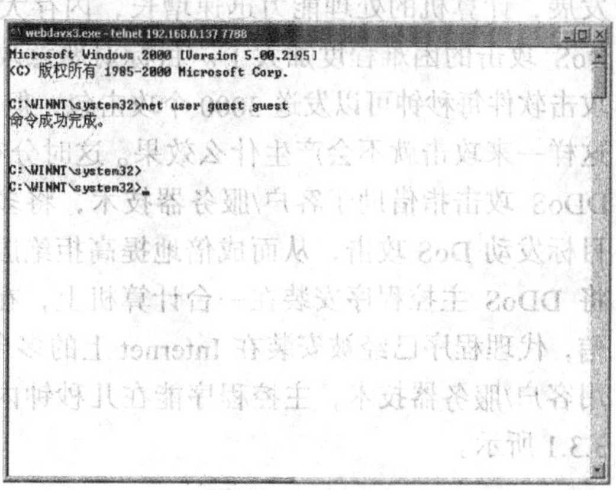

图 3.2.8 为 guest 账户添加密码

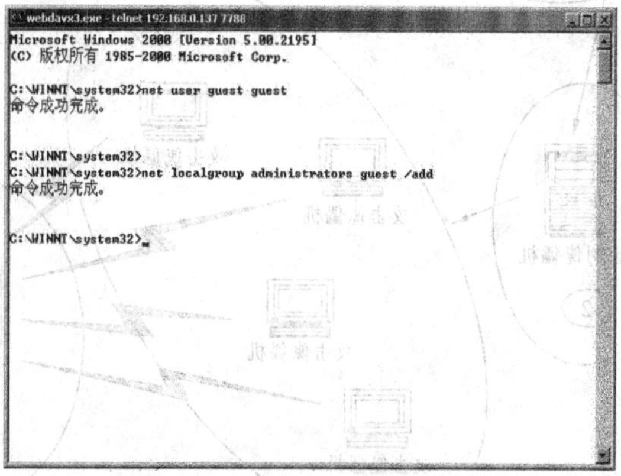

图 3.2.9 添加到 Administrator 组

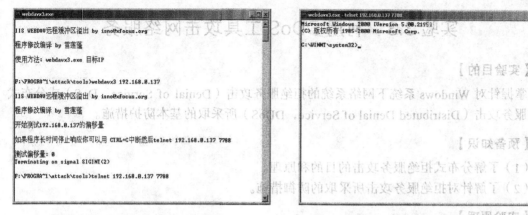

实验 3.3　利用 DDoS 工具攻击网络服务

【实验目的】

掌握针对 Windows 系统下网络系统的拒绝服务攻击（Denial of Service，DoS）或分布式拒绝服务攻击（Distributed Denial of Service，DDoS）所采取的基本防护措施。

【预备知识】

（1）了解分布式拒绝服务攻击的目的和原理。

（2）了解针对拒绝服务攻击所采取的防御措施。

【实验原理】

DDoS 的攻击方式有很多种，最基本的 DoS 攻击就是利用合理的服务请求来占用过多的服务资源，从而使合法用户无法得到服务响应。DDoS 攻击手段是在传统的 DoS 攻击基础之上产生的一类攻击方式。单一的 DoS 攻击一般采用一对一方式，当攻击目标 CPU 速度低、内存小或者网络带宽小等各项性能指标不高时，它的效果是明显的。随着计算机与网络技术的发展，计算机的处理能力迅速增长，内存大大增加，同时也出现了千兆级别的网络，这使得 DoS 攻击的困难程度加大了。目标对恶意攻击包的“消化能力”加强了不少，例如，用户的攻击软件每秒钟可以发送 3000 个攻击包，但主机与网络带宽每秒钟可以处理 10000 个攻击包，这样一来攻击就不会产生什么效果。这时分布式的拒绝服务攻击手段（DDoS）就应运而生了。DDoS 攻击指借助于客户/服务器技术，将多台计算机联合起来作为攻击平台，对一个或多个目标发动 DoS 攻击，从而成倍地提高拒绝服务攻击的威力。通常，攻击者使用一个偷窃账号将 DDoS 主控程序安装在一台计算机上，在一个设定的时间，主控程序将与大量代理程序通信，代理程序已经被安装在 Internet 上的多台计算机上。代理程序收到指令时就发动攻击。利用客户/服务器技术，主控程序能在几秒钟内激活成百上千次代理程序的运行。其示意图如图 3.3.1 所示。

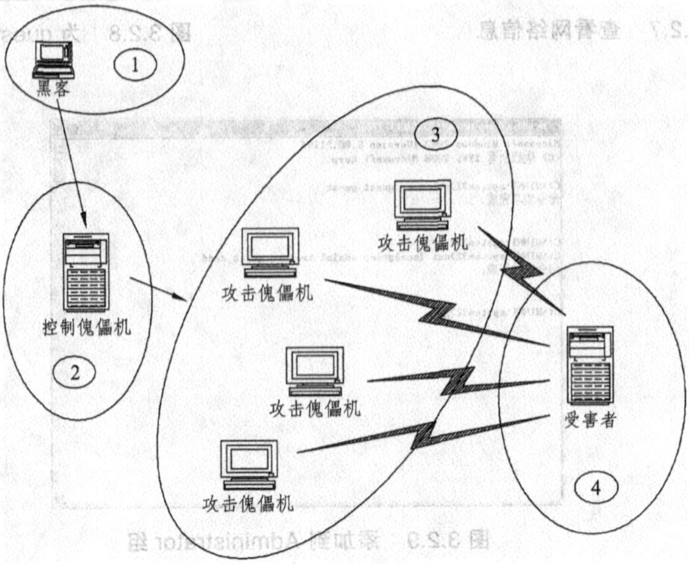

图 3.3.1　DDoS 原理

【实验环境】

局域网，实验终端需安装 xdos。

【实验工具】

拒绝服务工具 xdos，Windows 系统相关管理工具。

【实验用时】

30 分钟/实例。

【实验过程与步骤】

（1）打开 IE 浏览器，输入 Web 站点地址 http://192.168.0.137，如图 3.3.2 所示。

（2）回车或点击“转到”后，可以看到此 Web 站点页面，如图 3.3.3 所示。

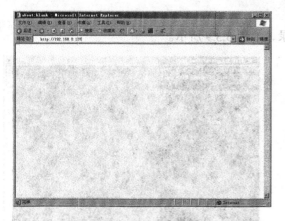

图 3.3.2　输入 Web 站点地址

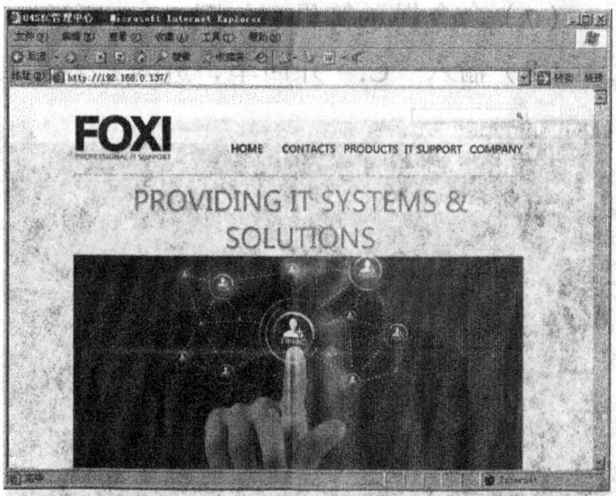

图 3.3.3　Web 站点页面

（3）再输入 FTP 站点地址 ftp://192.168.0.137，如图 3.3.4 所示。

（4）可以看到此站点的 FTP 服务器运行正常，如图 3.3.5 所示。

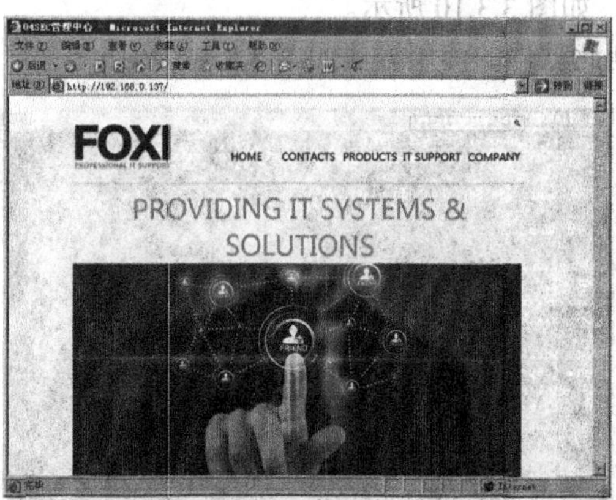

图 3.3.4　输入 FTP 站点地址

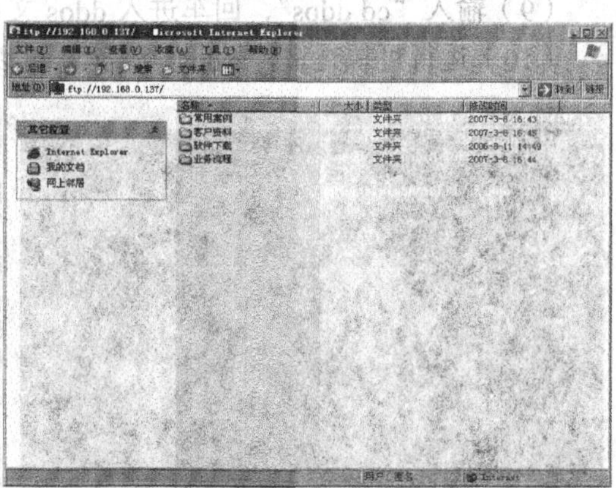

图 3.3.5　FTP 服务器运行正常

（5）在开始菜单中打开“运行”，如图 3.3.6 所示。

（6）“运行”界面如图 3.3.7 所示，输入“cmd”。

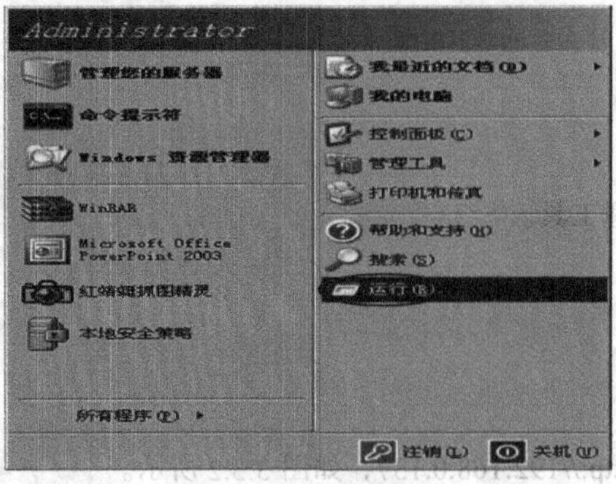

图 3.3.6　开始菜单

图 3.3.7　运行

（7）命令提示符界面如图 3.3.8 所示。

（8）输入“C:”并回车，进入 C 盘根目录，如图 3.3.9 所示。

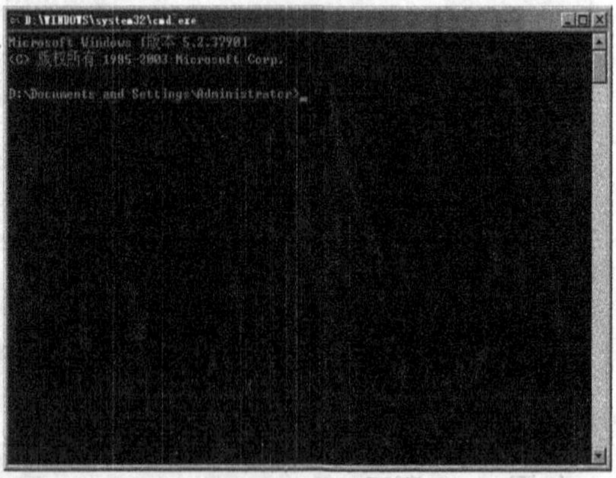

图 3.3.8　命令提示符

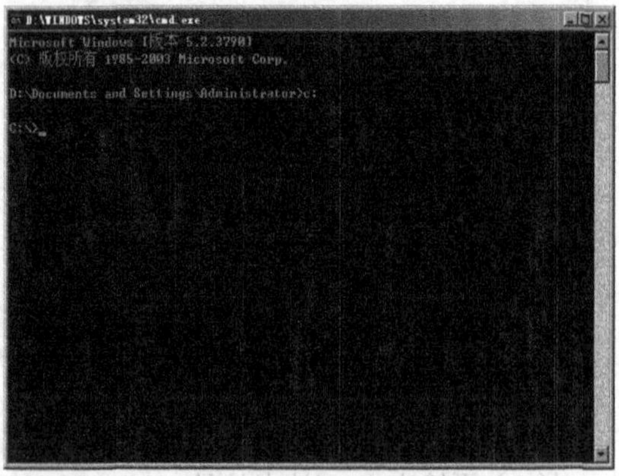

图 3.3.9　输入“C:”

（9）输入“cd ddos”，回车进入 ddos 文件夹，如图 3.3.10 所示。

（10）运行可执行文件 xdos，回车，可以看到此软件的使用方法如图 3.3.11 所示。

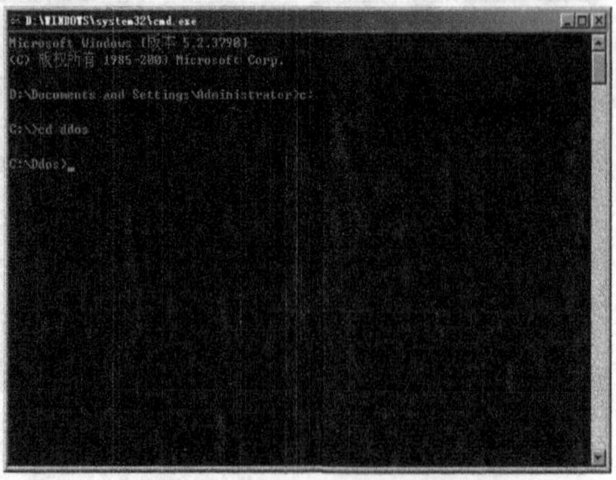

图 3.3.10　输入 ddos 文件夹

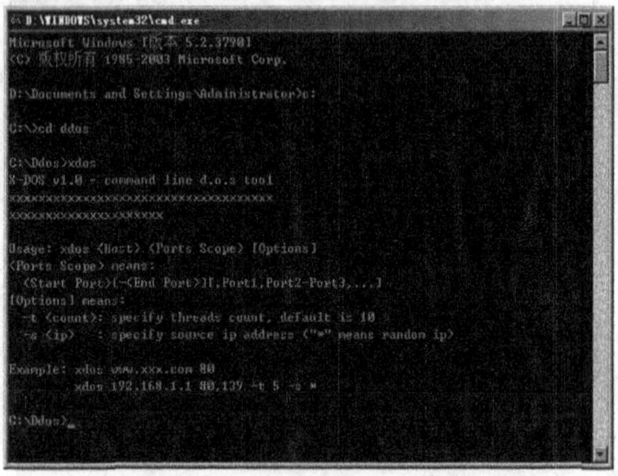

图 3.3.11　运行可执行文件

（11）执行命令如图 3.3.12 所示，回车。

（12）攻击过程中界面如图 3.3.13 所示。

xdos 192.168.0.137 80 -t 10 -s 10.1.1.1：此命令的含义为利用 xdos 攻击主机 192.168.0.137 的 80 端口，即攻击其 Web 服务，攻击采用 10 线程同时进行，并且伪造攻击源地址为 10.1.1.1。

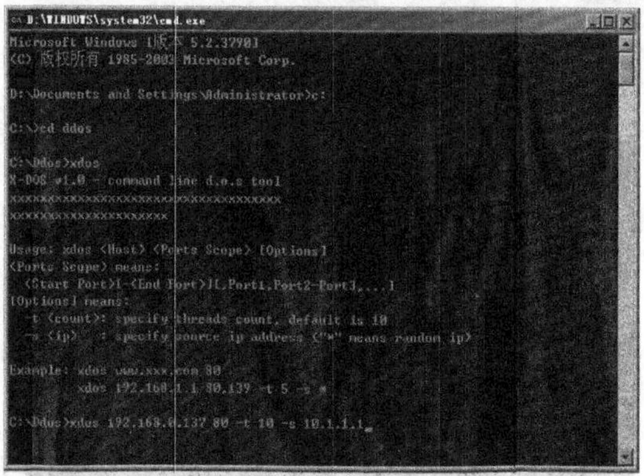

图 3.3.12　执行命令

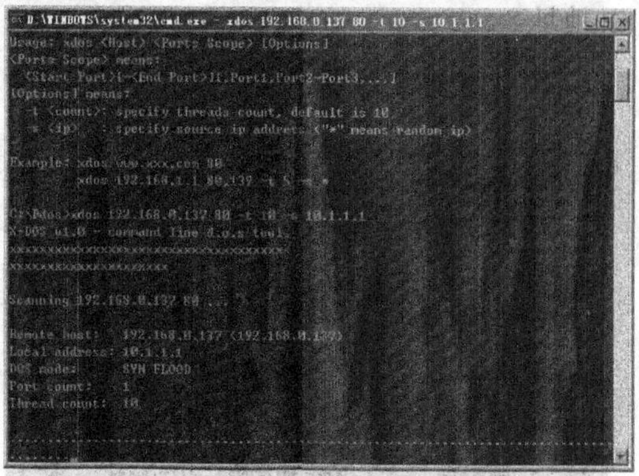

图 3.3.13　攻击过程中界面

（13）再次访问此站点的 Web 服务，发现无法显示网页，即服务器已无法正常提供服务，如图 3.3.14 所示。

（14）而其 FTP 服务器访问正常，如图 3.3.15 所示。

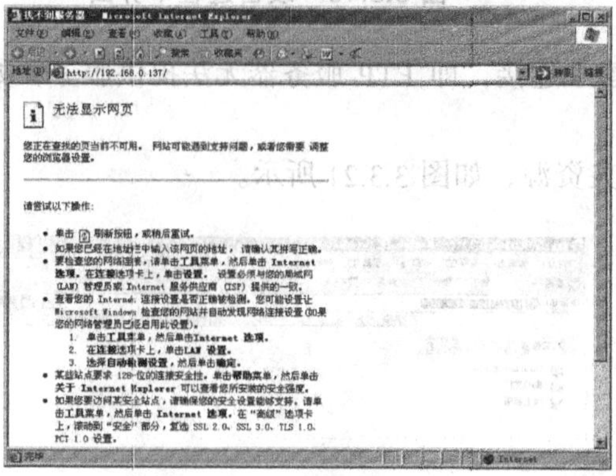

图 3.3.14　访问 Web 服务

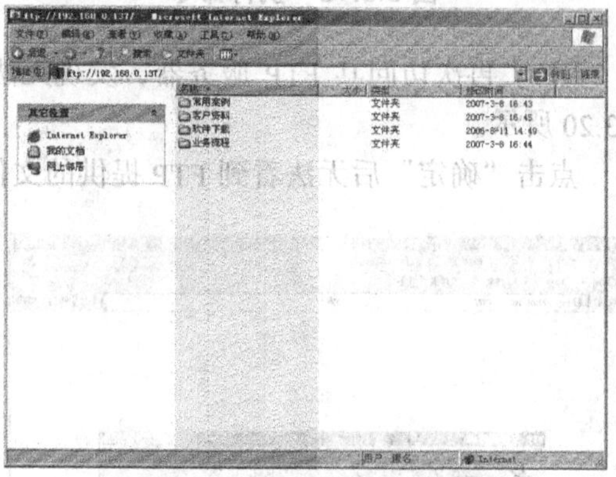

图 3.3.15　FTP 服务器正常访问

（15）利用 Ctrl+C 组合键停止攻击，如图 3.3.16 所示。

（16）此时 Web 服务器可以正常访问了！如图 3.3.17 所示。

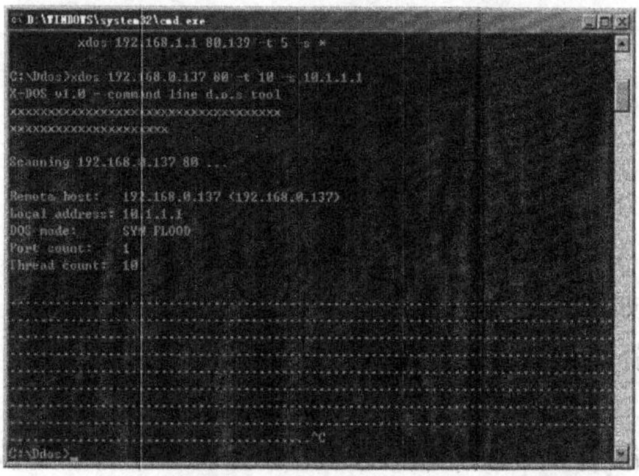

图 3.3.16　停止攻击

图 3.3.17　Web 服务器正常访问

（17）再执行命令，如图 3.3.18 所示，回车。

xdos 192.168.0.137 21 -t 20 -s *：此命令的含义为利用 xdos 攻击主机 192.168.0.137 的 21 端口，即攻击其 FTP 服务，攻击采用 20 线程同时进行，*代表伪造攻击源地址为任意的随机 IP 地址。

（18）攻击过程中界面如图 3.3.19 所示。

图 3.3.18　执行命令

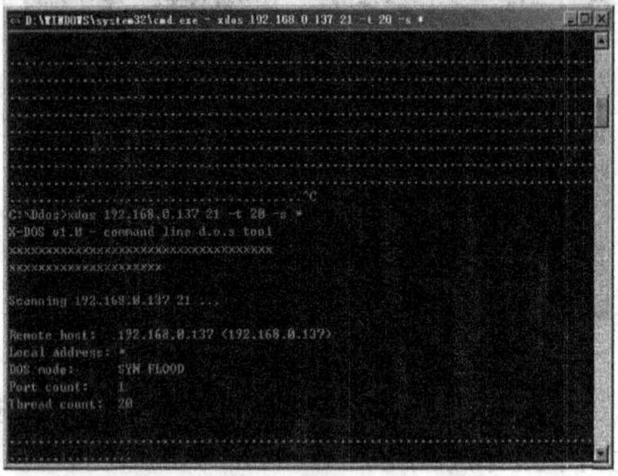

图 3.3.19　攻击过程中界面

（19）再次访问其 FTP 服务器，发现无法建立连接，即 FTP 服务器无法提供服务，如图 3.3.20 所示。

点击“确定”后无法看到 FTP 提供的文件夹资源，如图 3.3.21 所示。

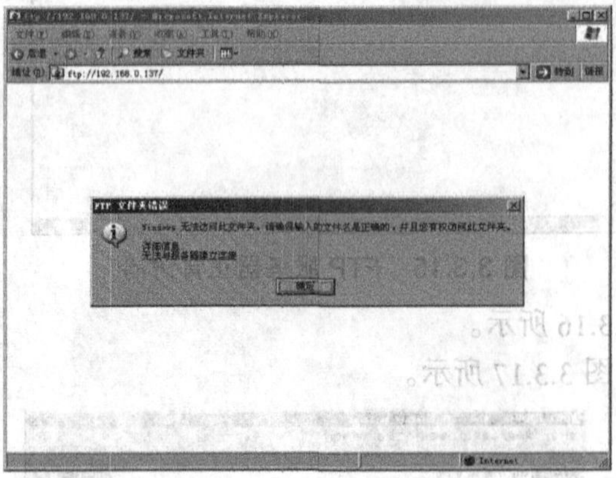

图 3.3.20　FTP 服务器无法提供服务

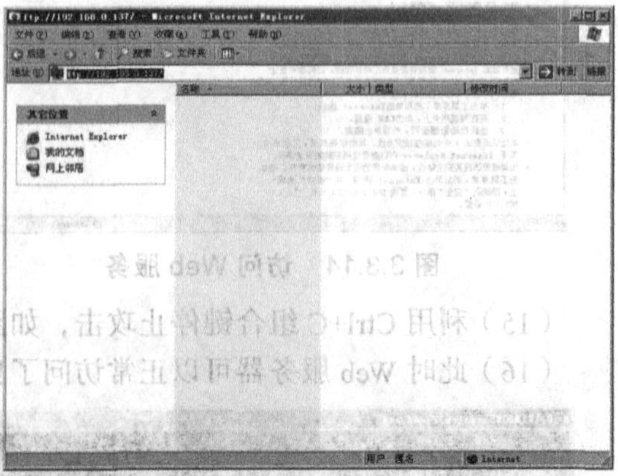

图 3.3.21　无法看到文件夹资源

（20）而此时 Web 服务器运行正常，如图 3.3.22 所示。

（21）利用 Ctrl+C 组合键停止攻击，如图 3.3.23 所示。

（22）此时 FTP 服务器可以正常访问了！如图 3.3.24 所示。

此工具也可以同时攻击某服务器的多个端口，各端口之间用逗号隔开，例如：

xdos 192.168.0.137 80，21 -t 50 -s *

就是同时攻击主机 192.168.0.137 的 80 和 21 端口，即同时攻击其 Web 服务及 FTP 服务，攻击采用 50 线程同时进行，且伪造攻击源地址为任意的随机 IP 地址。

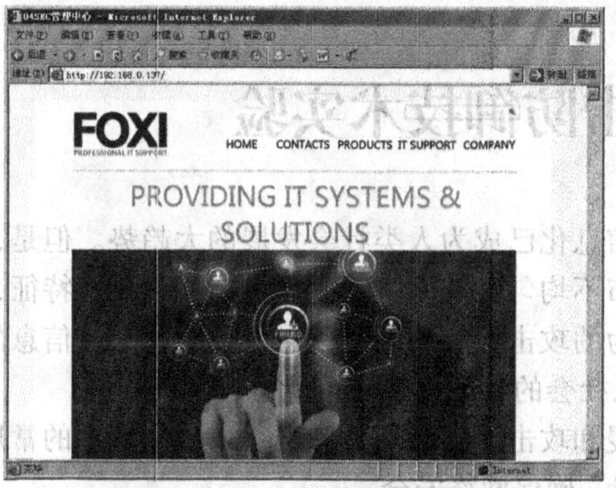

图 3.3.22 Web 服务器运行正常

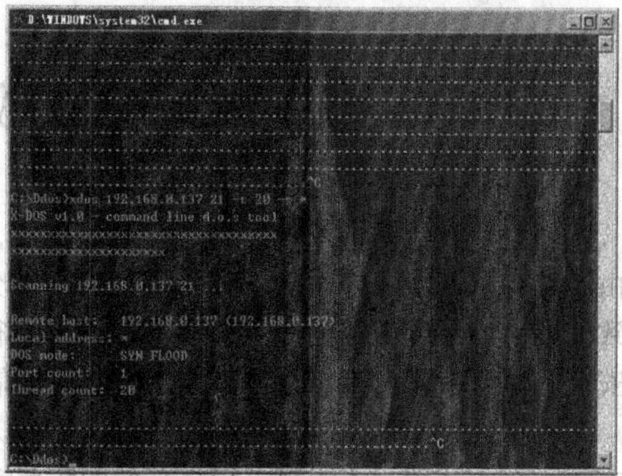

图 3.3.23 停止攻击

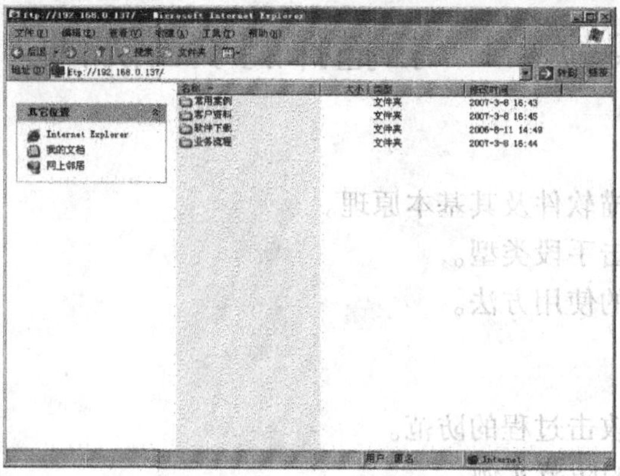

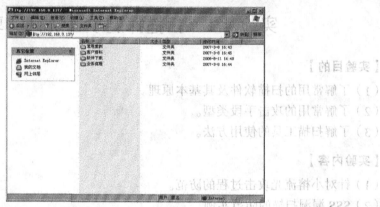

图 3.3.24 FTP 服务器正常访问

【作业】

1. 网络攻击的一般过程是什么?
2. 网络攻击常用的工具有哪些，其各自的功能是什么?
3. 完成实验报告。

第4章　典型攻击防御技术实验

随着计算机网络技术的高速发展和普及，信息化已成为人类社会发展的大趋势。但是，由于计算机网络具有联结形式多样性、终端分布不均匀性和网络的开放性、互联性等特征，致使网络容易受黑客、恶意软件和其他不轨行为的攻击，威胁网络信息的安全，所以信息的安全和保密就成为一个至关重要的问题而被信息社会的各个领域所重视。

要保证网络信息的安全，有效防范网络入侵和攻击，就必须熟悉网络入侵和攻击的常用方法，在此基础上才能制定行之有效的防范策略，确保网络安全。

实验 4.1　扫描探测攻击防御实验

【实验目的】

（1）了解常用的扫描软件及其基本原理。

（2）了解常用的攻击手段类型。

（3）了解扫描工具的使用方法。

【实验内容】

（1）针对小榕流光攻击过程的防范。

（2）SSS 漏洞扫描的防范实例。

【预备知识】

（1）了解网络攻击的一般流程。

（2）了解常用的扫描软件及其功能。

【实验环境】

局域网，实验终端需安装小榕流光软件，SSS 软件。

【实验工具】

小榕流光软件，SSS 软件。

【实验用时】

30 分钟/实例。

【实验过程与步骤】

实验 4.1.1　针对小榕流光攻击过程的防范

（1）在 DOS 下删除默认共享的命令：

net share ipc$ /del　删除 ipc$默认共享

net share admin$ /del　删除 admin$默认共享

net share c$ /del 删除 C 盘默认共享

……同样方法删除其他分区的默认共享，如图 4.1.1 所示。

（2）再次查看默认共享，发现清单为空，如图 4.1.2 所示。但是计算机重启后，默认共享又会自动生成，要禁止系统自动打开默认共享，则需要修改注册表：对于 Server 版，找到如下主键[HKEY_LOCAL_MACHINE/SYSTEM/CurrentControlSet/Services/LanmanServer/Parameters]，把 AutoShareServer（DWORD）键值为：00000000。若主键不存在，则需要创建双字节值，名称为 AutoShareServer，键值设置为 00000000。

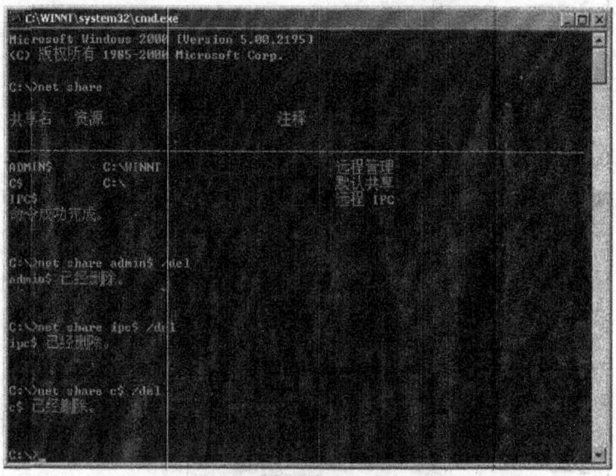

图 4.1.1 查看并删除默认共享

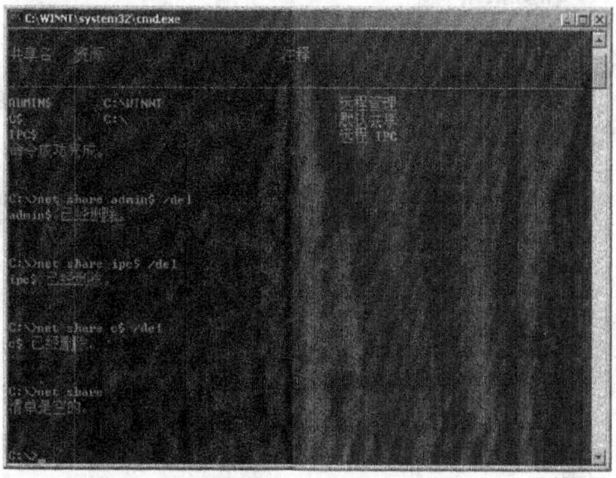

图 4.1.2 再次查看共享

（3）在运行菜单中输入“regedit”，打开注册表，如图 4.1.3 所示。

（4）打开路径：

HKEY_LOCAL_MACHINE/SYSTEM/CurrentControlSet/Services/LanmanServer/Parameters，如图 4.1.4 所示。

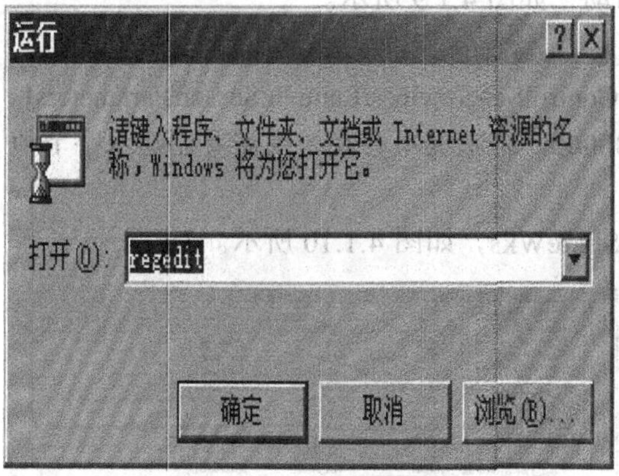

图 4.1.3 打开注册表

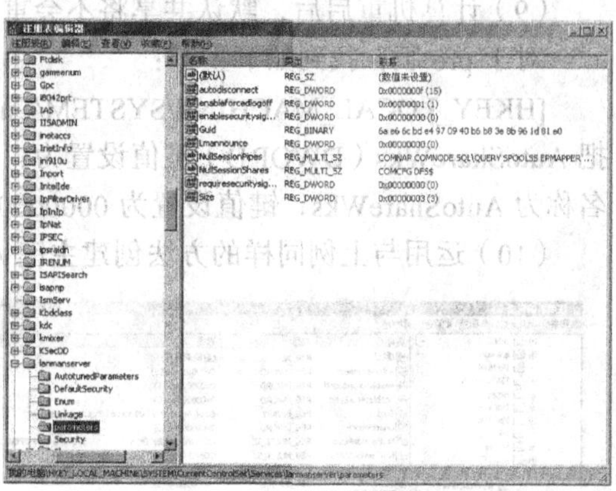

图 4.1.4 打开路径

（5）在空白处点击右键，选择新建双字节值，如图 4.1.5 所示。

（6）新建的主键命名为 AutoShareServer，如图 4.1.6 所示。

（7）点击右键进行修改（也可以直接双击修改），如图 4.1.7 所示。

（8）“数据数值”设置为 0，如图 4.1.8 所示。

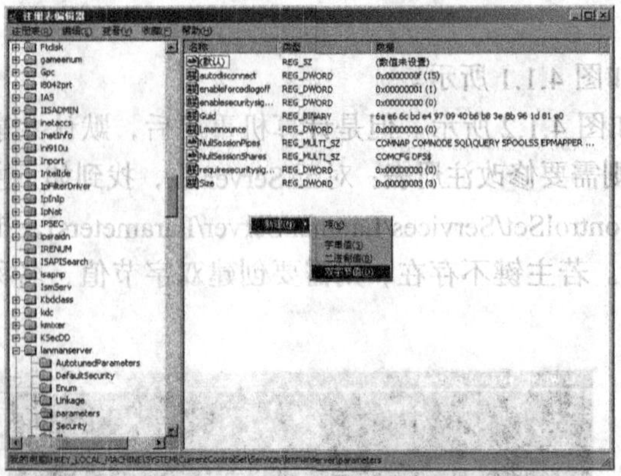

图 4.1.5　新建主键

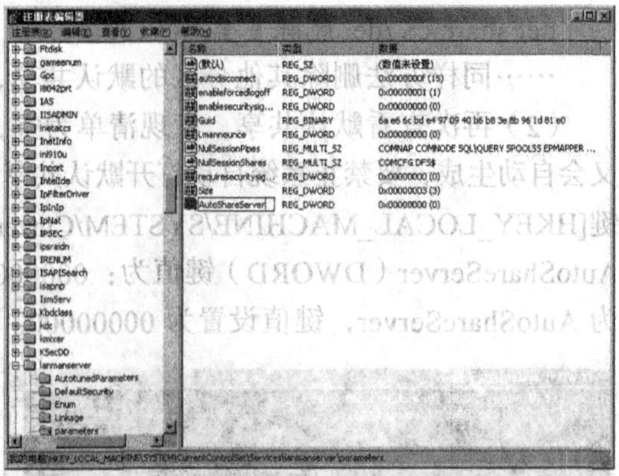

图 4.1.6　主键命名

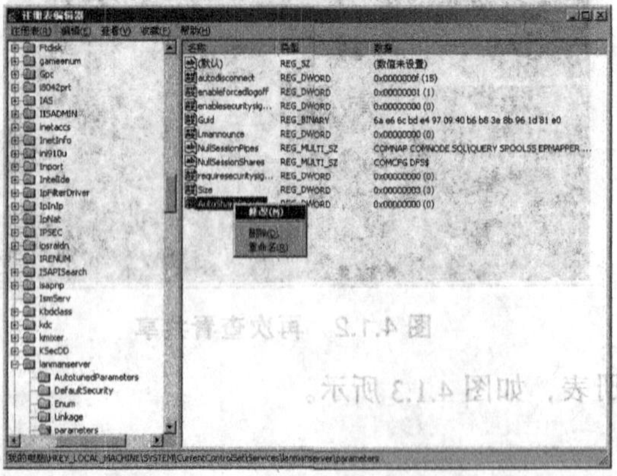

图 4.1.7　修改键值

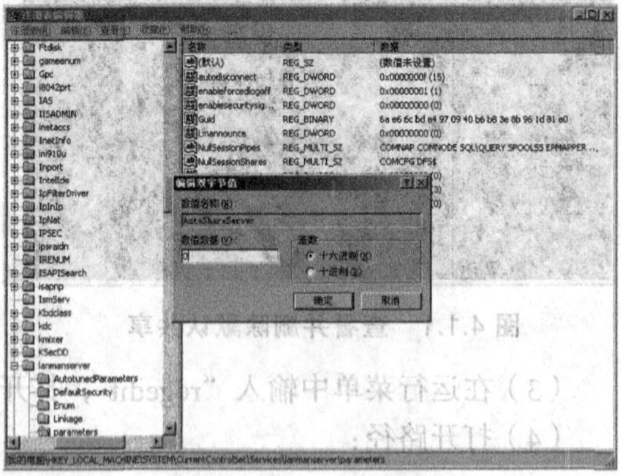

图 4.1.8　设置键值

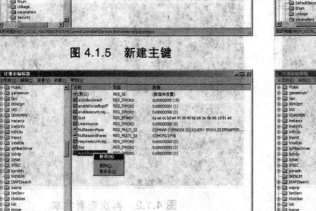

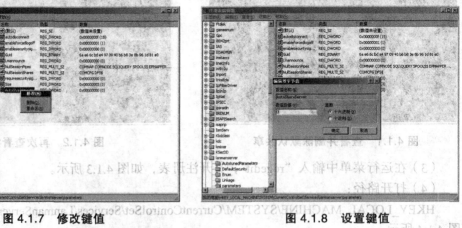

（9）计算机重启后，默认共享将不会重新启动，如图 4.1.9 所示。

对于 pro 版，找到如下主键：

[HKEY_LOCAL_MACHINE/SYSTEM/CurrentControlSet/Services/LanmanServer/Parameters]，把 AutoShareWks（DWORD）键值设置为：00000000。若主键不存在，则需要创建双字节值，名称为 AutoShareWks，键值设置为 00000000。

（10）运用与上例同样的方法创建主键 AutoShareWks，如图 4.1.10 所示。

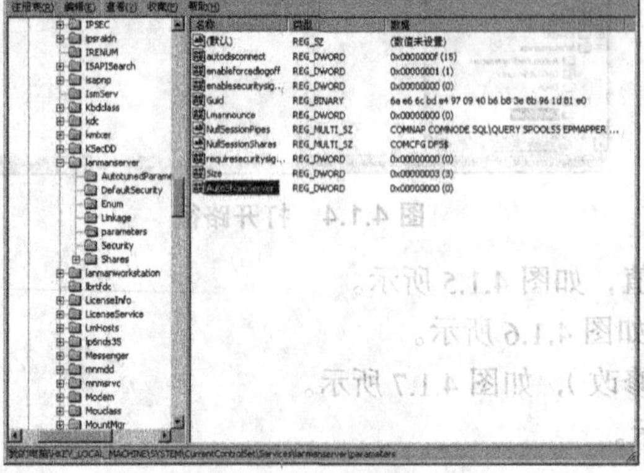

图 4.1.9　重启即可

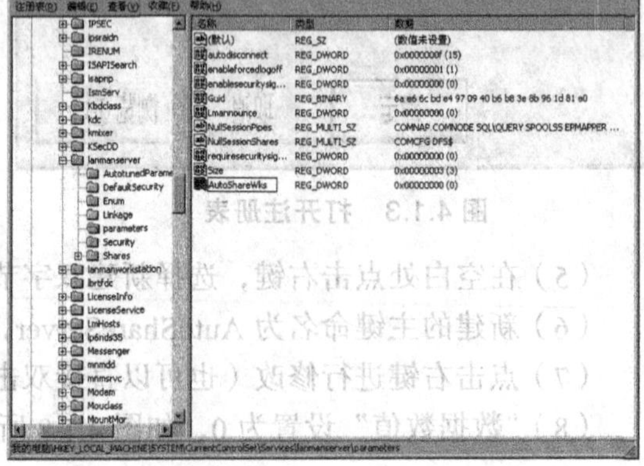

图 4.1.10　主键命名

（11）数值数据同样设置为 0，如图 4.1.11 所示。

（12）这样计算机重新启动后，默认共享将不会重新启动，如图 4.1.12 所示。要禁止空连接，也需要对注册表进行修改，找到路径 Local_Machine\System\CurrentControlSet\Control\LSA，把 restrictanonymous 的键值改成”1”即可。

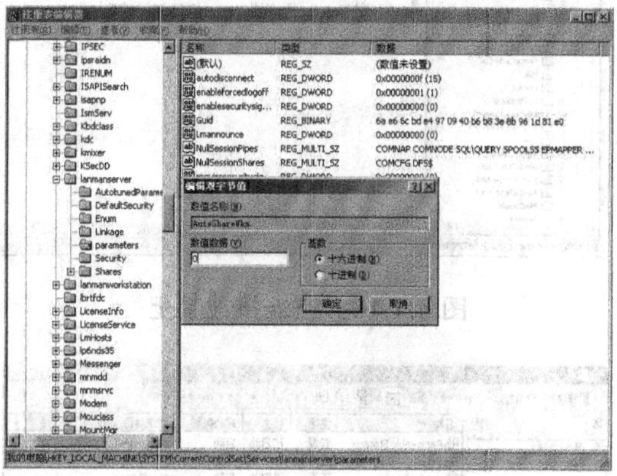

图 4.1.11　设置键值

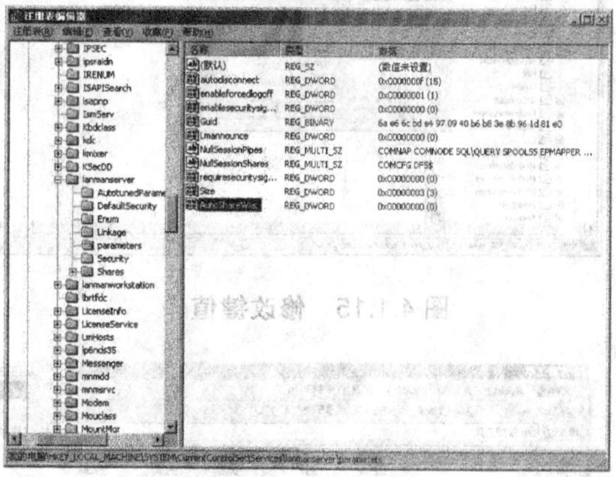

图 4.1.12　重启即可

（13）找到路径 Local_Machine\System\CurrentControlSet\Control\LSA，如图 4.1.13 所示。

（14）对主键 restrictanonymous 进行修改，如图 4.1.14 所示。

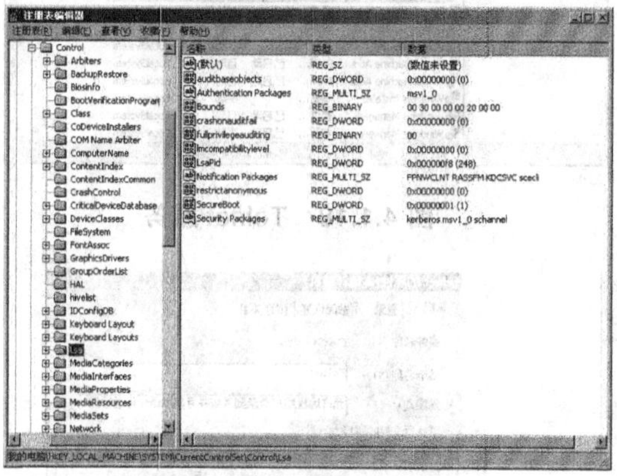

图 4.1.13　找到相应路径

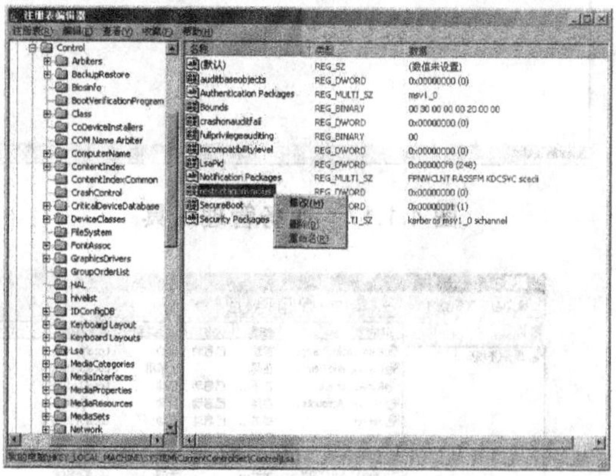

图 4.1.14　修改主键

（15）将数值数据修改为 1，如图 4.1.15 所示。

（16）此时空连接已经被禁止，如图 4.1.16 所示。Telnet 服务是一个用于远程登录管理的网络服务，默认情况下该服务是启用的，如果系统的用户名和密码不慎泄漏，其他人就可以通过 Telnet 直接登录系统，对系统进行任意操作。所以，为了提高网络的安全性，禁用 Telnet 服务是必要的。

（17）从控制面板的管理工具中找到“服务”这个工具，如图 4.1.17 所示。

（18）找到 Telnet 服务，如图 4.1.18 所示。

（19）右键点击 Telnet，选择“属性”，如图 4.1.19 所示。

（20）将启动类型改为“已禁用”，如图 4.1.20 所示。

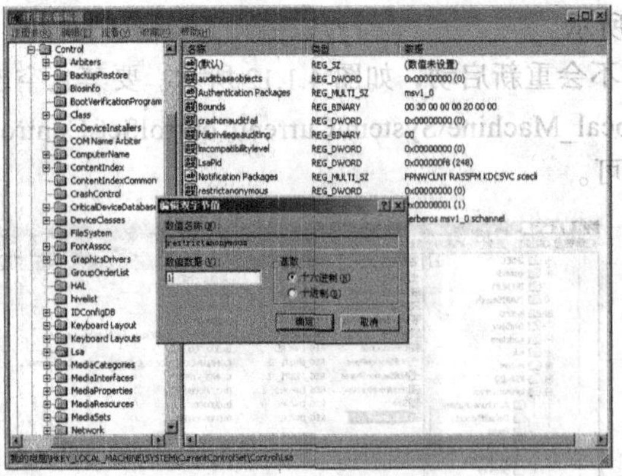

图 4.1.15　修改键值

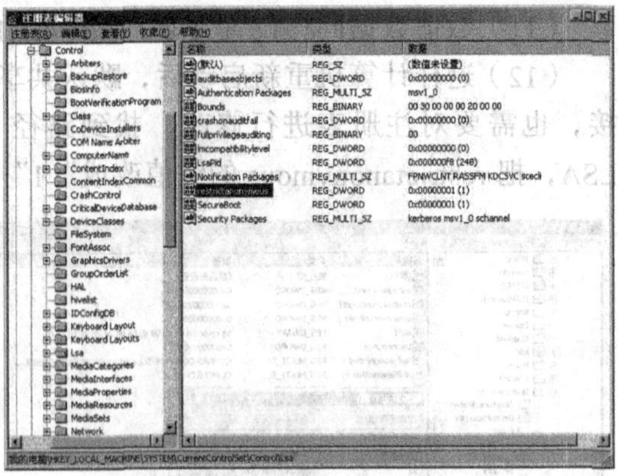

图 4.1.16　空连接被禁止

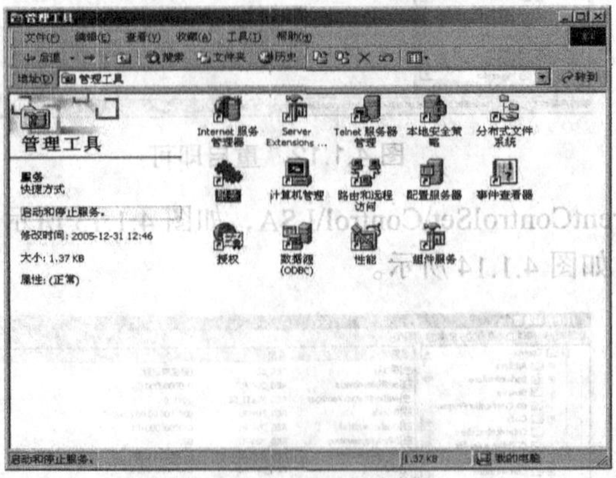

图 4.1.17　服务管理工具

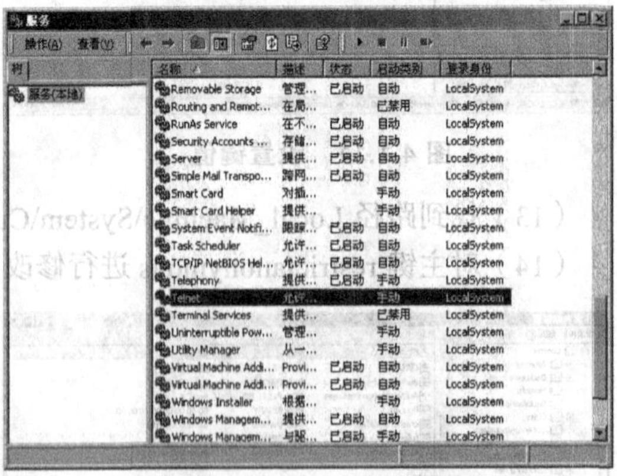

图 4.1.18　Telnet 服务

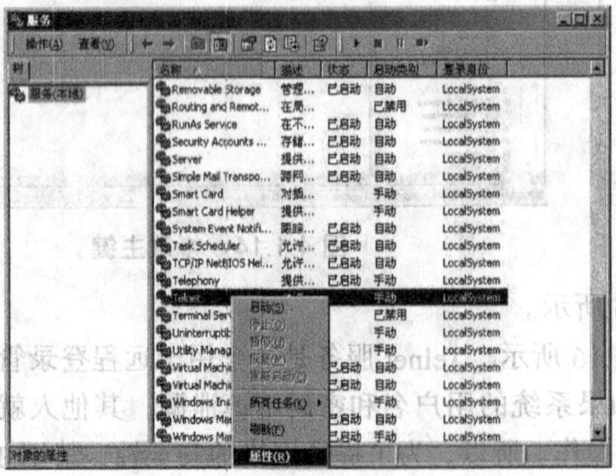

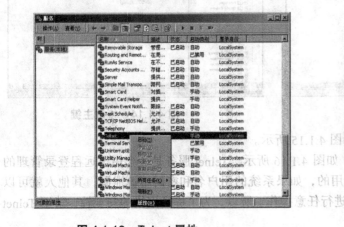

图 4.1.19　Telnet 属性

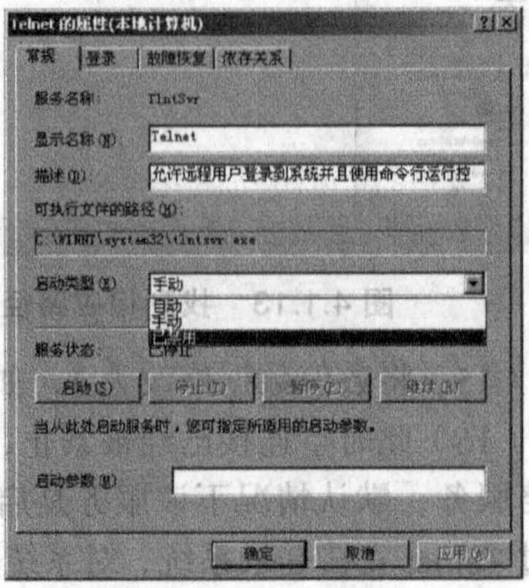

图 4.1.20　禁用服务

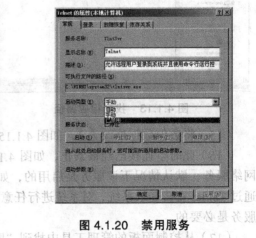

（21）应用并点击“确定”即可，如图 4.1.21 所示。

（22）此时可以看到，Telnet 服务已经被禁用了，如图 4.1.22 所示。

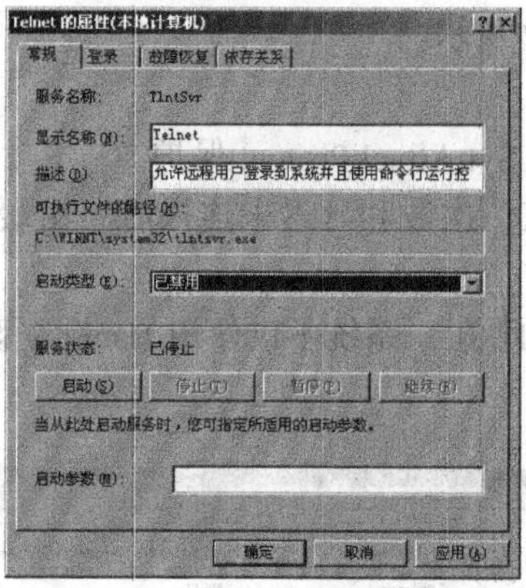

图 4.1.21　应用并点击“确定”

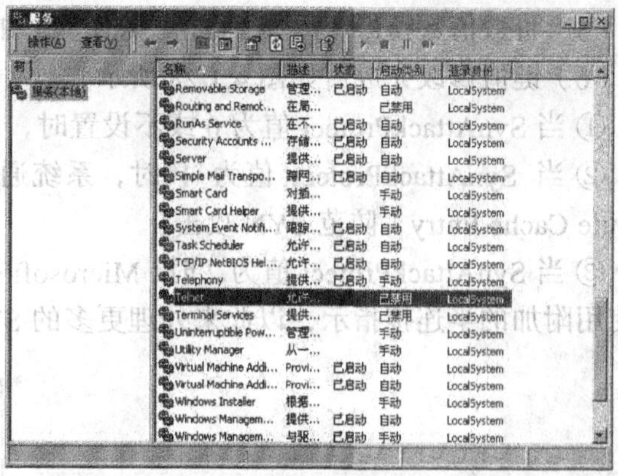

图 4.1.22　禁用 Telnet 成功

实验 4.1.2　SSS 漏洞扫描的防范实例

（1）在“运行”中输入“regedit”，如图 4.1.23 所示，打开注册表编辑器。

（2）注册表编辑器界面如图 4.1.24 所示。

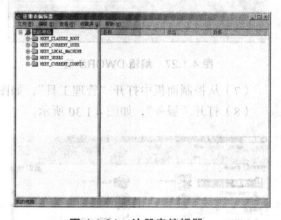

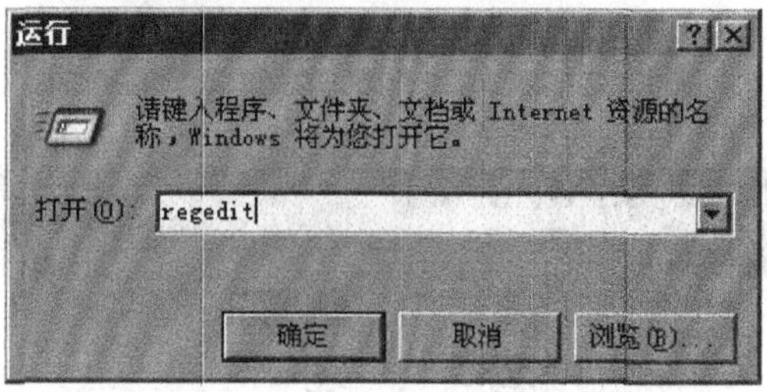

图 4.1.23　运行

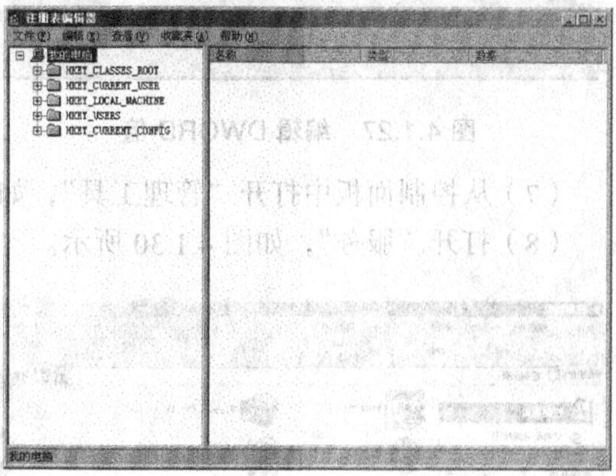

图 4.1.24　注册表编辑器

（3）根据路径找到注册表项 Parameters，如图 4.1.25 所示。

（4）右键点击键 SynAttackProtect，选择“修改”，如图 4.1.26 所示。

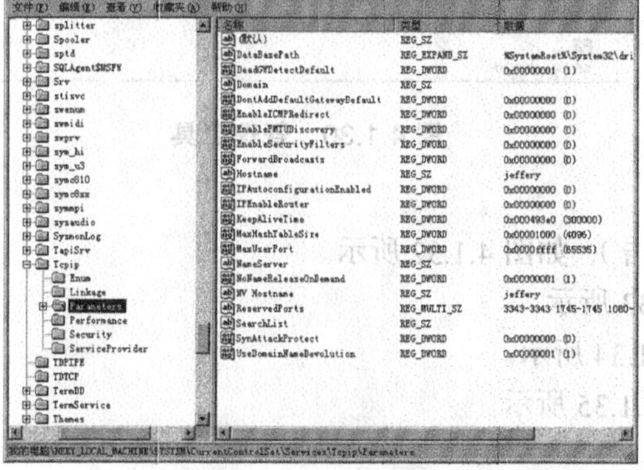

图 4.1.25　注册表编辑器

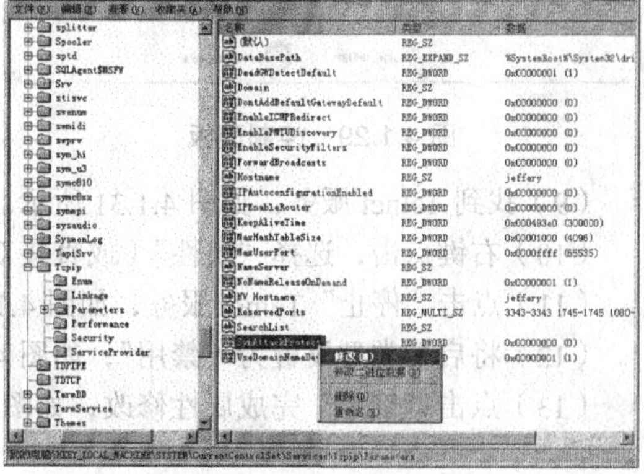

图 4.1.26　注册表编辑器

（5）将数值数据修改为 2，点击“确定”，如图 4.1.27 所示。

（6）键值修改完成后如图 4.1.28 所示。

① 当 SynAttackProtect 值为 0 或不设置时，系统不受 SynAttackProtect 保护。

② 当 SynAttackProtect 值为 1 时，系统通过减少重传次数和延迟未连接时路由缓冲项（Route Cache Entry）防范 SYN 攻击。

③ 当 SynAttackProtect 值为 2 时（Microsoft 推荐使用此值），系统不仅使用 Backlog 队列，还使用附加的半连接指示，以此来处理更多的 SYN 连接。

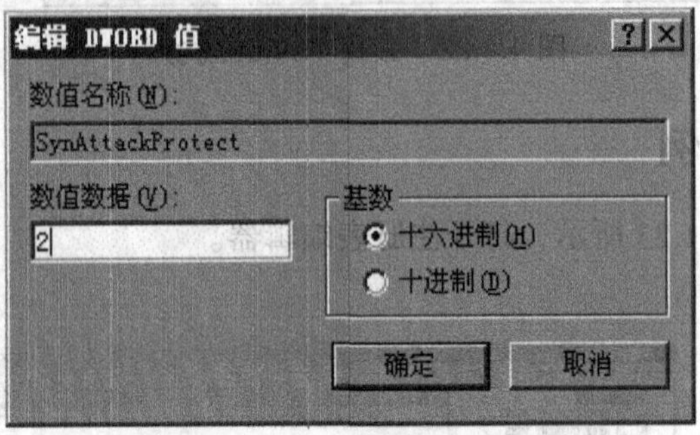

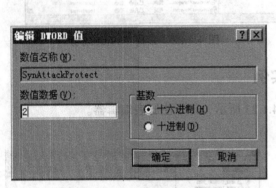

图 4.1.27　编辑 DWORD 值

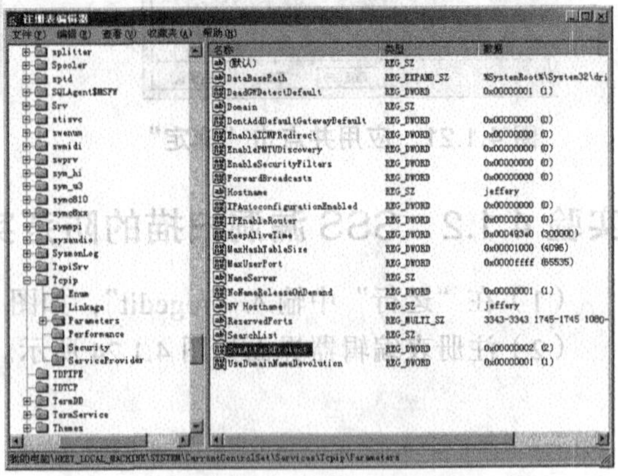

图 4.1.28　注册表编辑器

（7）从控制面板中打开“管理工具”，如图 4.1.29 所示。

（8）打开“服务”，如图 4.1.30 所示。

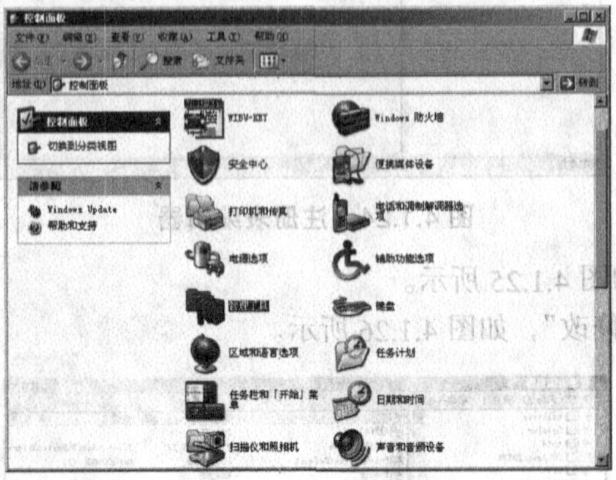

图 4.1.29　控制面板

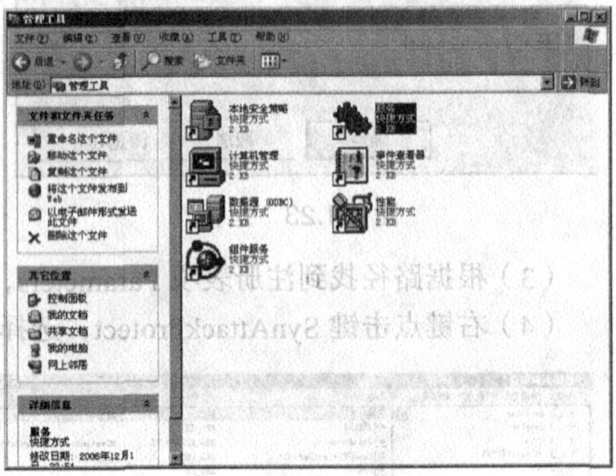

图 4.1.30　管理工具

（9）找到 Telnet 服务，如图 4.1.31 所示。

（10）右键点击，选择“属性”（或直接双击），如图 4.1.32 所示。

（11）点击“停止”Telnet 服务，如图 4.1.33 所示。

（12）将启动类型设置为“禁用”，如图 4.1.34 所示。

（13）点击“确定”完成属性修改，如图 4.1.35 所示。

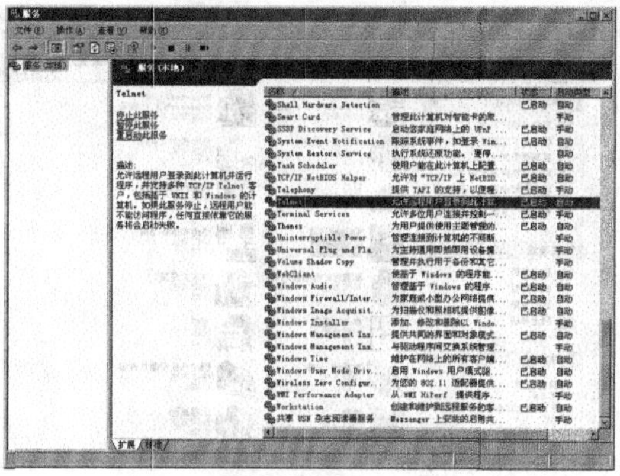

图 4.1.31　找到 Telnet 服务

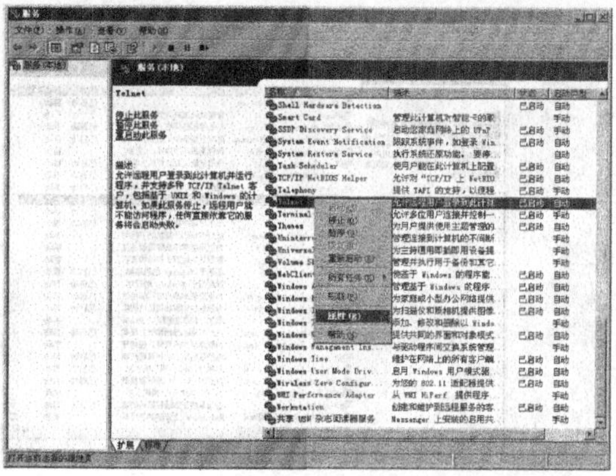

图 4.1.32　属性

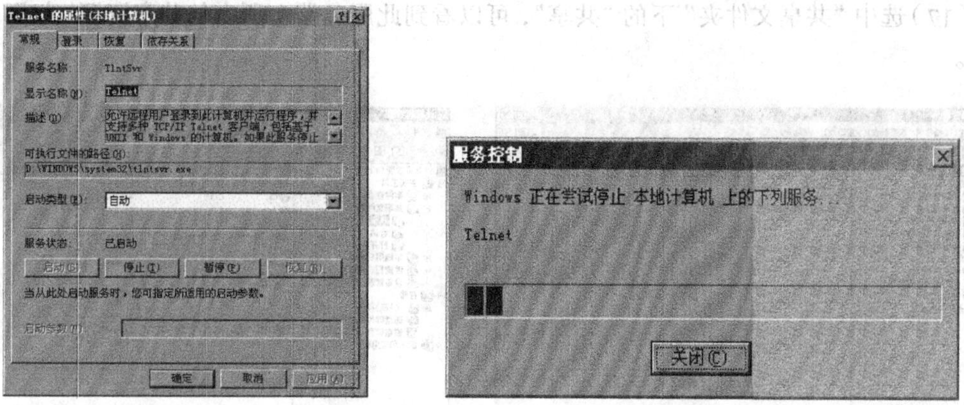

（a）常规　　　　（b）服务控制

图 4.1.33　Telnet 的属性

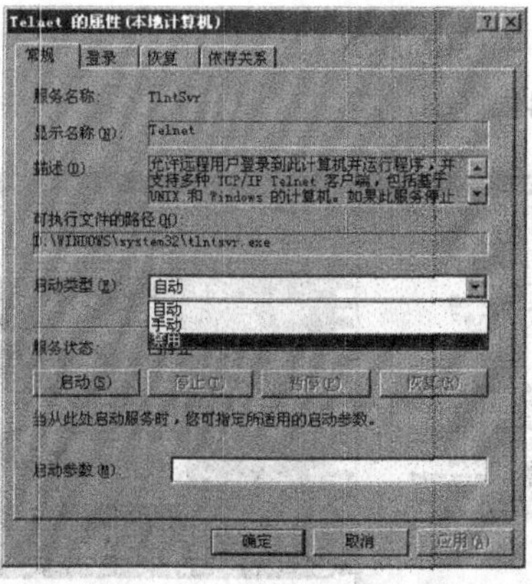

图 4.1.34　禁用启动类型

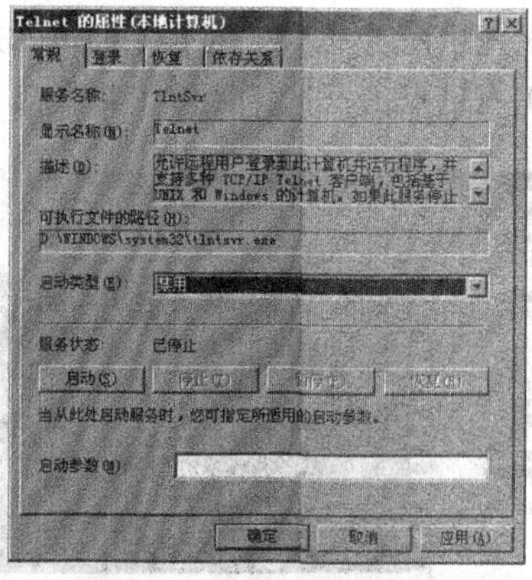

图 4.1.35　完成属性修改

（14）可以看到 Telnet 服务已经停止，并被禁用，如图 4.1.36 所示。

（15）再从管理工具中打开计算机管理，如图 4.1.37 所示。

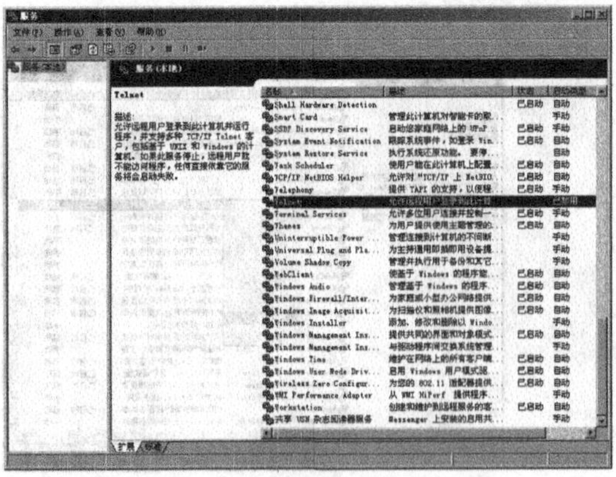

图 4.1.36　停止禁用 Telnet 服务

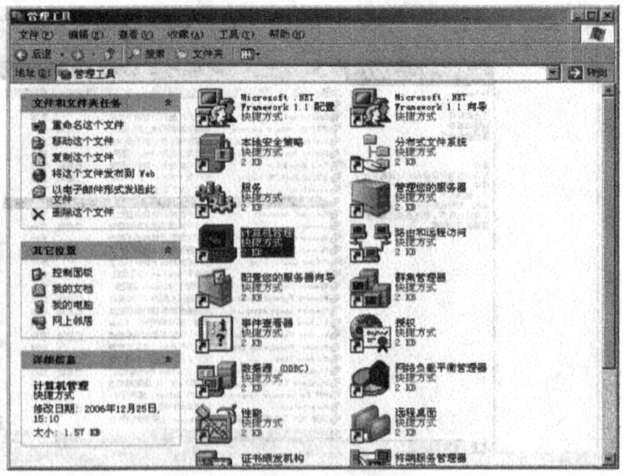

图 4.1.37　管理工具

（16）计算机管理界面如图 4.1.38 所示。

（17）选中“共享文件夹”下的“共享”，可以看到此服务器上所有的共享资源，如图 4.1.39 所示。

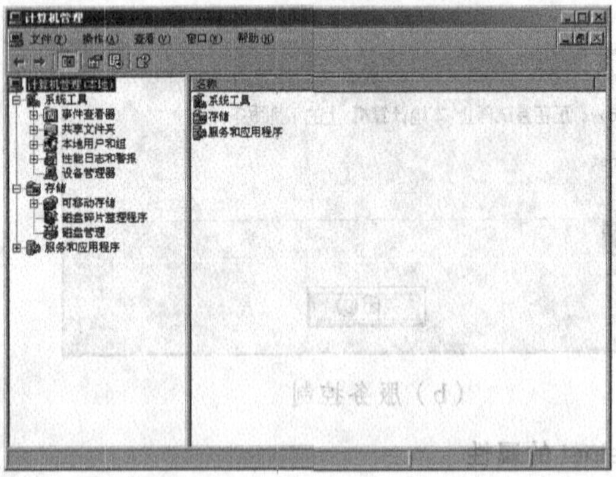

图 4.1.38　计算机管理

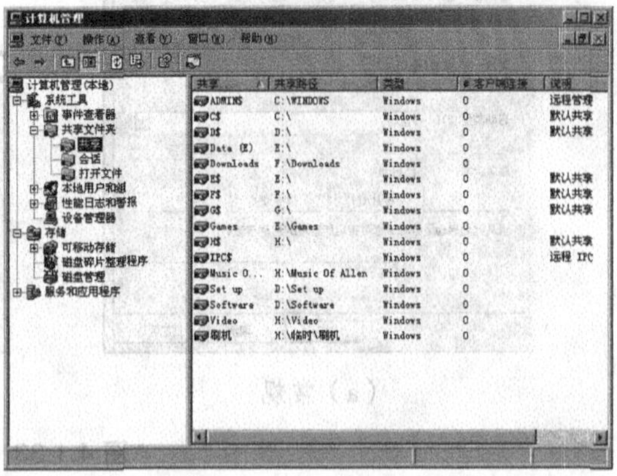

图 4.1.39　计算机管理—共享

（18）选中所有共享（Ctrl+A 即可实现），如图 4.1.40 所示。

（19）右键点击，选择“停止共享”，如图 4.1.41 所示。

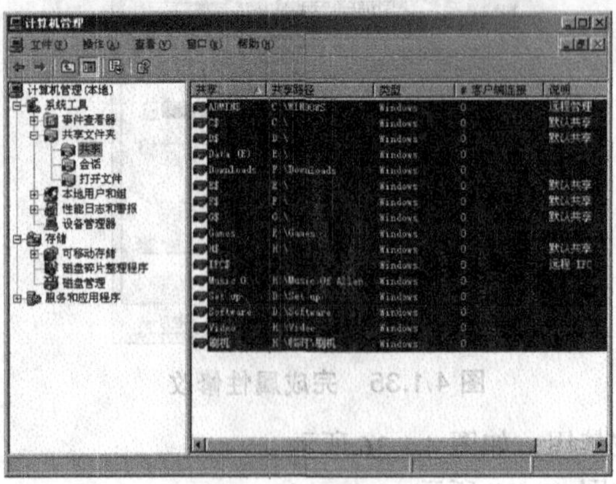

图 4.1.40　选中所有共享

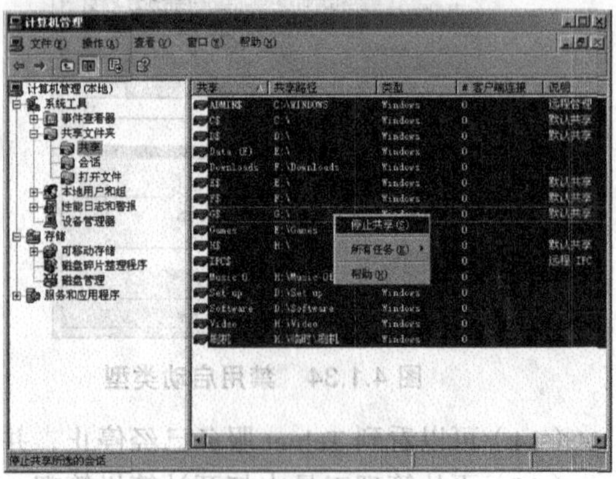

图 4.1.41　停止共享

（20）弹出提示框，如图 4.1.42 所示，点击“是”。
（21）完成停止所有共享文件夹，如图 4.1.43 所示。

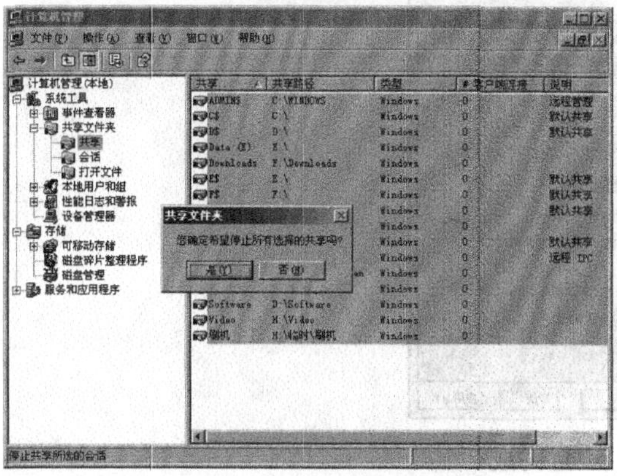

图 4.1.42　共享文件夹提示框

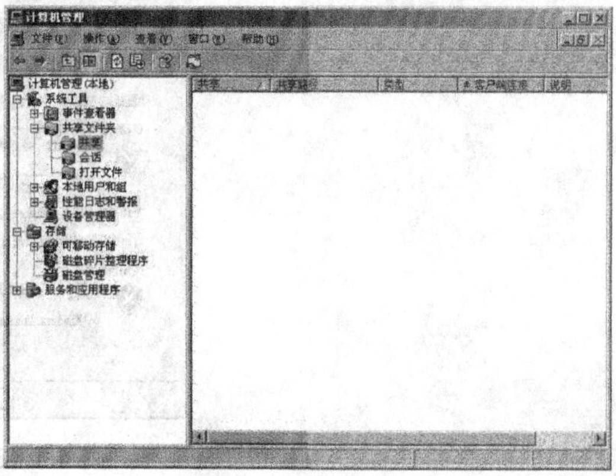

图 4.1.43　停止所有共享文件夹

（22）从控制面板中打开“自动更新”，如图 4.1.44 所示。
（23）可以看到“自动更新”处于关闭状态，如图 4.1.45 所示。

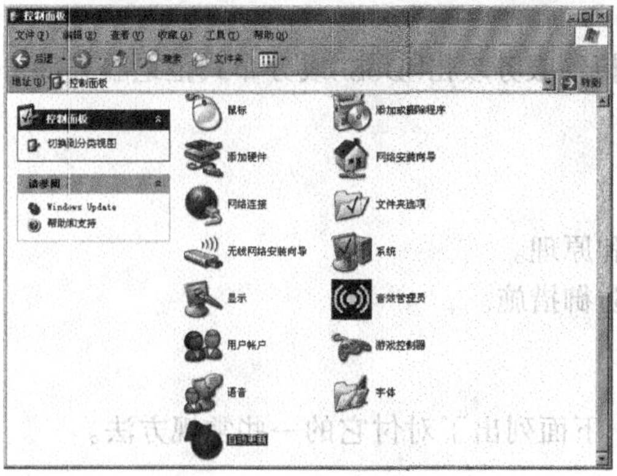

图 4.1.44　控制面板

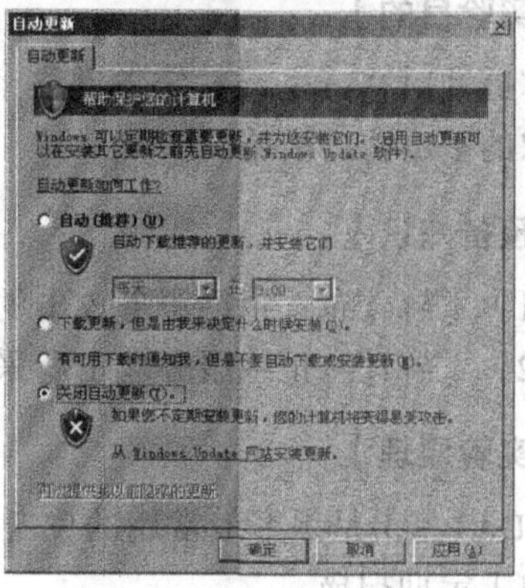

图 4.1.45　自动更新

（24）选中“自动”，如图 4.1.46 所示。
（25）设置更新时间为“每天 12 点”，如图 4.1.47 所示。

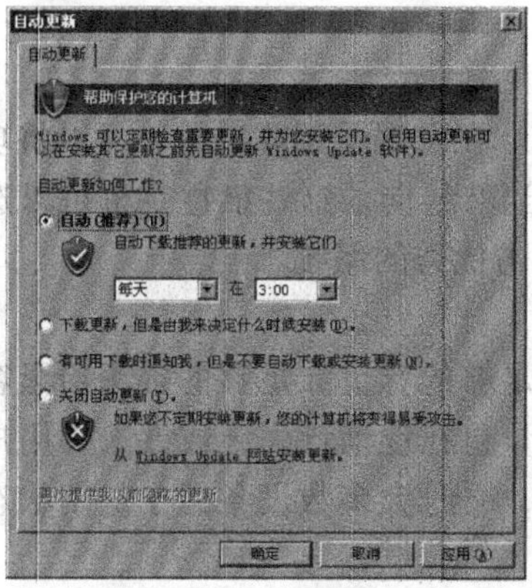

图 4.1.46　自动

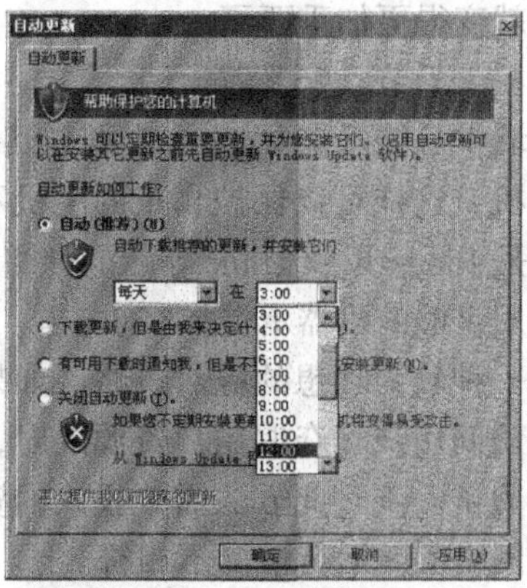

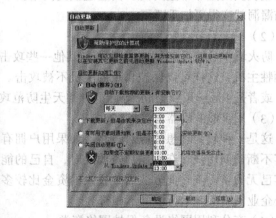

图 4.1.47　设置更新时间

（26）设置完成后点击“确定”，如图 4.1.48 所示。

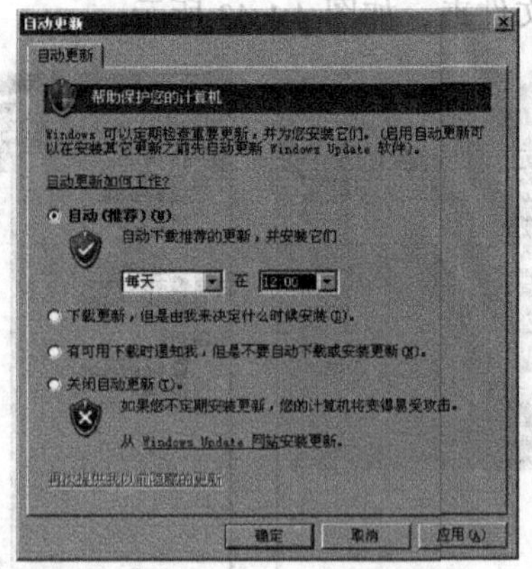

图 4.1.48　设置完成

实验 4.2　DDoS 攻击的系统防范措施

【实验目的】

掌握针对 Windows 系统下网络系统的拒绝服务攻击（DoS）或分布式拒绝服务攻击（DDoS）所采取的基本防护措施。

【预备知识】

（1）了解分布式拒绝服务攻击的目的和原理。

（2）了解针对拒绝服务攻击所采取的防御措施。

【实验原理】

DDoS 攻击是黑客最常用的攻击手段，下面列出了对付它的一些常规方法。

（1）定期扫描。

要定期扫描现有的网络主节点，清查可能存在的安全漏洞，对新出现的漏洞及时进行清理。骨干节点的计算机因为具有较高的带宽，是黑客利用的最佳位置，因此对这些主机本身加强主机安全是非常重要的。而且连接到网络主节点的都是服务器级别的计算机，所以定期扫描漏洞就变得更加重要了。

（2）在骨干节点配置防火墙。

防火墙本身能抵御 DDoS 攻击和其他一些攻击。在发现受到攻击时，可以将攻击导向一些牺牲主机，这样可以保护真正的主机不被攻击。当然导向的这些牺牲主机可以选择不重要的，或者是 Linux 以及 Unix 等漏洞少和天生防范攻击优秀的系统。

（3）用足够的机器承受黑客攻击。

这是一种较为理想的应对策略。如果用户拥有足够的容量和足够的资源给黑客攻击，在黑客不断访问用户、夺取用户资源之时，自己的能量也在逐渐耗失，或许未等用户被攻死，黑客已无力了。不过此方法需要投入的资金比较多，平时大多数设备处于空闲状态，与目前中小企业网络实际运行情况不相符。

（4）充分利用网络设备保护网络资源。

所谓网络设备是指路由器、防火墙等负载均衡设备，它们可将网络有效地保护起来。当网络被攻击时最先死掉的是路由器，但其他机器没有死。死掉的路由器经重启后会恢复正常，而且启动起来还很快，没什么损失。若其他服务器死掉，其中的数据会丢失，而且重启服务器又是一个漫长的过程。特别是一个公司使用了负载均衡设备，这样当一台路由器被攻击死机时，另一台将马上工作，从而最大限度地削减了 DDoS 攻击。

（5）过滤不必要的服务和端口。

过滤不必要的服务和端口，即在路由器上过滤假 IP……只开放服务端口成为目前很多服务器的通常做法。例如，WWW 服务器只开放 80 而将其他所有端口关闭或在防火墙上做阻止策略。

（6）检查访问者来源。

使用 Unicast Reverse Path Forwarding 等反向路由器查询的方法检查访问者的 IP 地址是否为真。如果为假，它将予以屏蔽。许多黑客攻击常采用假 IP 地址方式迷惑用户，很难查出它来自何处。因此，利用 Unicast Reverse Path Forwarding 可减少假 IP 地址的出现，有助于提高网络安全性。

（7）过滤所有 RFC1918 IP 地址。

RFC1918 IP 地址是内部网的 IP 地址，像 10.0.0.0、192.168.0.0 和 172.16.0.0，它们不是某个网段的固定 IP 地址，而是 Internet 内部保留的区域性 IP 地址，应该把它们过滤掉。此方法并不是过滤内部员工的访问，而是将攻击时伪造的大量虚假内部 IP 过滤，这样也可以减轻 DDoS 的攻击。

（8）限制 SYN/ICMP 流量。

用户应在路由器上配置 SYN/ICMP 的最大流量来限制 SYN/ICMP 封包所能占有的最高频宽。这样，当出现大量的超过所限定的 SYN/ICMP 流量时，说明不是正常网络访问，而是有黑客入侵。早期通过限制 SYN/ICMP 流量是最好的防范 DOS 的方法，虽然目前该方法对于 DDoS 效果不太明显了，不过仍然能够起到一定的作用。

【实验环境】

局域网，实验终端需安装拒绝服务攻击 xdos。

【实验工具】

拒绝服务工具 xdos，Windows 系统相关管理工具。

【实验用时】

30 分钟/实例。

【实验过程与步骤】

（1）打开 IE 浏览器，输入 Web 站点地址 http://192.168.0.137，如图 4.2.1 所示。

（2）回车或点击“转到”后，可以看到此 Web 站点页面，如图 4.2.2 所示。

（3）再输入 FTP 站点地址 ftp://192.168.0.137，如图 4.2.3 所示。

（4）可以看到此站点的 FTP 服务器运行正常，如图 4.2.4 所示。

（5）在开始菜单中打开“运行”，如图 4.2.5 所示。

（6）“运行”界面如图 4.2.6 所示，输入“cmd”。

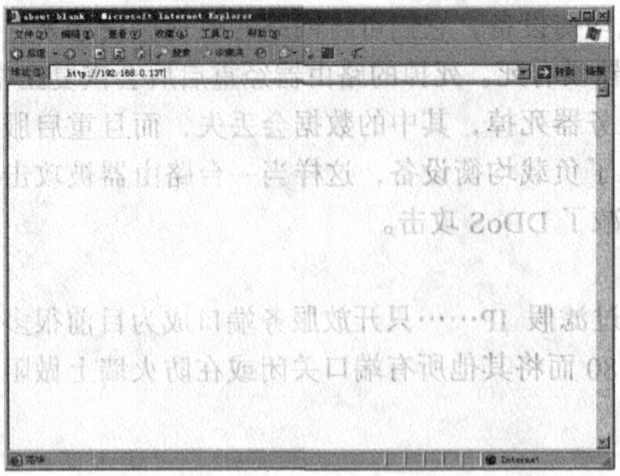

图 4.2.1　输入 Web 站点地址

图 4.2.2　Web 站点页面

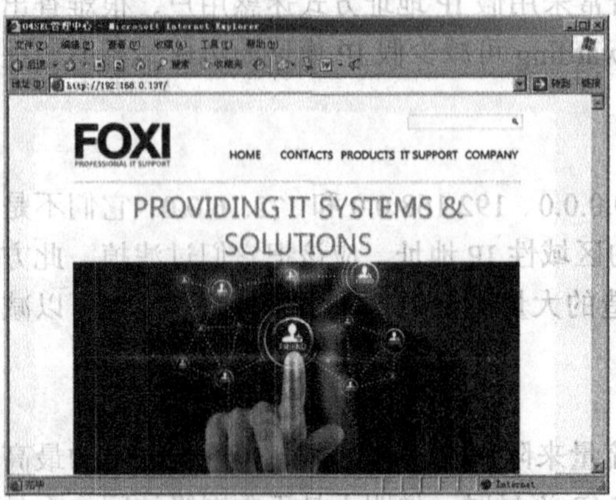

图 4.2.3　FTP 站点地址

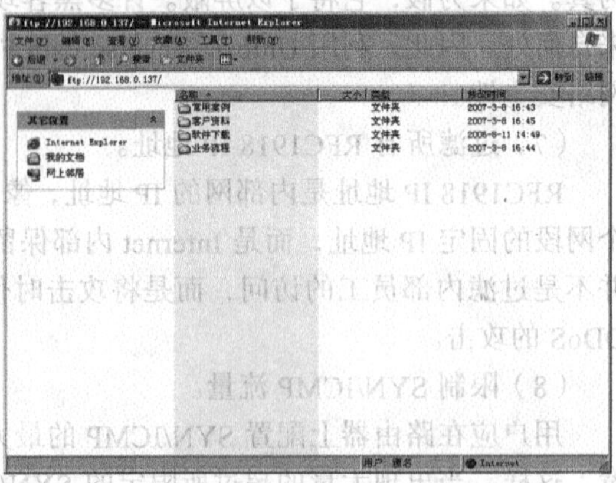

图 4.2.4　FTP 服务器运行正常

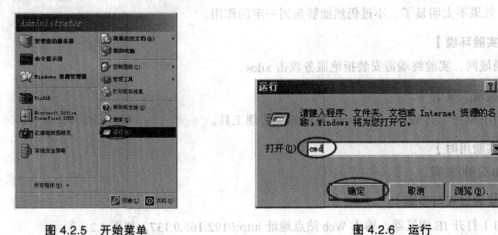

图 4.2.5　开始菜单

图 4.2.6　运行

（7）命令提示符界面如图 4.2.7 所示。

（8）输入“C:”并回车进入 C 盘根目录，如图 4.2.8 所示。

（9）输入“cd ddos”，回车进入 ddos 文件夹，如图 4.2.9 所示。

（10）运行可执行文件 xdos，回车，可以看到此软件的使用方法如图 4.2.10 所示。

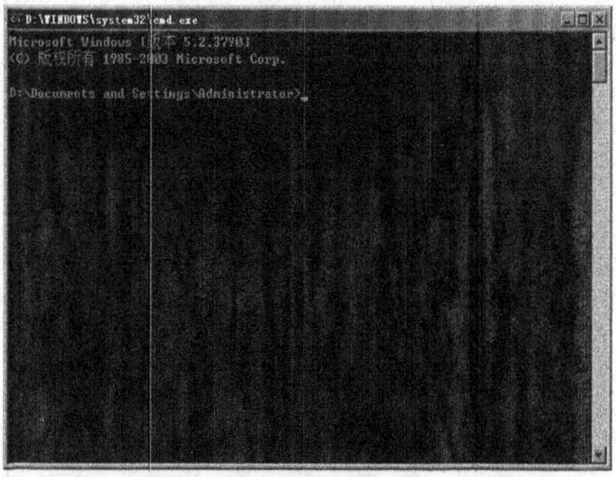

图 4.2.7　命令提示符

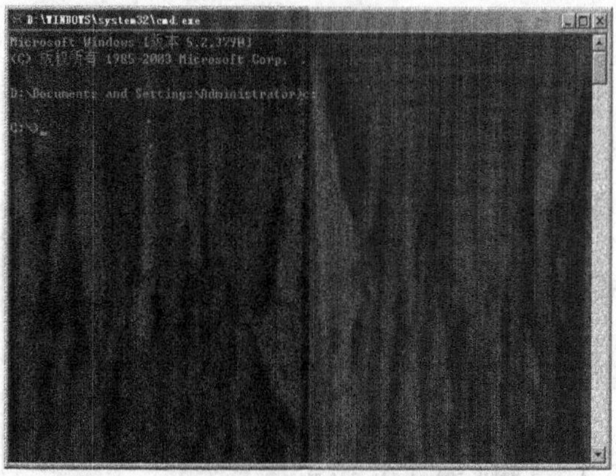

图 4.2.8　进入 C 盘命令

图 4.2.9　进入 ddos 文件夹命令

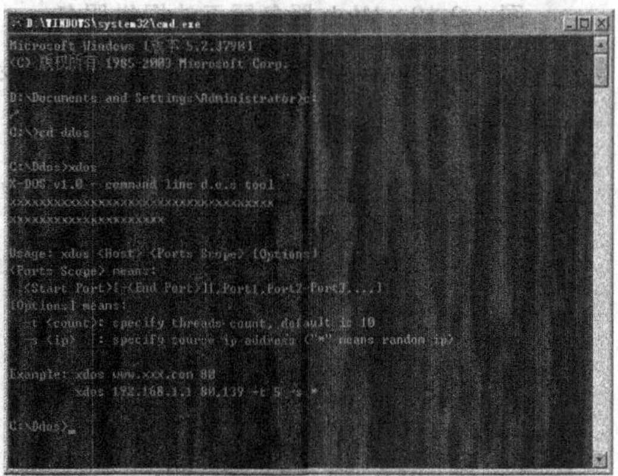

图 4.2.10　运行可执行文件

（11）执行命令，如图 4.2.11 所示，回车。

（12）xdos 192.168.0.137 80 -t 10 -s 10.1.1.1：此命令的含义为利用 xdos 攻击主机 192.168.0.137 的 80 端口，即攻击其 Web 服务，攻击采用 10 线程同时进行，并且伪造攻击源地址为 10.1.1.1。攻击过程中界面如图 4.2.12 所示。

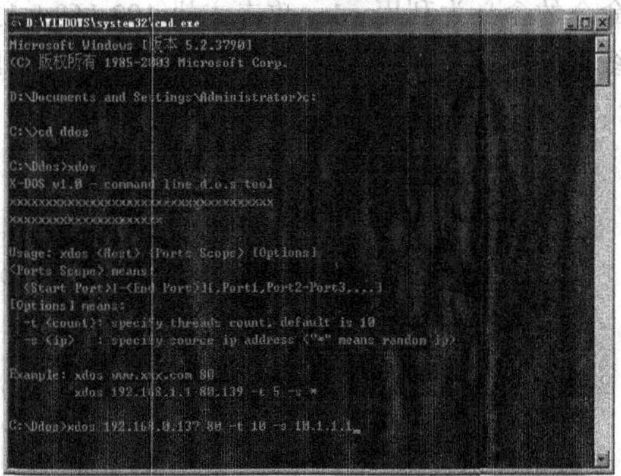

图 4.2.11　执行命令

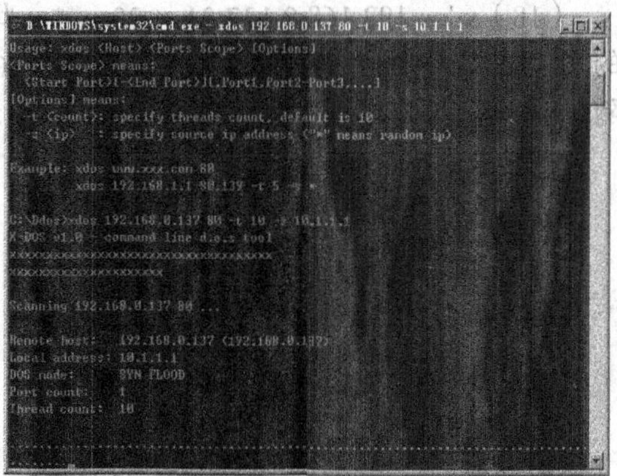

图 4.2.12　攻击过程中界面

（13）再次访问此站点的 Web 服务，发现无法显示网页，如图 4.2.13 所示，即服务器已无法正常提供服务。

（14）而其 FTP 服务器访问正常，如图 4.2.14 所示。

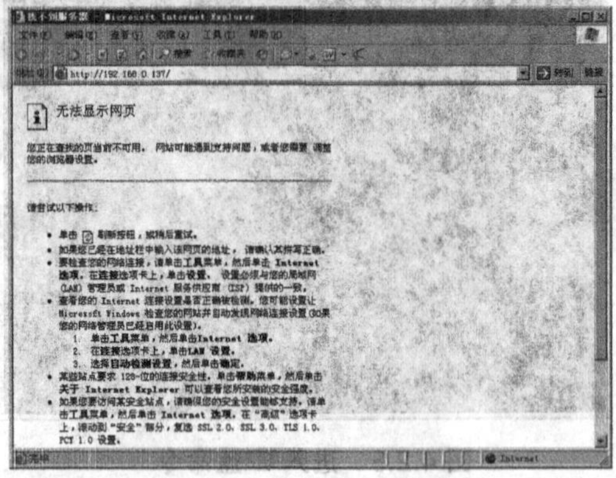

图 4.2.13　Web 服务器无法提供服务

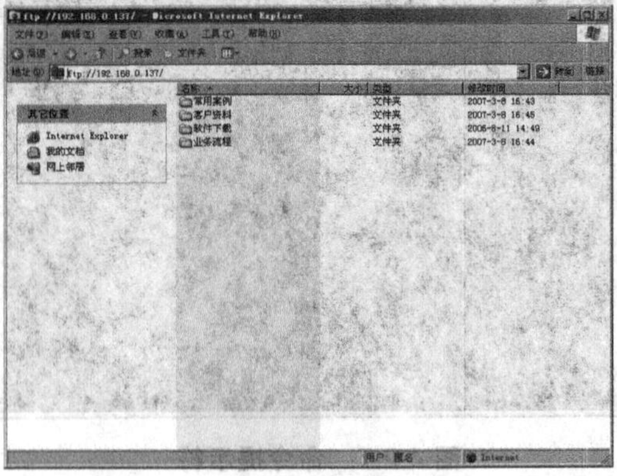

图 4.2.14　FTP 服务器访问正常

（15）利用 Ctrl+C 组合键停止攻击，如图 4.2.15 所示。

（16）此时 Web 服务器可以正常访问了！如图 4.2.16 所示。

图 4.2.15　停止攻击

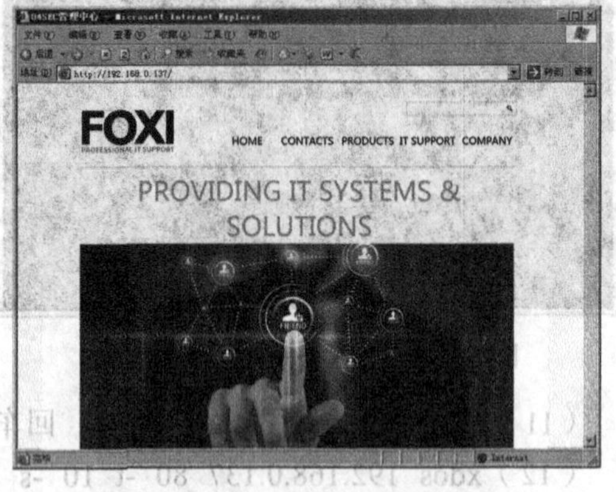

图 4.2.16　Web 服务器正常访问

（17）再执行命令，如图 4.2.17 所示，回车。

（18）xdos 192.168.0.137 21 -t 20 -s *：此命令的含义为利用 xdos 攻击主机 192.168.0.137 的 21 端口，即攻击其 FTP 服务，攻击采用 20 线程同时进行，*代表伪造攻击源地址为任意的随机 IP 地址。攻击过程中界面如图 4.2.18 所示。

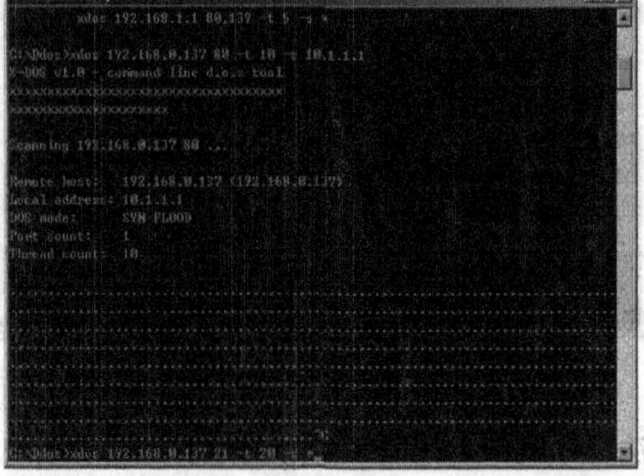

图 4.2.17　执行命令

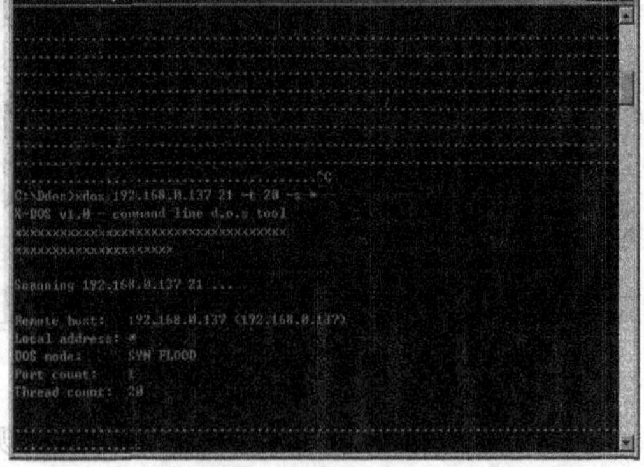

图 4.2.18　攻击过程中界面

（19）再次访问其 FTP 服务器，发现无法建立连接，如图 4.2.19 所示，即 FTP 服务器无法提供服务，所以点击“确定”后无法看到 FTP 提供的文件夹资源，如图 4.2.20 所示。

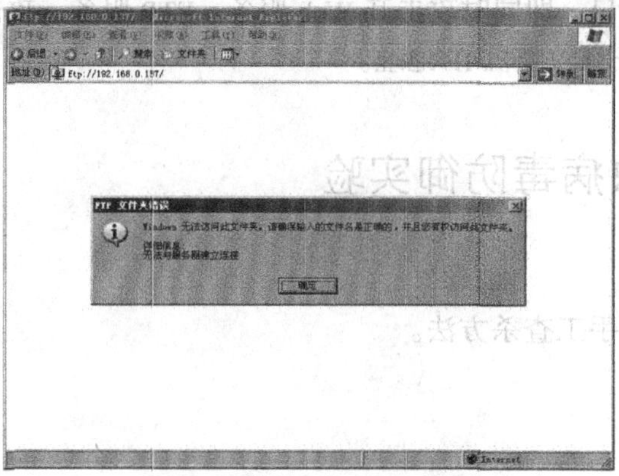

图 4.2.19　FTP 服务器无法连接

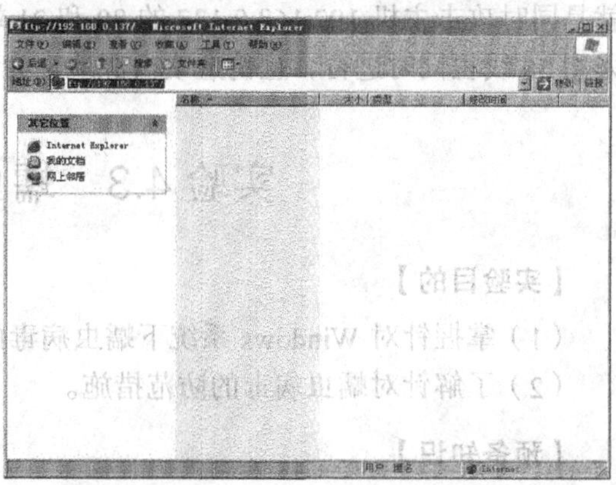

图 4.2.20　FTP 服务器无法提供服务

（20）而此时 Web 服务器运行正常，如图 4.2.21 所示。

（21）利用 Ctrl+C 组合键停止攻击，如图 4.2.22 所示。

图 4.2.21　Web 服务器运行正常

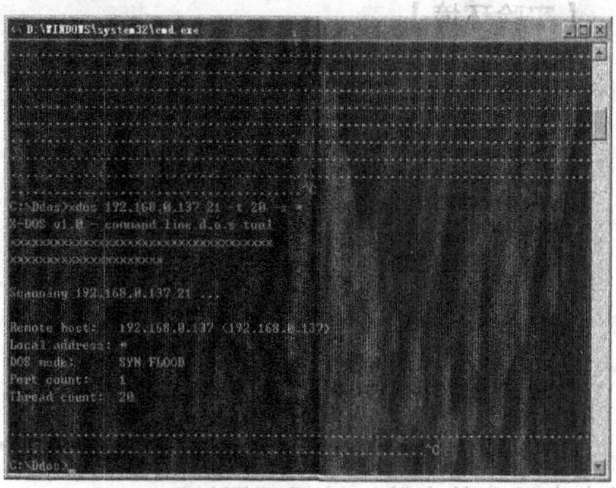

图 4.2.22　停止攻击

（22）此时 FTP 服务器可以正常访问了！如图 4.2.23 所示。

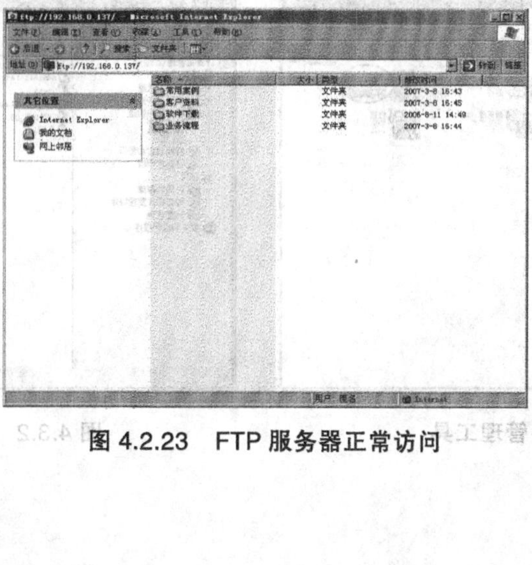

图 4.2.23　FTP 服务器正常访问

此工具也可以同时攻击某服务器的多个端口，各端口之间用逗号隔开，例如：

xdos 192.168.0.137 80，21 -t 50 -s *

就是同时攻击主机 192.168.0.137 的 80 和 21 端口，即同时攻击其 Web 服务、FTP 服务，攻击采用 50 线程同时进行，且伪造攻击源地址为任意的随机 IP 地址。

实验 4.3　蠕虫病毒防御实验

【实验目的】

（1）掌握针对 Windows 系统下蠕虫病毒的手工查杀方法。

（2）了解针对蠕虫病毒的防范措施。

【预备知识】

（1）了解蠕虫病毒的概念及其基本特征。

（2）掌握蠕虫病毒的手工清除方法。

（3）掌握针对蠕虫病毒的防范措施。

【实验环境】

局域网。

【实验工具】

Windows 系统安全配置工具。

【实验用时】

30 分钟/实例。

【实验过程与步骤】

（1）从控制面板的“管理工具”中打开“计算机管理”，如图 4.3.1 所示，也可以直接右键点击“我的电脑”选择“属性”。

（2）找到“本地用户和组”下的“用户”选项，如图 4.3.2 所示。

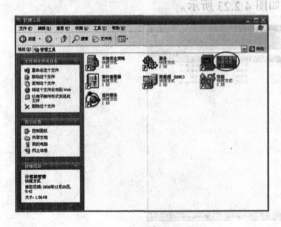

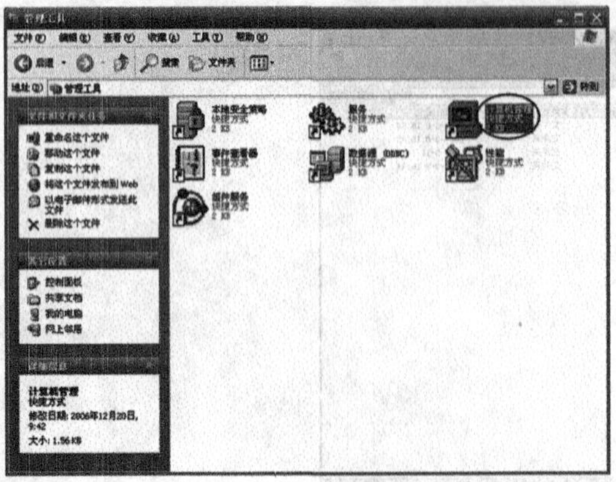

图 4.3.1　管理工具

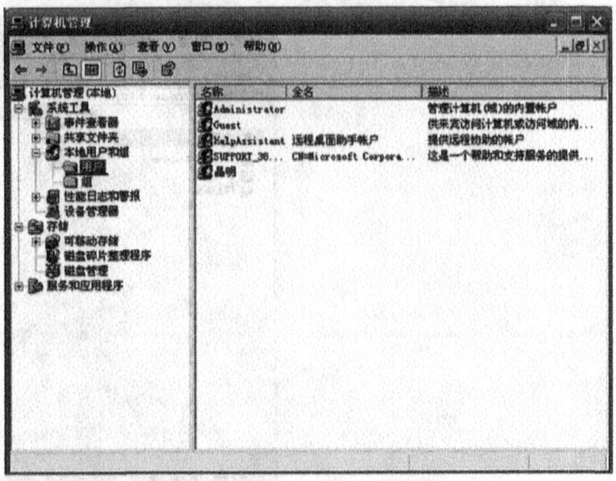

图 4.3.2　计算机管理

（3）右键点击账户 Administrator，选择“设置密码”，如图 4.3.3 所示。

（4）弹出提示框，如图 4.3.4 所示，点击“继续”即可。

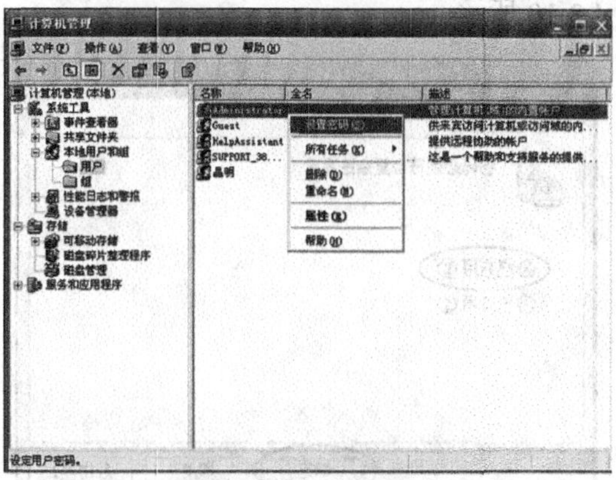

图 4.3.3　设置密码

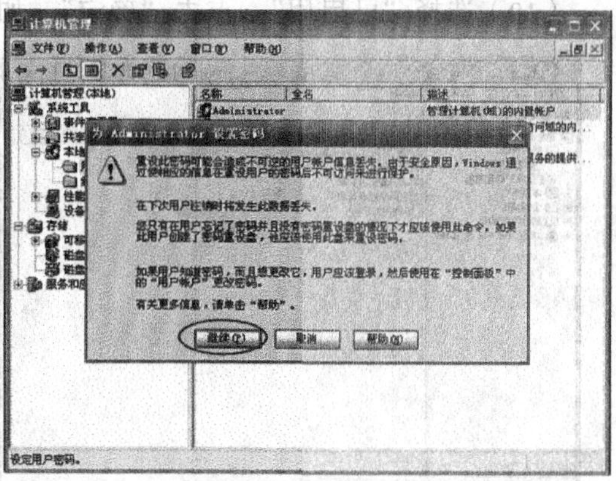

图 4.3.4　为 Administrator 设置密码提示框

（5）设置新密码 o4sec@ 159 并确认，完成后“确定”，如图 4.3.5 所示。

（6）这样管理员新密码就设置完成了，如图 4.3.6 所示。

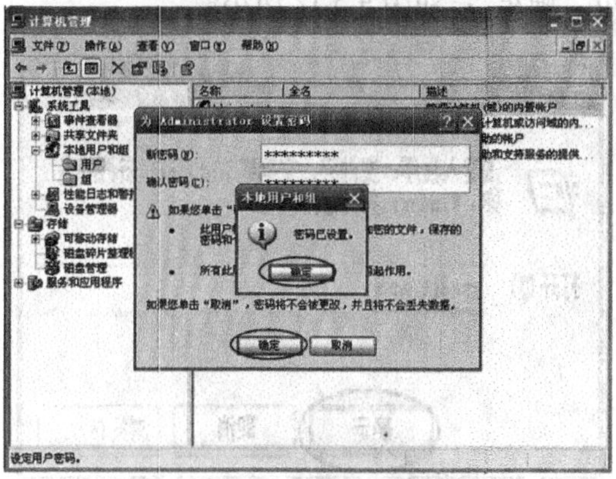

图 4.3.5　设置新密码

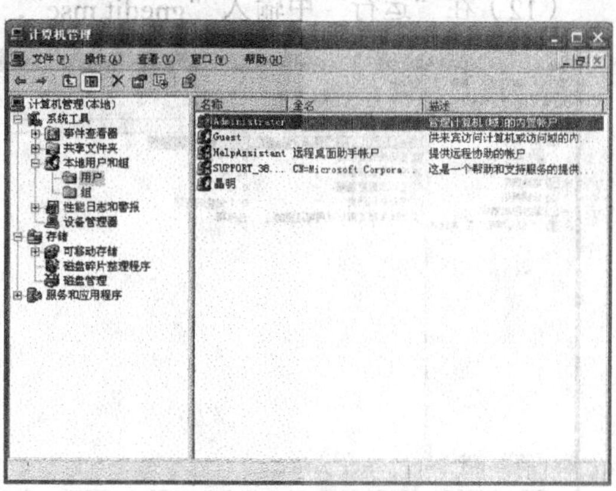

图 4.3.6　设置完成

（7）再从管理工具中打开“本地安全策略”，如图 4.3.7 所示。

（8）找到“账户策略”下的“密码策略”，如图 4.3.8 所示。

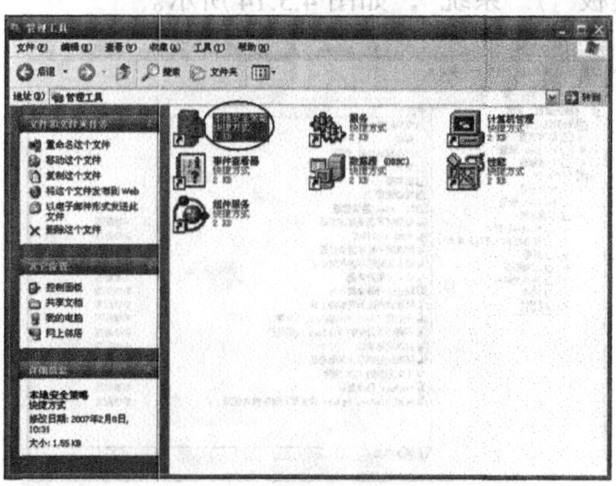

图 4.3.7　管理工具

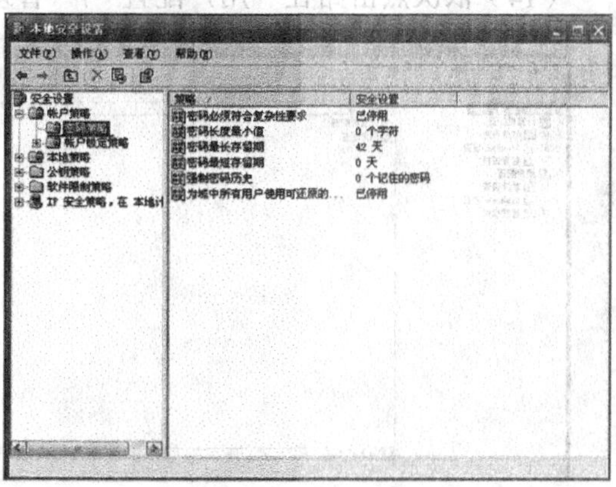

图 4.3.8　本地安全设置

（9）右键点击“密码必须符合复杂性要求”，选择“属性”，如图 4.3.9 所示，也可以直接双击实现。

（10）选择“已启用”，点击“确定”，如图 4.3.10 所示。

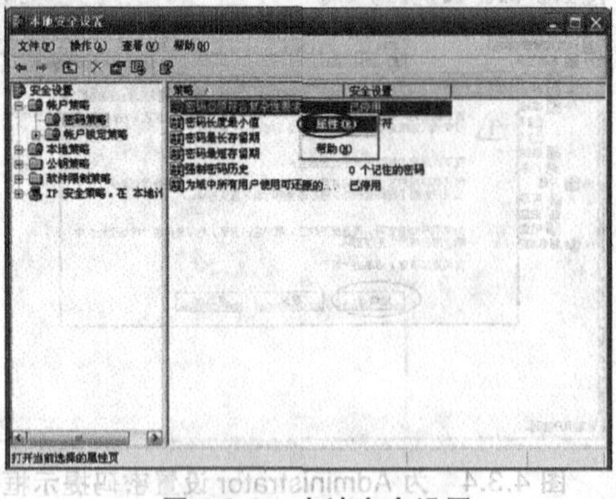

图 4.3.9　本地安全设置

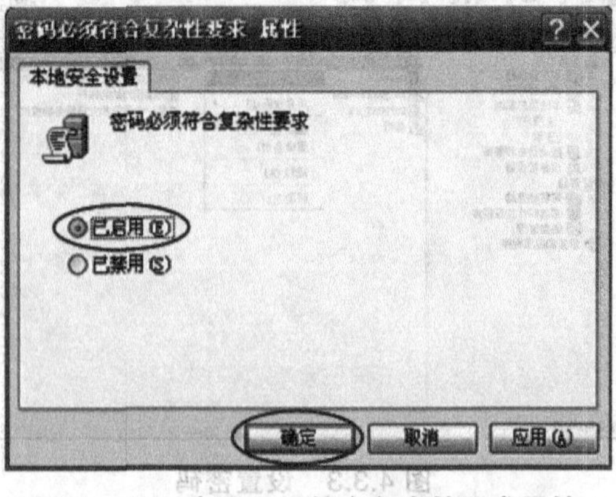

图 4.3.10　密码必须符合复杂性要求属性

（11）可以看到密码复杂性要求已启用，如图 4.3.11 所示。

（12）在“运行”中输入“gpedit.msc”，点击“确定”，如图 4.3.12 所示。

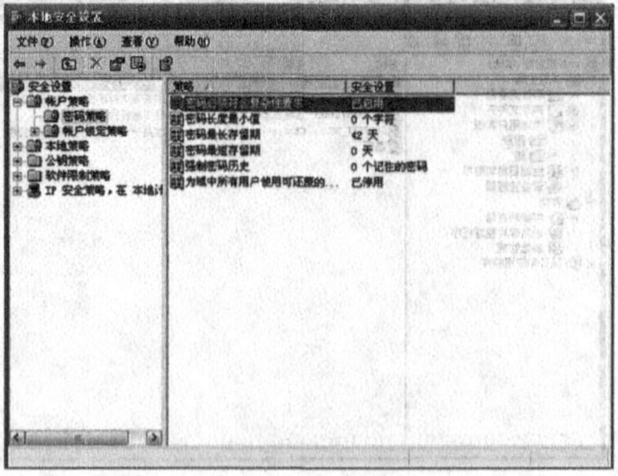

图 4.3.11　密码复杂性要求已启用

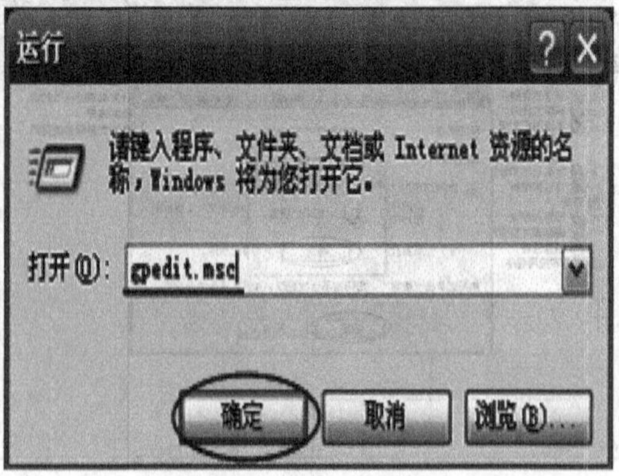

图 4.3.12　运行

（13）打开“组策略”对象编辑器，界面如图 4.3.13 所示。

（14）依次点击路径“用户配置”/“管理模板”/“系统”，如图 4.3.14 所示。

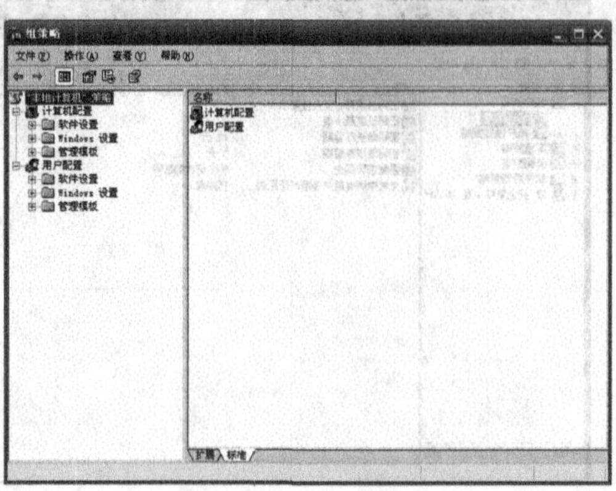

图 4.3.13　组策略

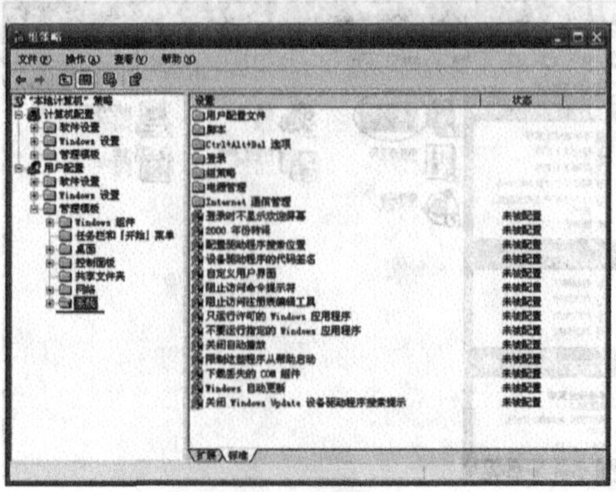

图 4.3.14　系统

（15）右键点击“关闭自动播放”，选择“属性”，如图 4.3.15 所示，也可以直接双击实现。

（16）选中“已启用”，如图 4.3.16 所示。

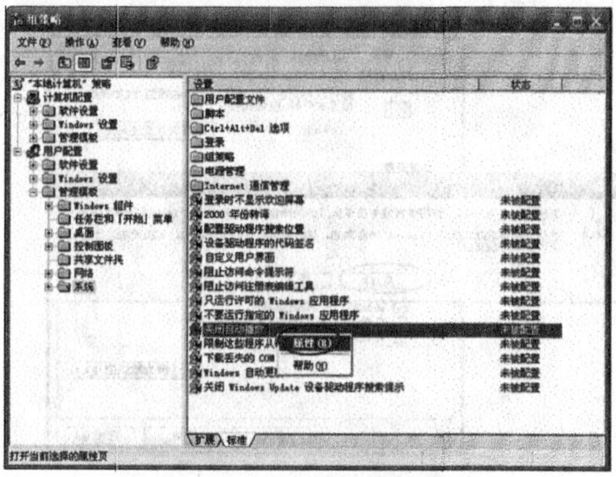

图 4.3.15　关闭自动播放

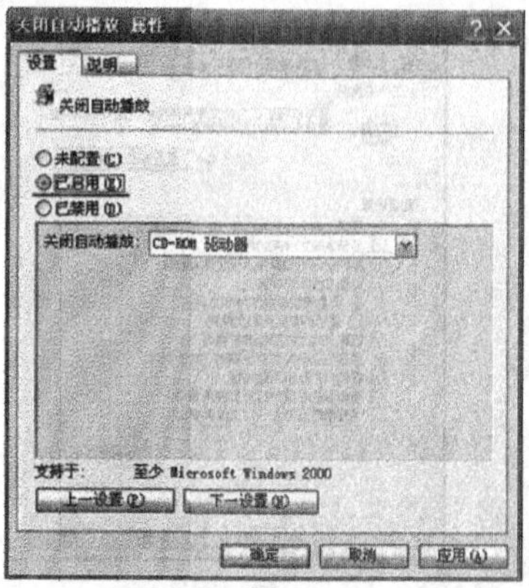

图 4.3.16　关闭自动播放属性

（17）在下拉框中选择关闭“所有驱动器”，点击“确定”，如图 4.3.17 所示。

（18）可以看到自动关闭功能已被关闭，如图 4.3.18 所示。

图 4.3.17　关闭自动播放属性

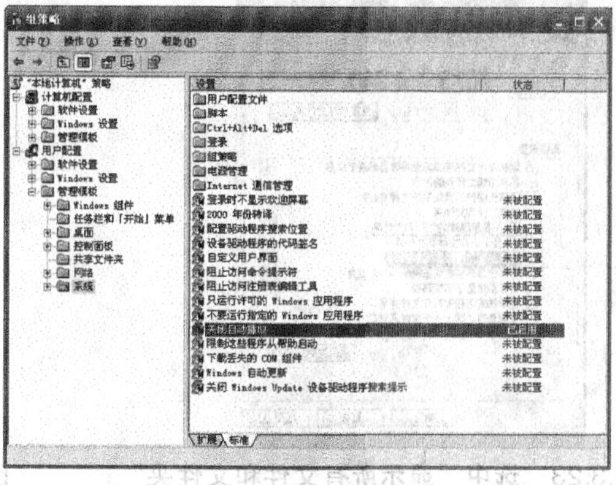

图 4.3.18　关闭自动播放已启用

（19）从控制面板中打开“文件夹选项”，如图 4.3.19 所示。

（20）点击“查看”选项卡，如图 4.3.20 所示。

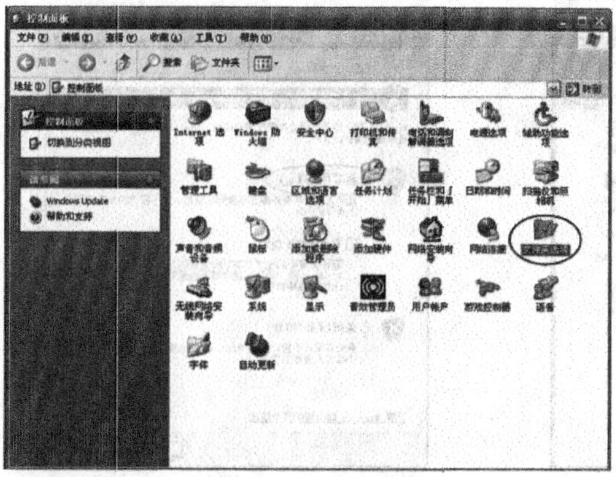

图 4.3.19　控制面板

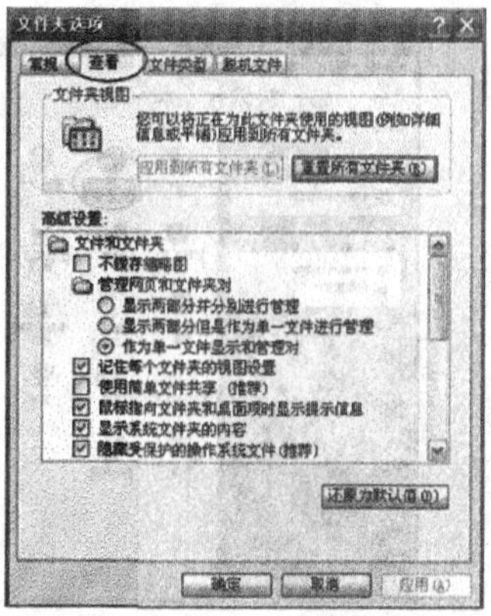

图 4.3.20　查看

（21）取消勾选“隐藏受保护的操作系统文件”，如图 4.3.21 所示。

（22）弹出提示框，如图 4.3.22 所示，点击“是”。

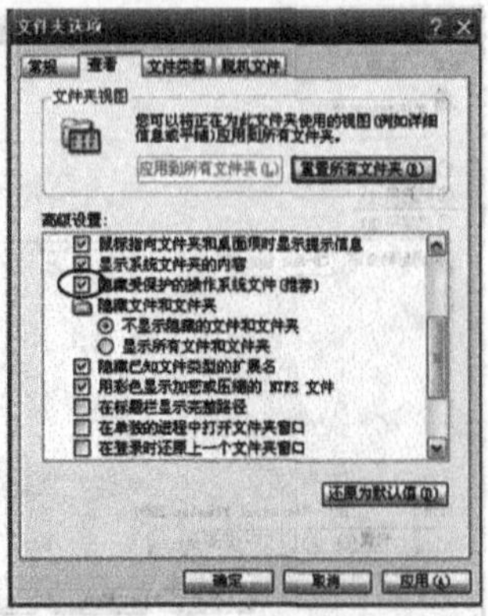

图 4.3.21　查看

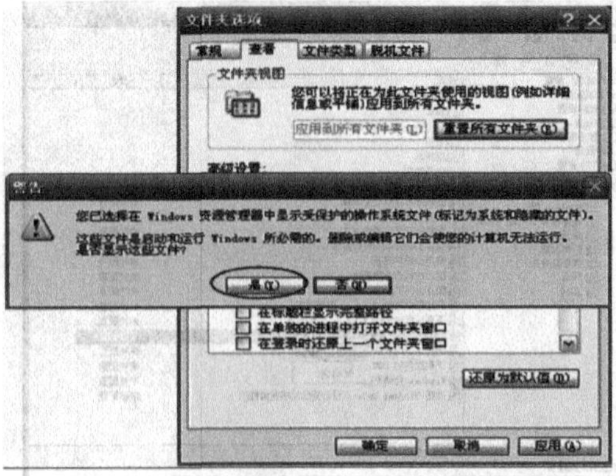

图 4.3.22　警告提示框

（23）结果如图 4.3.23 所示，再选中“显示所有文件和文件夹”，取消“隐藏已知文件类型的扩展名”，如图 4.3.24 所示。

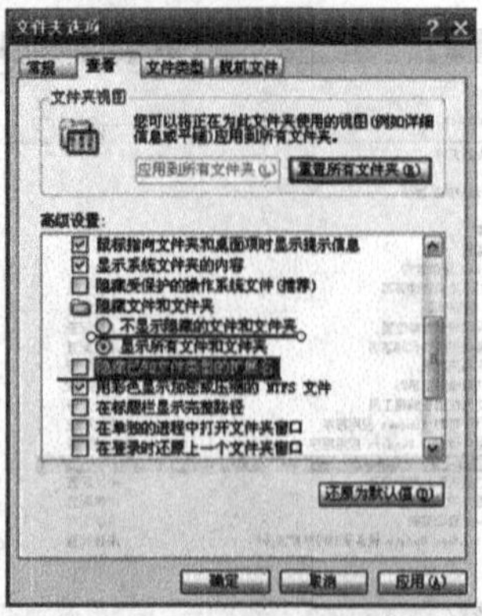

图 4.3.23　选中“显示所有文件和文件夹”

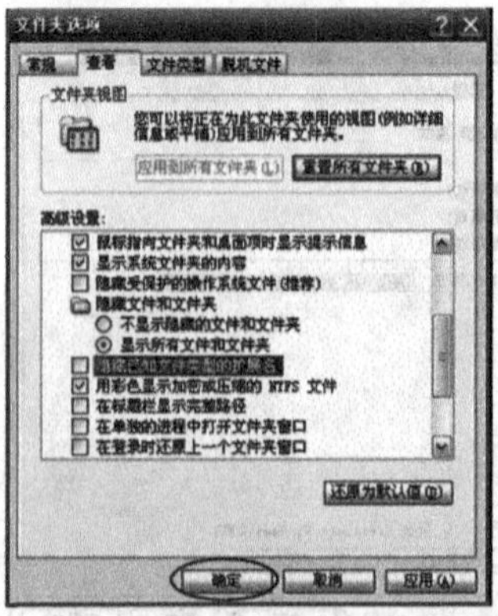

图 4.3.24　取消“隐藏已知文件类型的扩展名”

（24）修改完成后点击“确定”即可。

（25）从控制面板中打开“Windows 防火墙”，如图 4.3.25 所示。

（26）启用“Windows 防火墙”，点击“确定”即可，如图 4.3.26 所示。

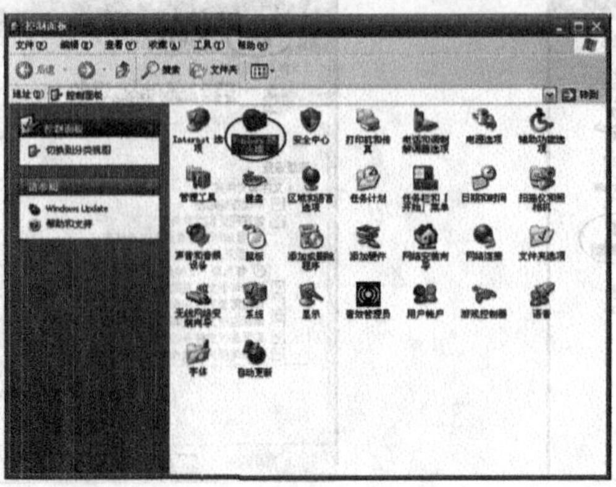

图 4.3.25　控制面板

图 4.3.26　Windows 防火墙

（27）从控制面板中打开“Internet 选项”，如图 4.3.27 所示。

（28）“Internet 属性”界面如图 4.3.28 所示。

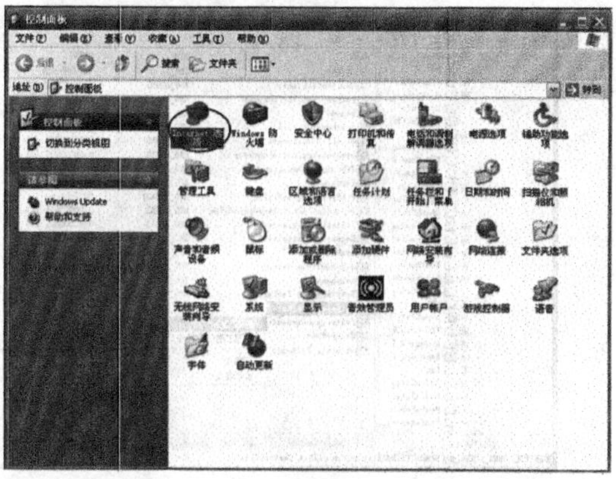

图 4.3.27　控制面板

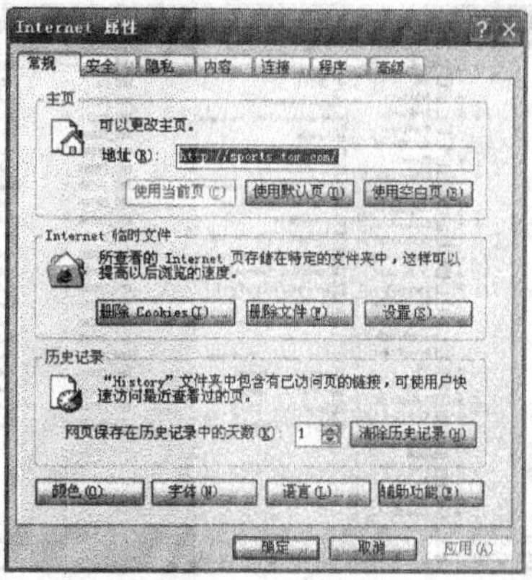

图 4.3.28　Internet 属性

（29）选中“安全”选项卡，如图 4.3.29 所示。

（30）将“Internet”的安全级别设置为“高”，点击“确定”，完成修改，如图 4.3.30 所示。

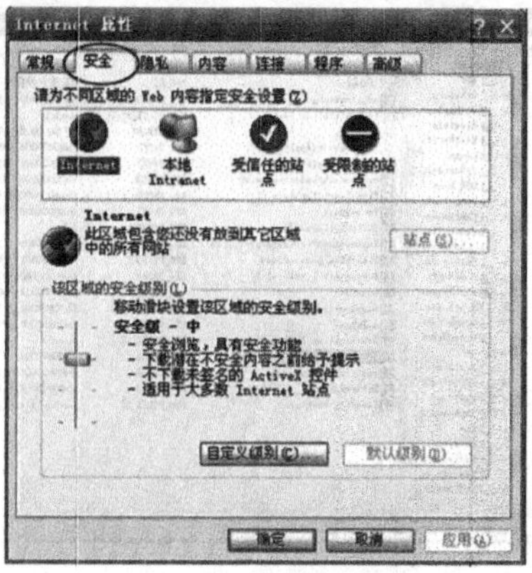

图 4.3.29　安全选项

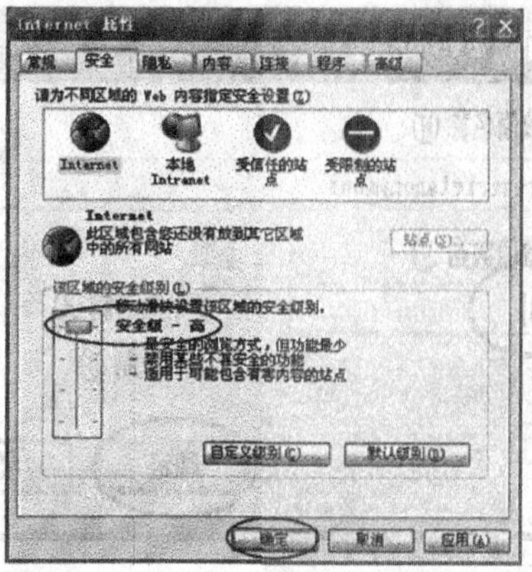

图 4.3.30　安全级别设置

（31）在“运行”中输入“regedit”，启用注册表编辑器，如图 4.3.31 所示。

（32）注册表编辑器界面如图 4.3.32 所示。

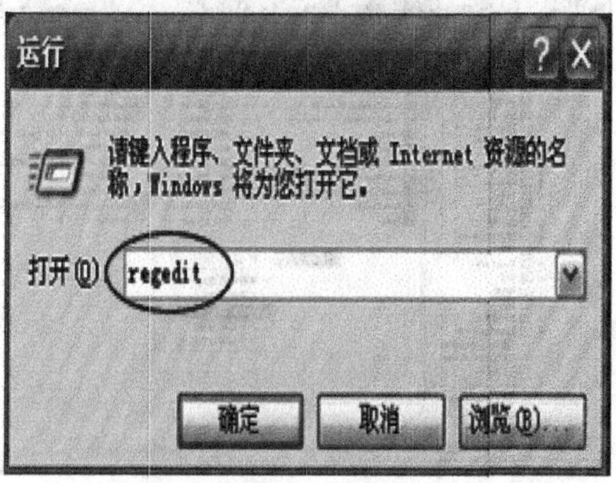

图 4.3.31　运行

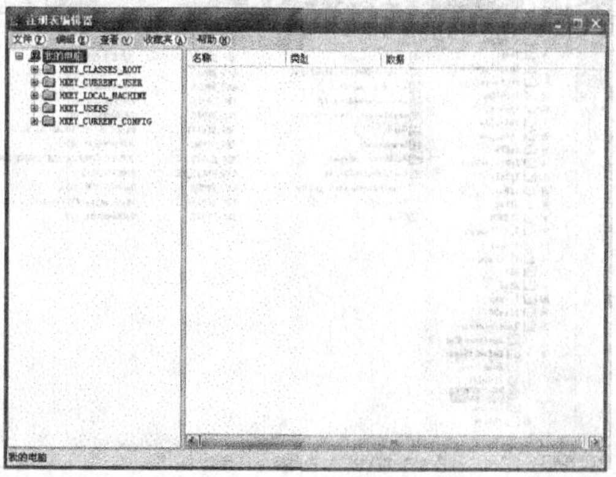

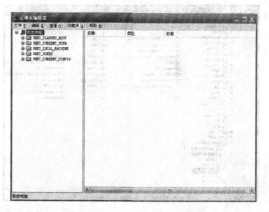

图 4.3.32　注册表编辑器

（33）根据如图 4.3.33 所示路径找到“Lsa”项。
（34）右键点击“restrictanonymous”，选择“修改”，如图 4.3.34 所示。

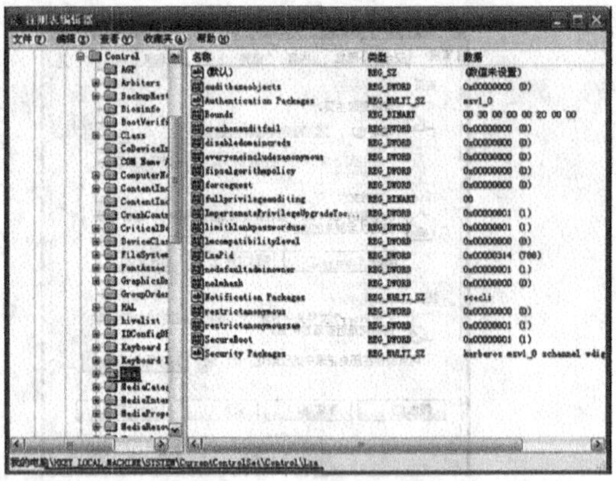

图 4.3.33　注册表编辑器

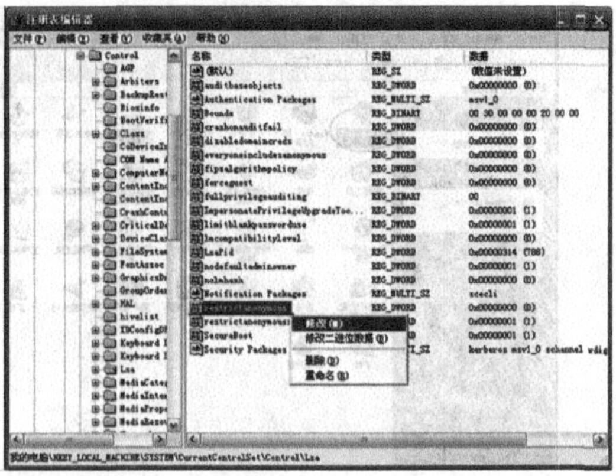

图 4.3.34　注册表编辑器

（35）将数值数据修改为“1”，点击“确定”，如图 4.3.35 所示。
（36）修改完成，将成功禁用 IPC$默认共享，如图 4.3.36 所示。

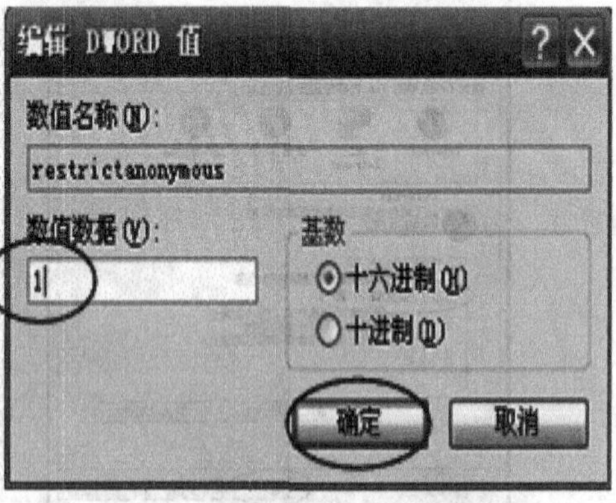

图 4.3.35　编辑 DWORD 值

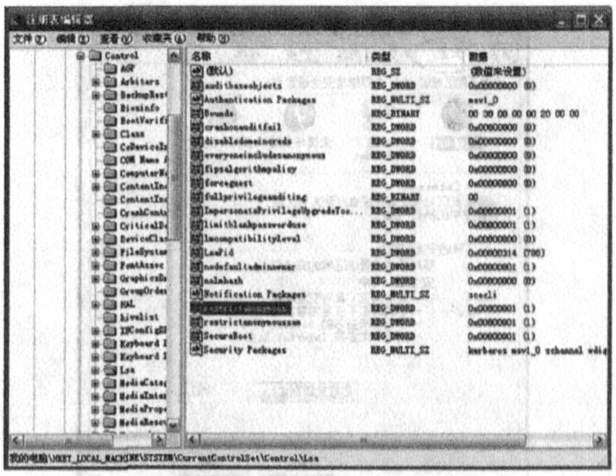

图 4.3.36　注册表编辑器

（37）根据路径找到“parameters”项，如图 4.3.37 所示。
（38）右键点击，新建一个“DWORD”值，即双字节值，如图 4.3.38 所示。

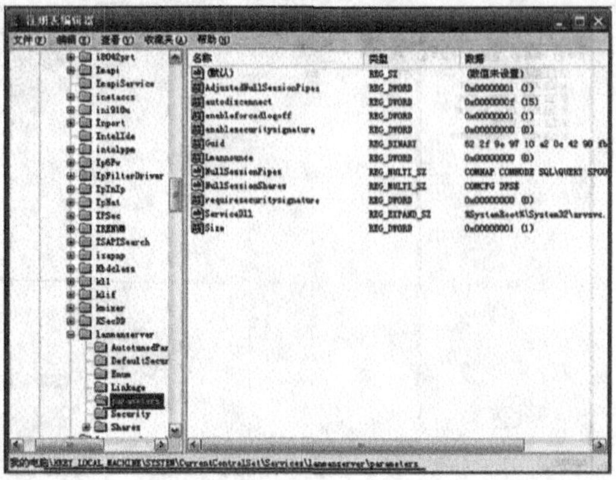

图 4.3.37　注册表编辑器

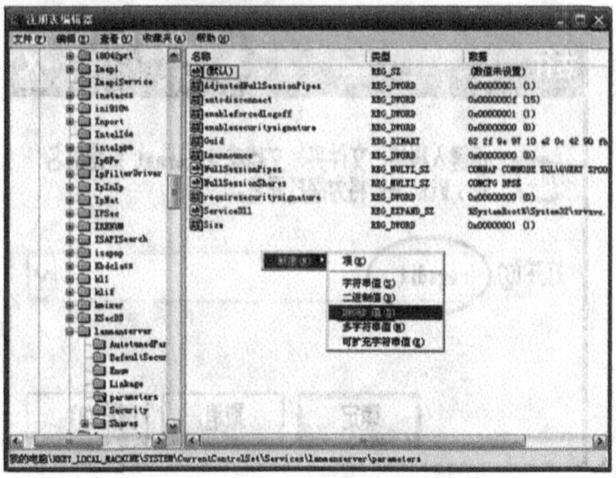

图 4.3.38　注册表编辑器

（39）重命名此键值为“AutoShareWks”，如图 4.3.39 所示。

（40）默认键值 0 即可，不需修改，将成功禁用 ADMIN$、C$等默认共享，如图 4.3.40 所示。

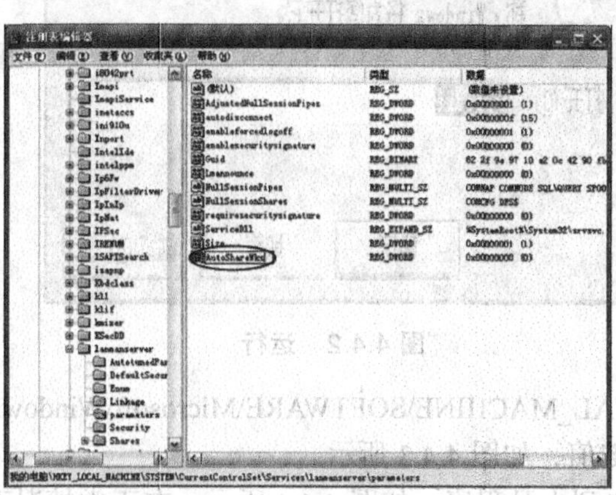

图 4.3.39　注册表编辑器

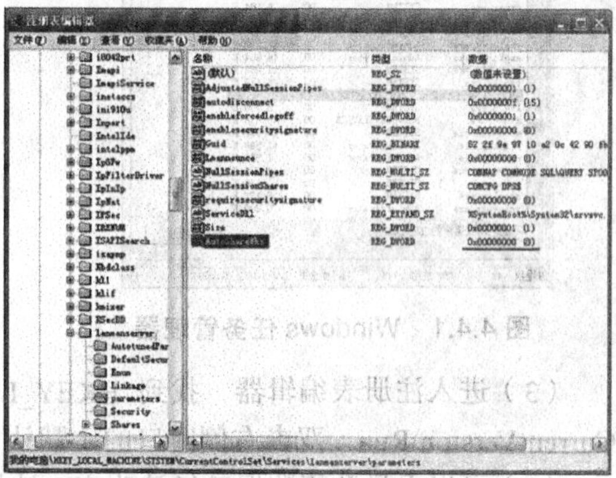

图 4.3.40　注册表编辑器

实验 4.4　手工查杀冰河木马病毒

【实验目的】

（1）掌握针对 Windows 系统下木马病毒的手工查杀方法。

（2）针对木马病毒的常用防范措施。

【预备知识】

（1）了解木马病毒的概念及其基本特征。

（2）掌握木马病毒的手工清除方法。

（3）掌握针对木马病毒的防范措施。

【实验环境】

局域网，实验终端需安装 360 安全卫士。

【实验工具】

Windows 注册表编辑器，360 安全卫士。

【实验用时】

30 分钟/实例。

【实验过程与步骤】

（1）先同时按下 ctrl、alt、del 三键，或者右键单击“开始”菜单，单击点选任务管理器开启任务管理器，点选“进程”选项卡，查找是否存在 Kernel32.exe，如图 4.4.1 所示，确认本机可能被冰河木马所感染。

（2）点击“开始”菜单，在运行界面中，输入“regedit”，单击“确定”，如图 4.4.2 所示。

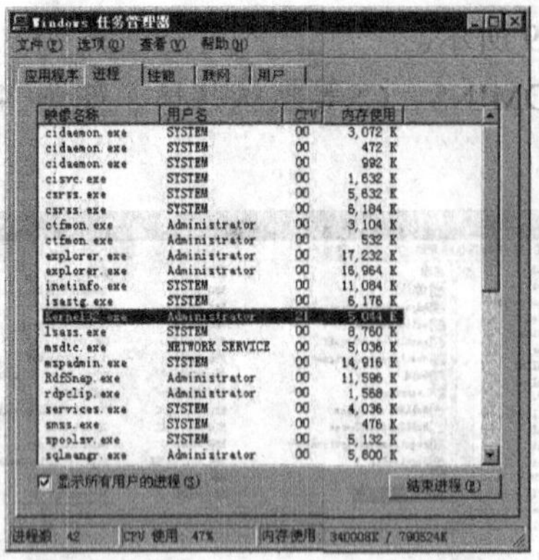

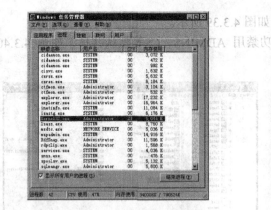

图 4.4.1　Windows 任务管理器

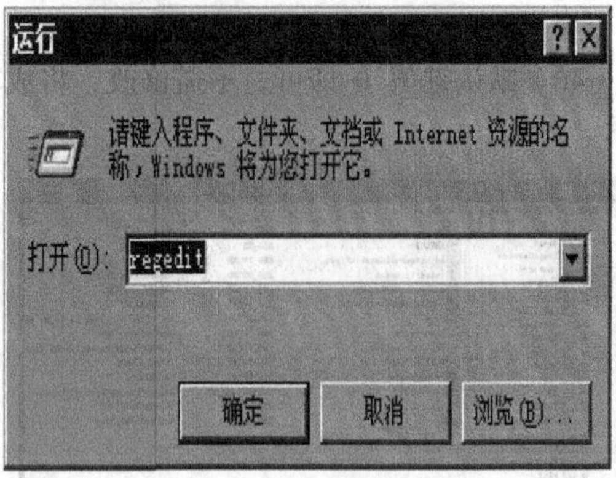

图 4.4.2　运行

（3）进入注册表编辑器，找到 HKEY_LOCAL_MACHINE\SOFTWARE\Microsoft\Windows\CurrentVersion\Run，双击右侧窗口的（默认）键值，如图 4.4.3 所示。

（4）可以看见数值数据已经被改变，被指向到木马程序，如图 4.4.4 所示。在正常情况下该参数应为空，点击“确定”。

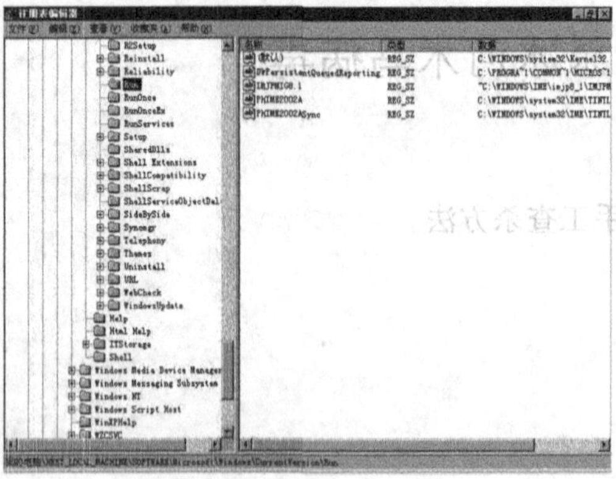

图 4.4.3　注册表编辑器

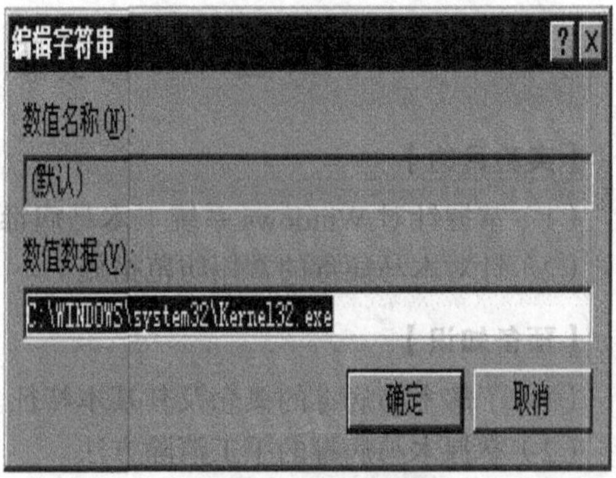

图 4.4.4　编辑字符串

（5）右键单击（默认），选择“删除”，如图 4.4.5 所示。

（6）弹出如图 4.4.6 所示界面，点击“是”。

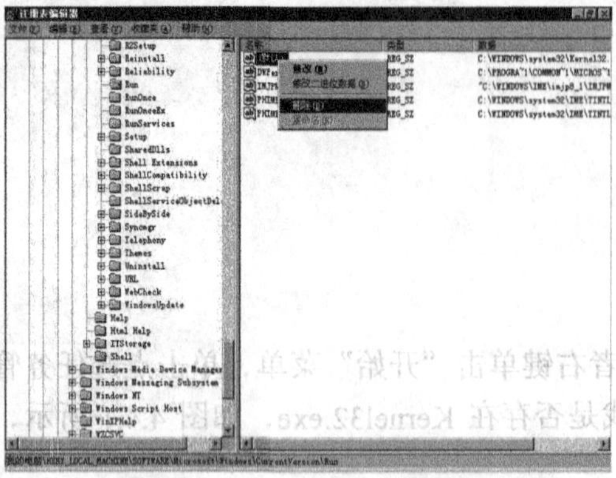

图 4.4.5　注册表编辑器

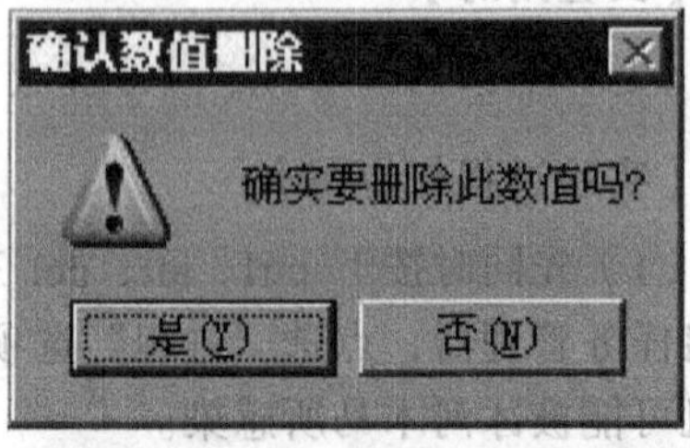

图 4.4.6　确认数值删除

（7）进入 HKEY_LOCAL_MACHINE\SOFTWARE\Microsoft\Windows\CurrentVersion\RunServices，

双击右侧（默认），如图 4.4.7 所示。

（8）可以看见数值数据已经被改变，被指向到木马程序，如图 4.4.8 所示。在正常情况下该参数应为空，点击“确定”。

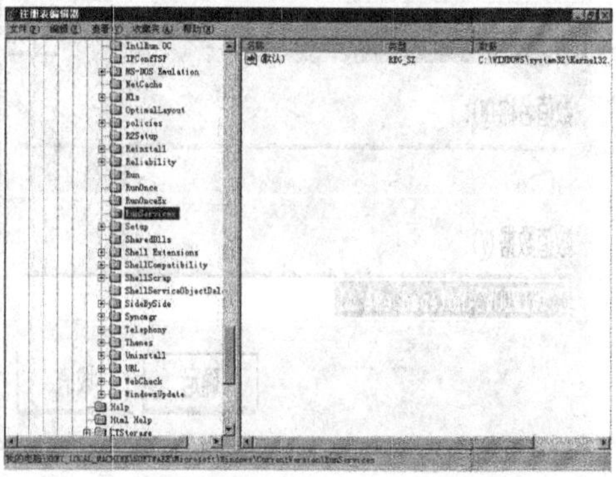

图 4.4.7　注册表编辑器

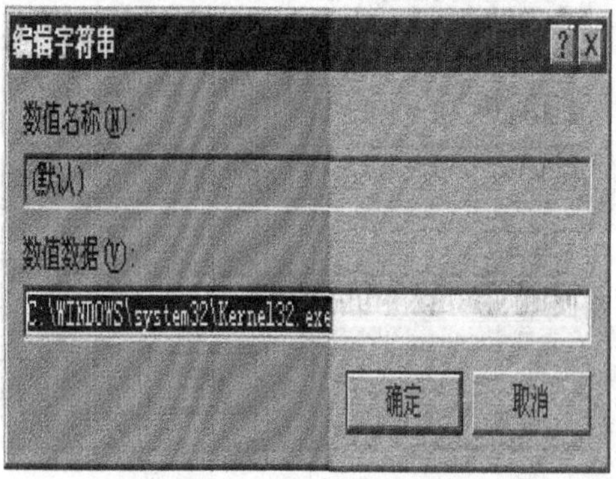

图 4.4.8　编辑字符串

（9）右键单击（默认），选择“删除”，如图 4.4.9 所示。

（10）弹出如图 4.4.10 所示界面，点击“确定”

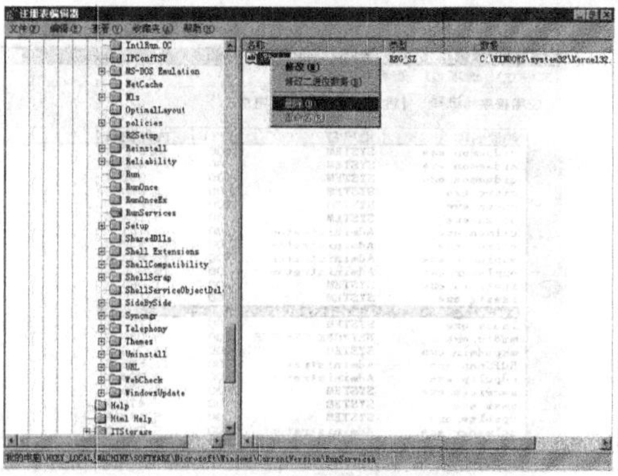

图 4.4.9　注册表编辑器

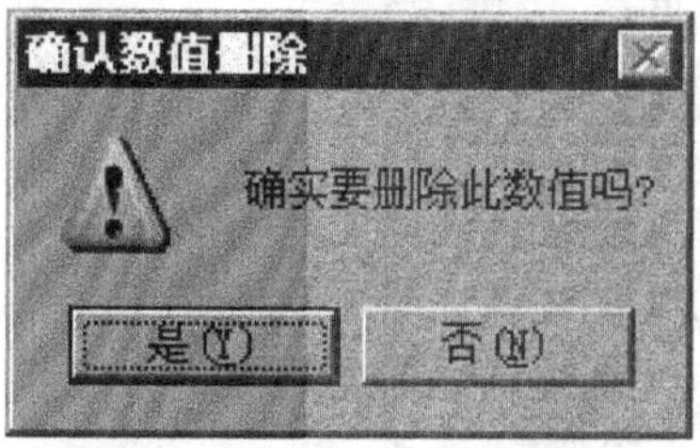

图 4.4.10　确认数值删除

（11）删除后的效果如图 4.4.11 所示。

（12）进入\HKEY_CLASSES_ROOT\txtfile\shell\open\command，双击（默认），查看键值，如图 4.4.12 所示。

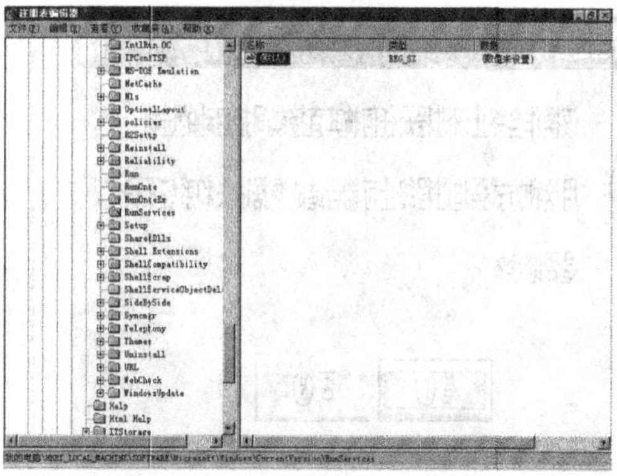

图 4.4.11　注册表编辑器

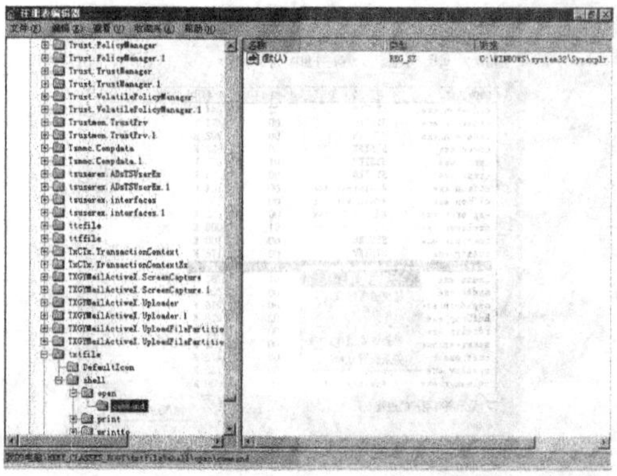

图 4.4.12　注册表编辑器

（13）可以看见数值数据已经被改变，被指向到木马程序，如图 4.4.13 所示。在正常情况下该参数应为 C:\WINDOWS\notepad.exe %1。

（14）将键值修改为正确的配置，即 C:\WINDOWS\notepad.exe %1，如图 4.4.14 所示。

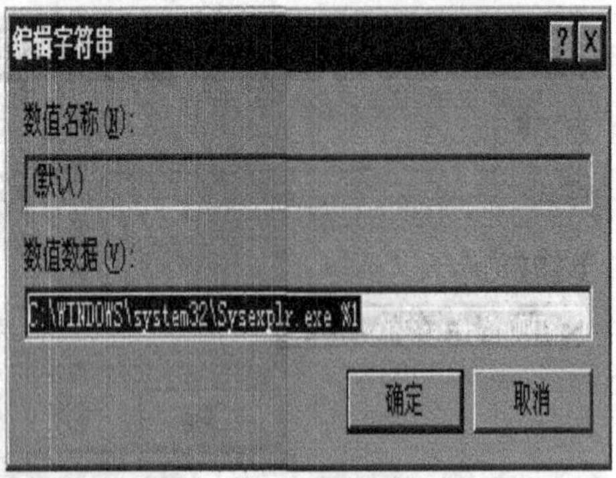

图 4.4.13　编辑字符串

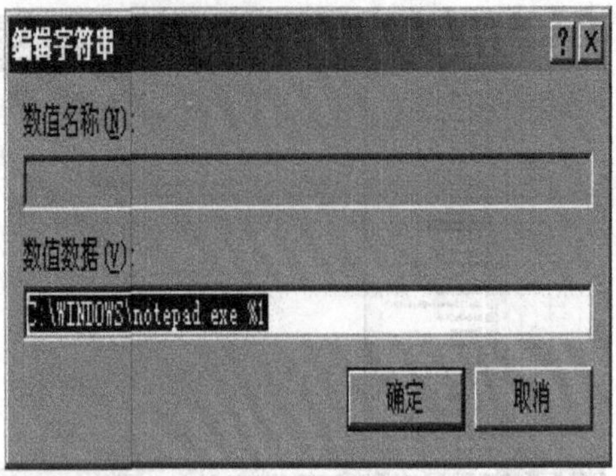

图 4.4.14　编辑字符串

（15）修改完成后效果如图 4.4.15 所示。

（16）同时按下 ctrl、alt、del 三键，启动 Windows 任务管理器，点选“进程”选项卡，找到木马进程，如图 4.4.16 所示。

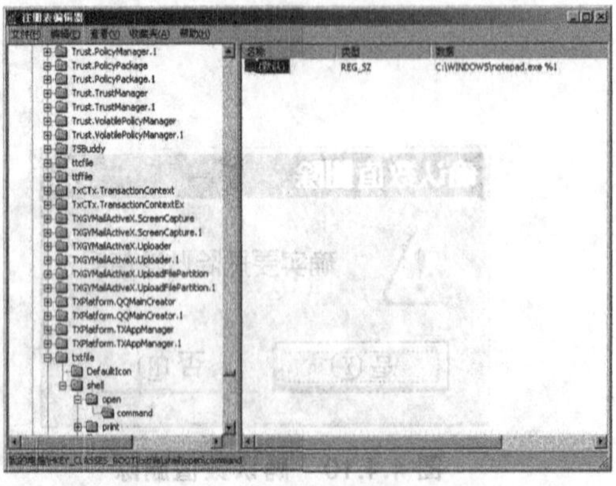

图 4.4.15　注册表编辑器

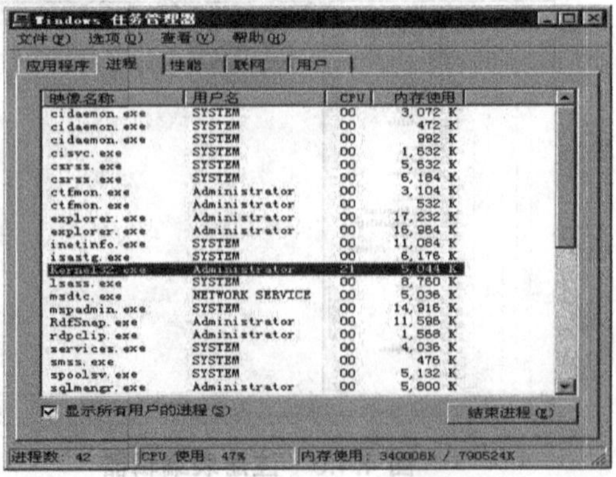

图 4.4.16　Windows 任务管理器

（17）右键单击，选择结束进程，如图 4.4.17 所示。

（18）弹出如图 4.4.18 所示界面，点击“是”。

图 4.4.17　Windows 任务管理器

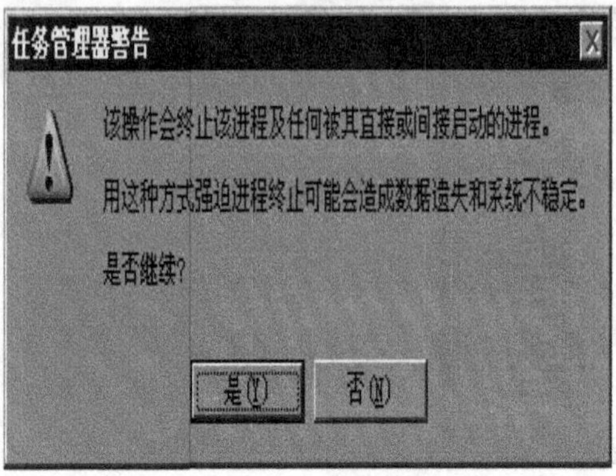

图 4.4.18　任务管理器警告

（19）木马进程已经被结束，如图 4.4.19 所示。

（20）打开“我的电脑”，如图 4.4.20 所示。

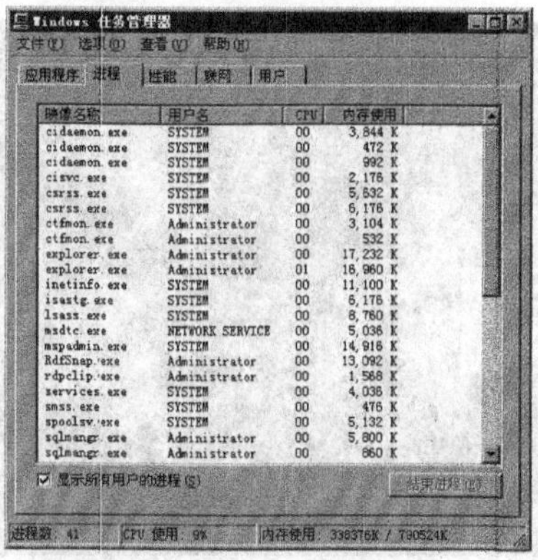

图 4.4.19　结束木马进程

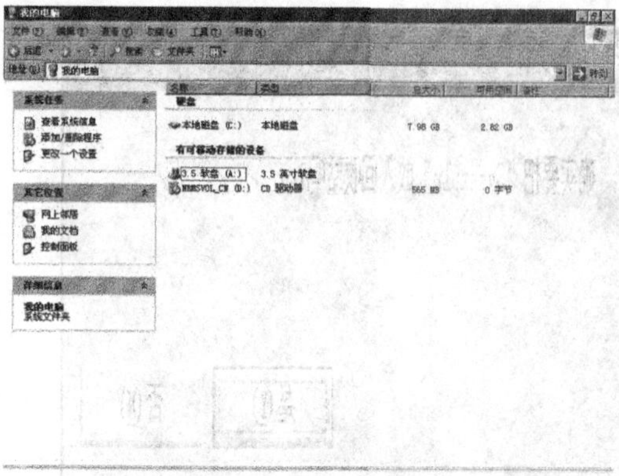

图 4.4.20　我的电脑

（21）进入 c 盘下 WINDOWS\system32 目录，如图 4.4.21 所示。

（22）找出木马程序 Kernel32.exe，右键单击，选择“删除”，或者按下 delete 键，如图 4.4.22 所示。

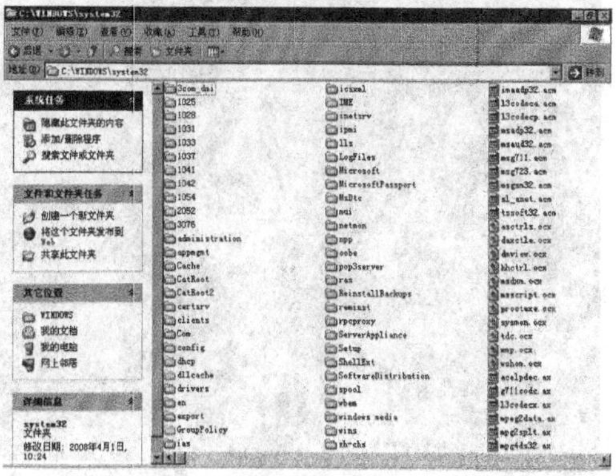

图 4.4.21　system32 目录

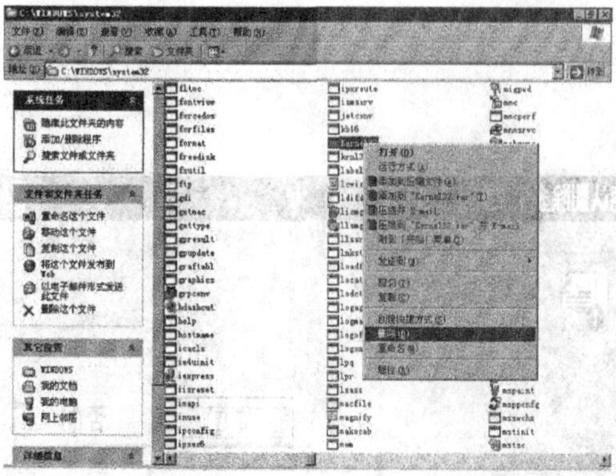

图 4.4.22　删除木马程序

（23）点击“是”，如图 4.4.23 所示。

（24）找出木马程序 Sysexplr.exe，右键单击，选择“删除”，或者按下 delete 键，如图 4.4.24 所示。

图 4.4.23　确认文件删除

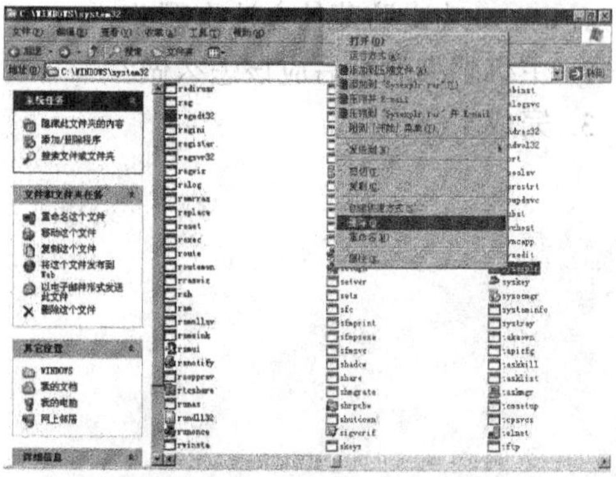

图 4.4.24　删除木马程序

（25）点击“是”，如图 4.4.25 所示。

（26）右键单击回收站，选择清空回收站，如图 4.4.26 所示。

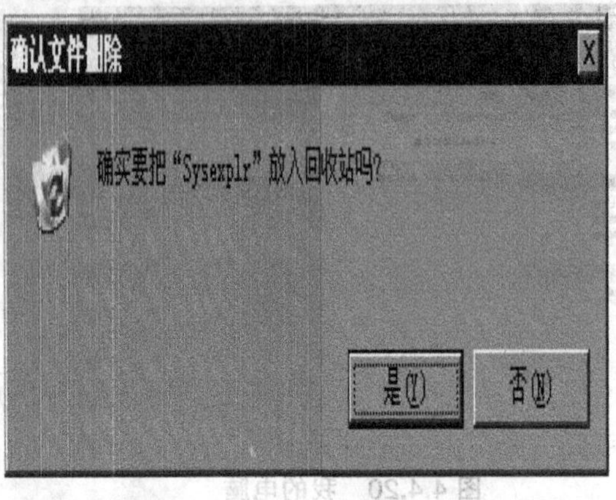

图 4.4.25　确认文件删除

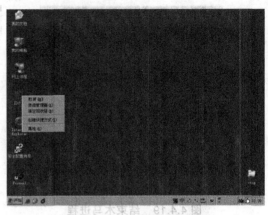

图 4.4.26　清空回收站

（27）点击“是”，如图 4.4.27 所示。

（28）回收站已经被清空，如图 4.4.28 所示。

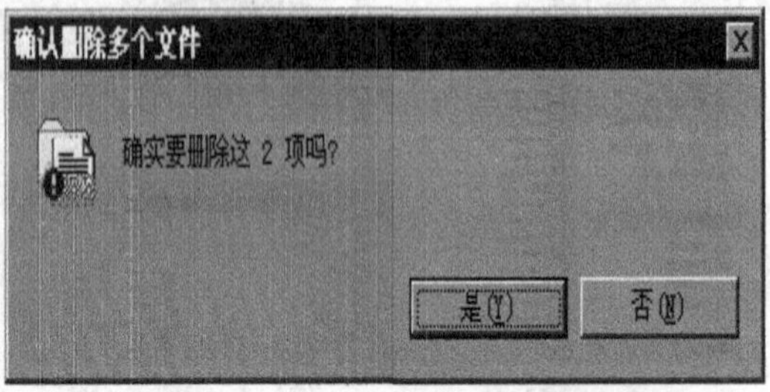

图 4.4.27　确认删除多个文件

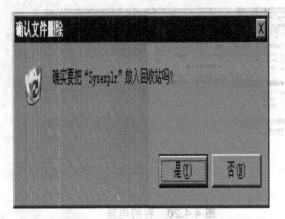

图 4.4.28　回收站已清空

注释：如果在删除文件的时候，按住 shift 键将会直接删除文件而不会放进回收站。

【作业】

1. DDoS 攻击防范的方法有哪些?
2. 主机感染病毒后应该怎么做?
3. 完成实验报告。

第 5 章　主机安全防护实验（一）

主机包括办公终端以及服务器。主机作为信息系统的重要组成部分，是业务、系统功能得以实现的载体。主机存储有大量的敏感信息，无论是政府机关，还是公司企业，都必须加强主机安全建设。

信息技术的普及与发展把人类推向了网络化时代，Internet 已成为人们工作和生活的一部分。计算机网络的普及为人们的生活和工作在带来便利的同时，也对网络安全和信息安全提出了新的挑战。各种各样的网络攻击事件频繁发生，对个人和企业的信息、保密造成了极大影响。若不能解决好网络中的安全问题，Internet 就不能进一步发展和普及。

实验 5.1　系统账户安全管理

【实验目的】

（1）了解 Windows 下账户的基础知识。

（2）掌握账户安全相关设置方法。

【预备知识】

（1）了解 Windows 的基本使用知识。

（2）了解系统账户的基本知识。

【实验环境】

局域网。

【实验工具】

Windows 系统本地安全策略管理工具。

【实验用时】

30 分钟/实例。

【实验过程与步骤】

（1）在“开始”菜单中选择“控制面板”。

（2）从控制面板里打开“管理工具”，如图 5.1.1 所示。

（3）双击打开“本地安全策略”，如图 5.1.2 所示。

（4）本地安全设置界面如图 5.1.3 所示。

（5）在“密码策略”中，右键点击“密码必须符合复杂性要求”，选择“属性”，如图 5.1.4 所示。

（6）启用密码复杂性要求，如图 5.1.5 所示。

（7）右键点击“密码长度最小值”，选择“属性”，如图 5.1.6 所示。

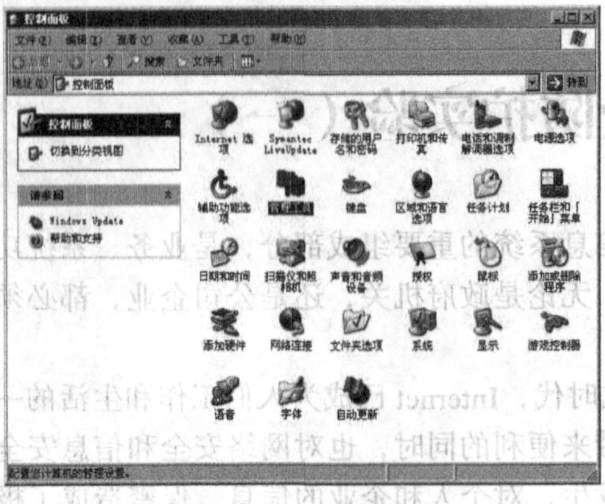

图 5.1.1　控制面板

图 5.1.2　管理工具

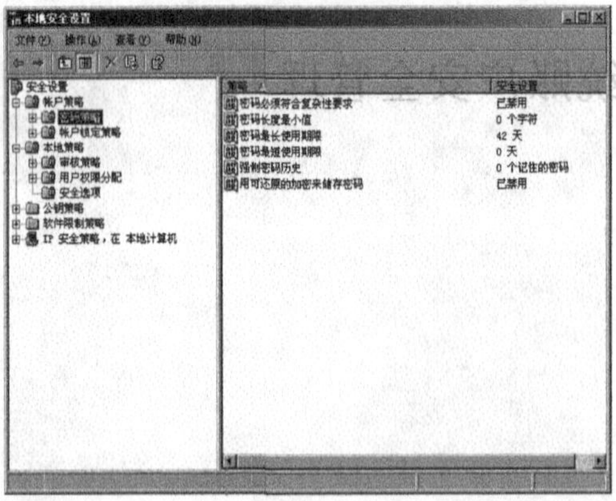

图 5.1.3　本地安全设置

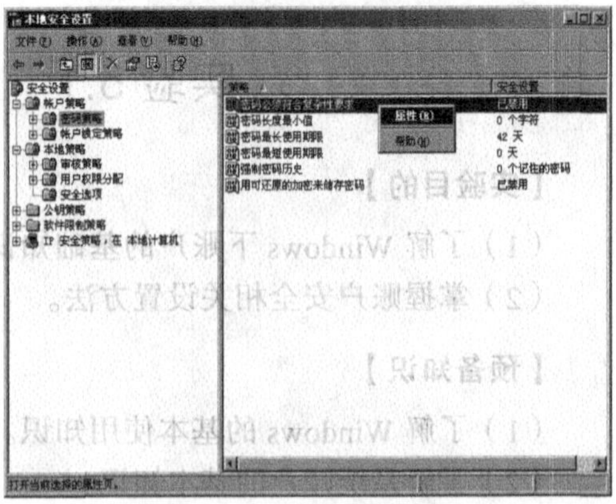

图 5.1.4　本地安全设置

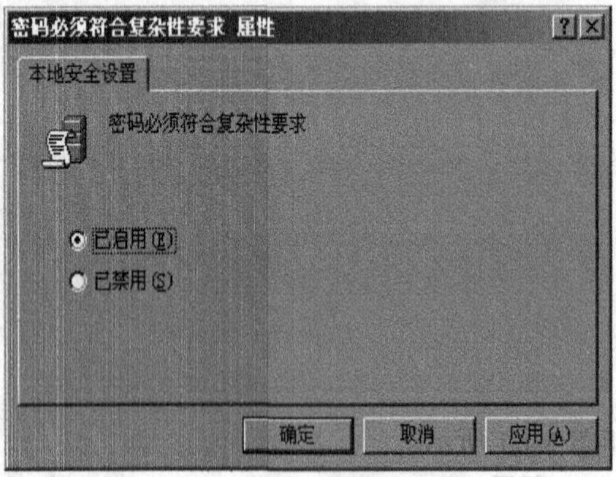

图 5.1.5　密码必须符合复杂性要求属性

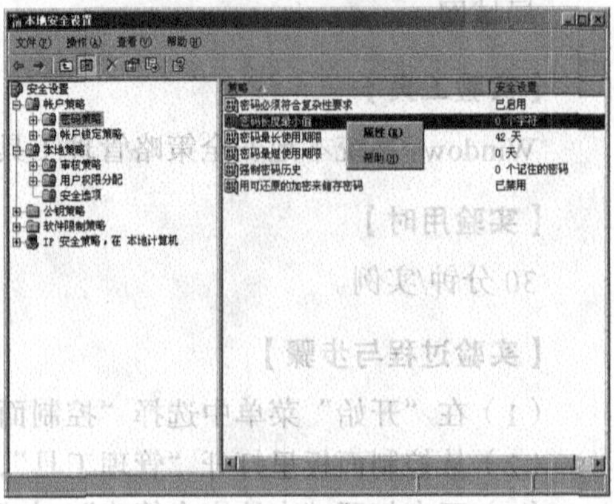

图 5.1.6　本地安全设置

（8）设置密码最小长度为 10，如图 5.1.7 所示。

（9）右键点击“密码最长使用期限”，选择“属性”，如图 5.1.8 所示。

（10）设置“密码过期时间”为 90 天，如图 5.1.9 所示。

（11）右键点击“密码最短使用期限”，选择“属性”，如图 5.1.10 所示。

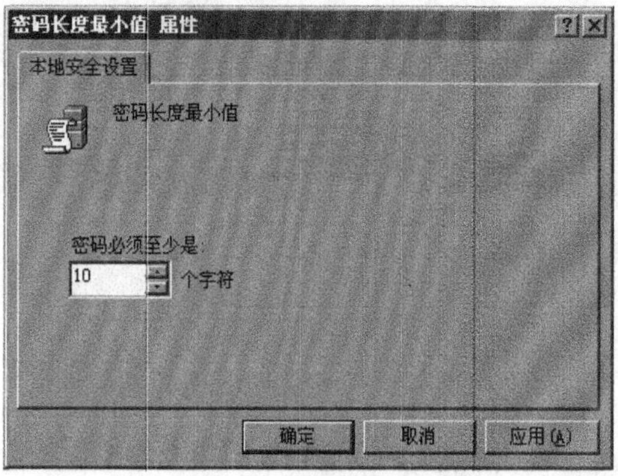

图 5.1.7　密码长度最小值属性

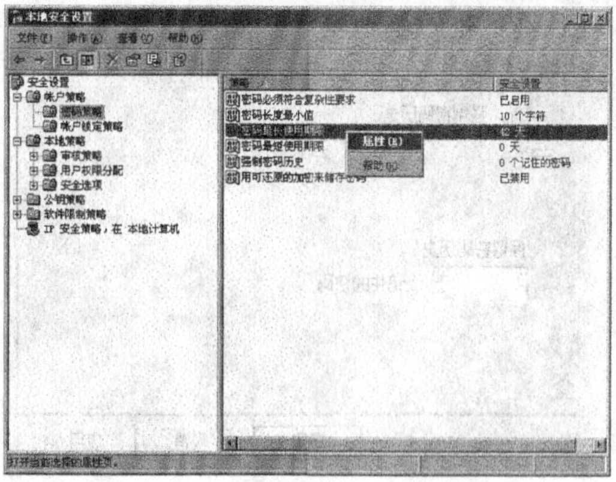

图 5.1.8　本地安全设置

图 5.1.9　密码最长使用期限属性

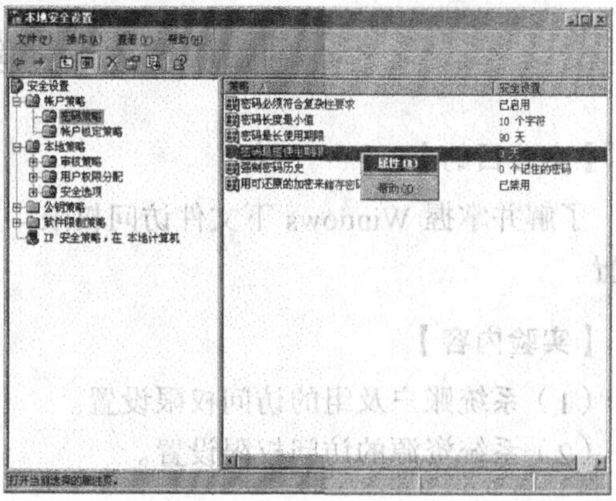

图 5.1.10　本地安全设置

（12）设置至少 30 天后才能更改密码，如图 5.1.11 所示。

（13）右键点击“强制密码历史”，选择“属性”，如图 5.1.12 所示。

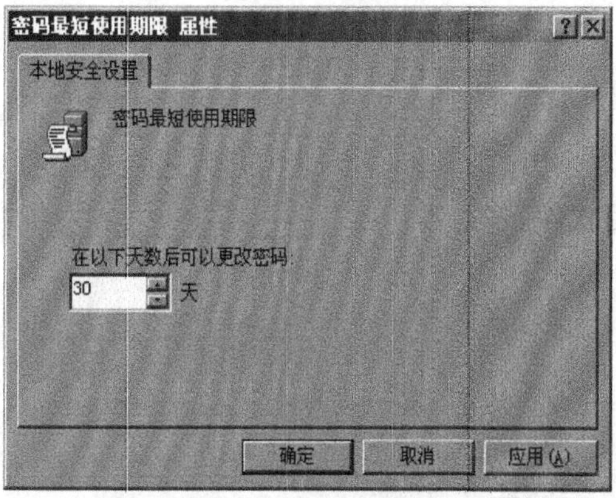

图 5.1.11　密码最短使用期限属性

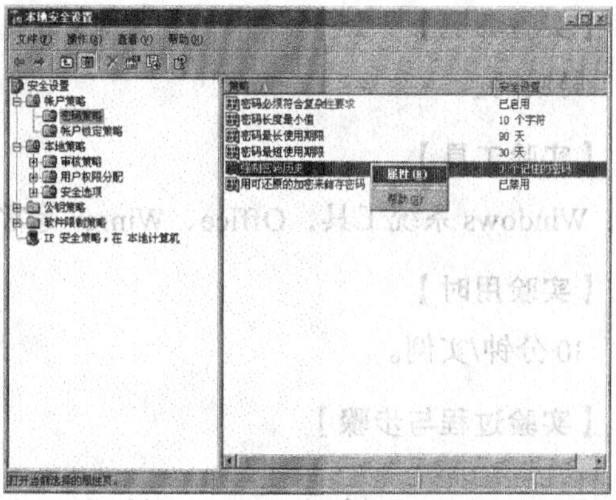

图 5.1.12　本地安全设置

（14）设置记住 3 个使用过的密码，如图 5.1.13 所示。

（15）设置完成，效果如图 5.1.14 所示。

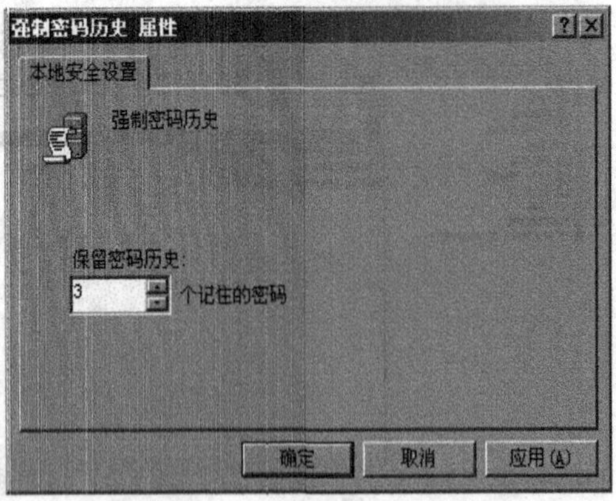

图 5.1.13　强制密码历史属性

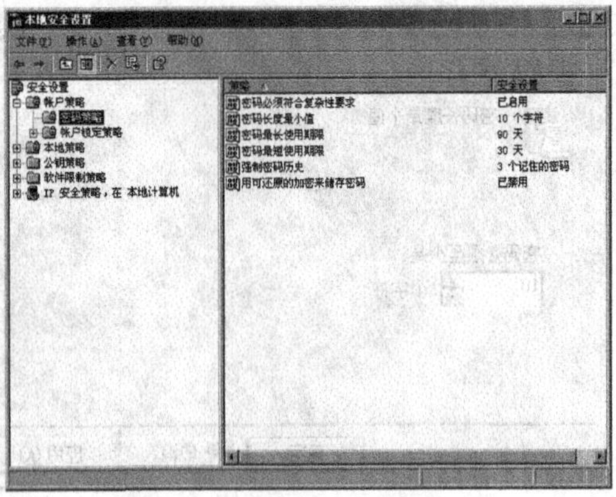

图 5.1.14　本地安全设置

实验 5.2　系统资源安全管理

【实验目的】

了解并掌握 Windows 下文件访问权限，文件夹加密，常用文件类型加密等系统资源安全设置。

【实验内容】

（1）系统账户及组的访问权限设置。
（2）系统资源的访问权限设置。

【预备知识】

（1）了解 Windows 的基本使用知识。
（2）了解 NTFS 文件系统特性。
（3）了解常用格式文件的加密方法。

【实验环境】

局域网。

【实验工具】

Windows 系统工具，Office、Winrar 等常用软件。

【实验用时】

30 分钟/实例。

【实验过程与步骤】

实验 5.2.1　系统账户及组的访问权限设置

（1）找到“控制面板”中的“管理工具”，如图 5.2.1 所示，双击进入。
（2）双击打开“计算机管理”，如图 5.2.2 所示。

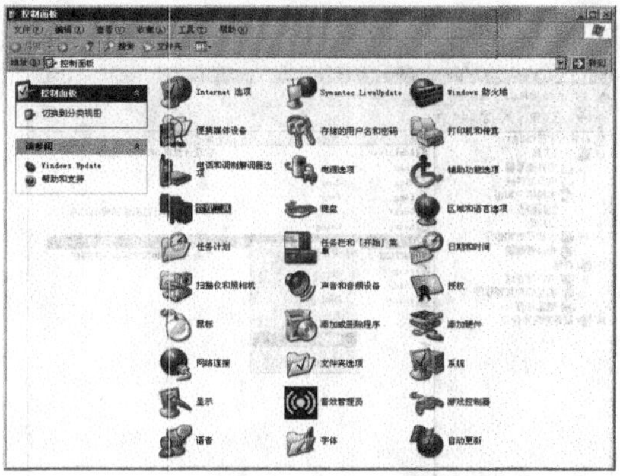

图 5.2.1　控制面板

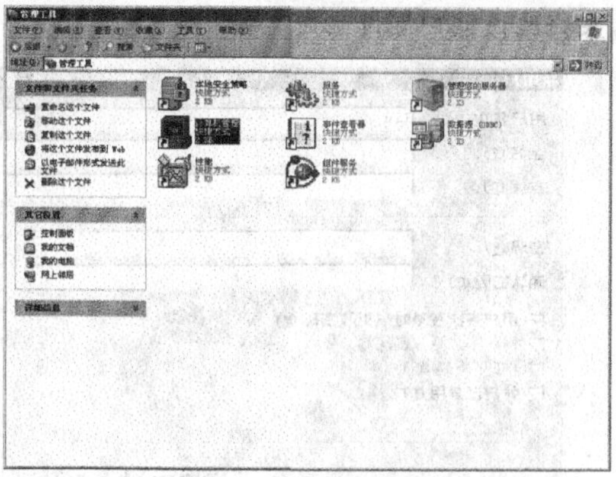

图 5.2.2　管理工具

（3）打开“计算机管理”，从“所有程序”中打开“计算机管理”，如图 5.2.3 所示。

（4）右键点击“我的电脑”，选择“管理”，如图 5.2.4 所示。

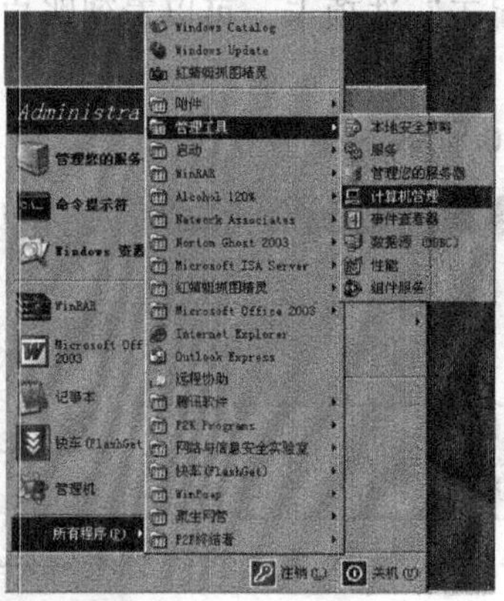

图 5.2.3　开始菜单

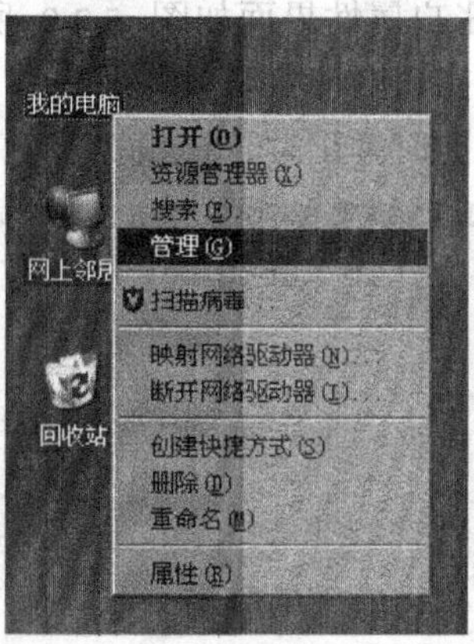

图 5.2.4　我的电脑—管理

（5）“计算机管理”主界面如图 5.2.5 所示。

（6）右键点击“用户”，选择“新用户”来创建一个新的系统账户，如图 5.2.6 所示。

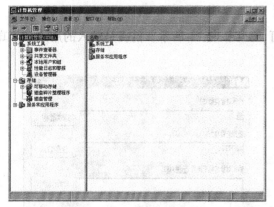

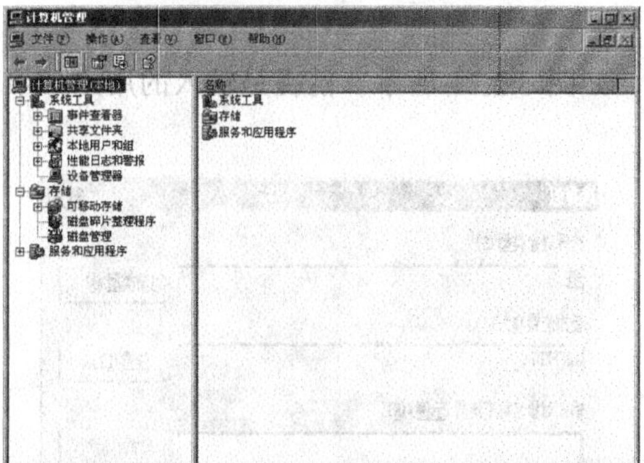

图 5.2.5　计算机管理

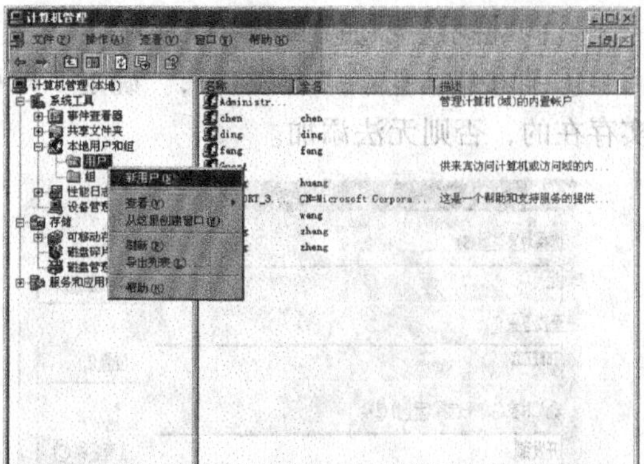

图 5.2.6　计算机管理

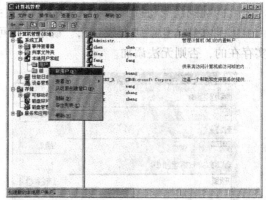

（7）设置用户名为“liu”，密码为“liu@o4sec”，最后点击“创建”，如图 5.2.7 所示。

（8）右键点击刚刚新建的账户“liu”，选择“属性”，如图 5.2.8 所示。也可直接双击账户来修改该账户属性。

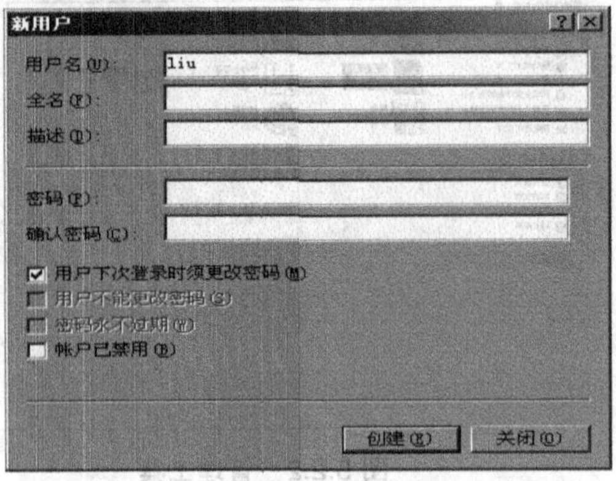

图 5.2.7　新用户

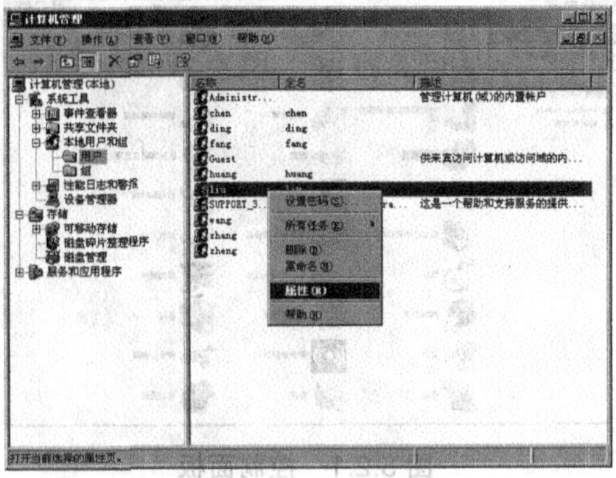

图 5.2.8　计算机管理

注：默认情况下新用户下次登录时必须更改密码。

（9）账户属性界面如图 5.2.9 所示，点击“隶属于”选项卡，可以看到账户默认隶属于 Users 组，点击“添加”。

（10）此时弹出“选择组”属性窗口，如图 5.2.10 所示。

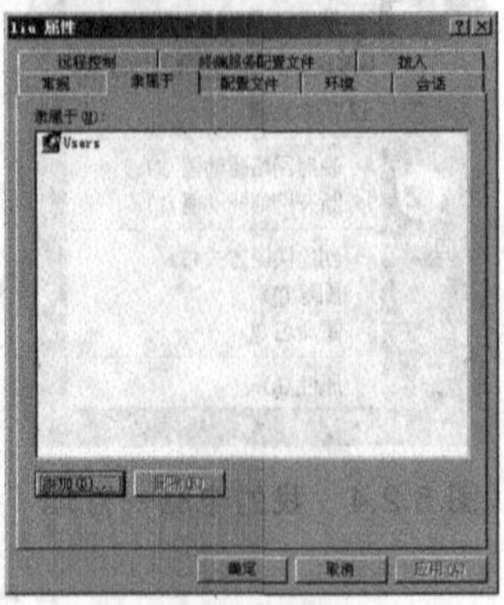

图 5.2.9　Liu 属性

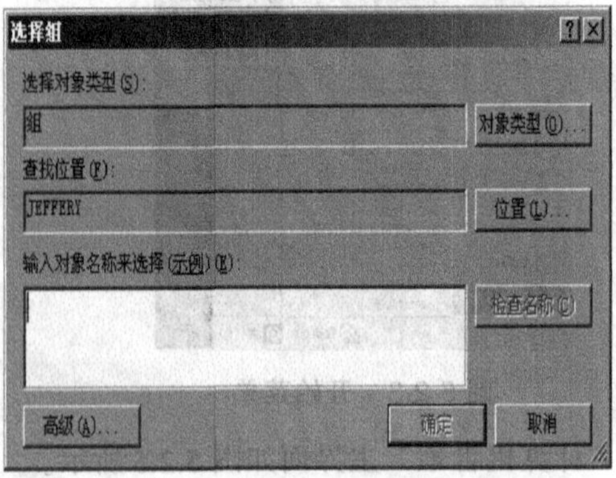

图 5.2.10　选择组

（11）将用户添加到组，有两种操作方式：

① 直接输入组名“开发部”，“确定”即可，如图 5.2.11 所示。前提是输入的用户必须真实存在的，否则无法添加。

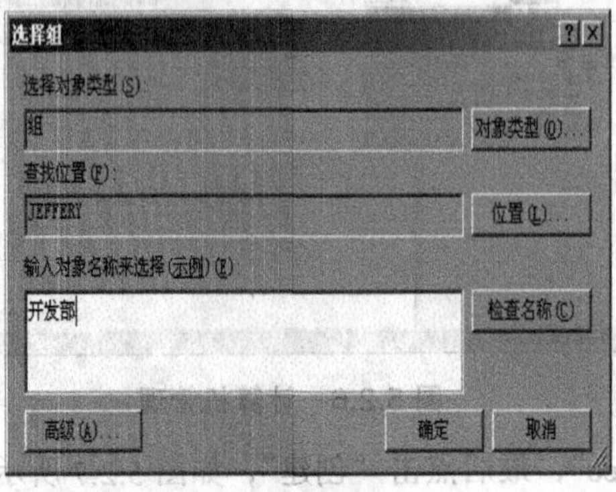

图 5.2.11　选择组

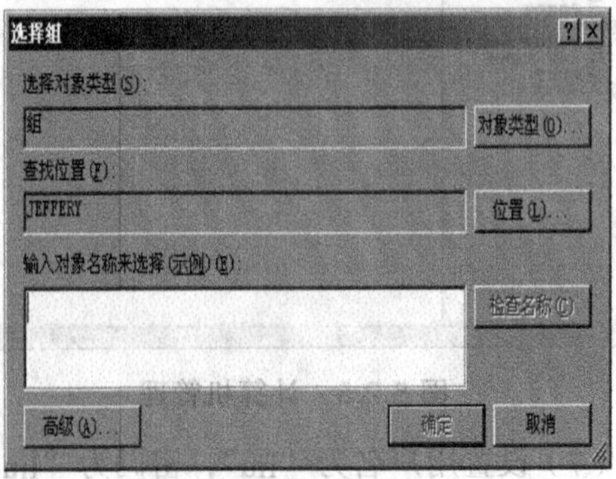

图 5.2.12　选择组

② 点击“高级”，如图 5.2.12 所示，弹出如图 5.2.13 所示对话框。

（12）点击“立即查找”，将会搜索到系统中的用户组列表，如图 5.2.14 所示。

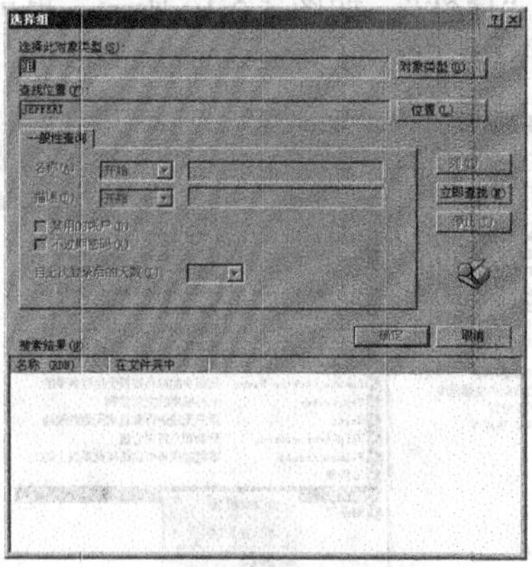

图 5.2.13　选择组

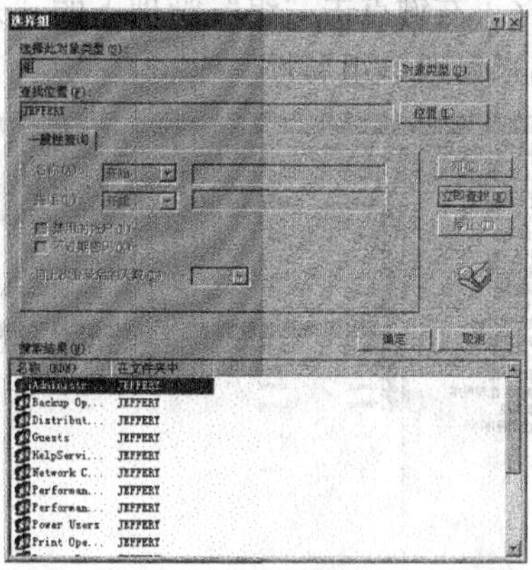

图 5.2.14　选择组

（13）选中“开发部”，点击“确定”，如图 5.2.15 所示。可以看到“开发部”已经被添加，点击“确定”即可，如图 5.2.16 所示。

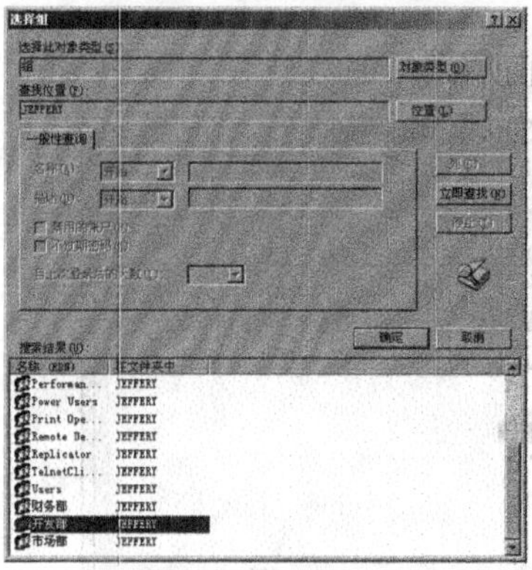

图 5.2.15　选择组

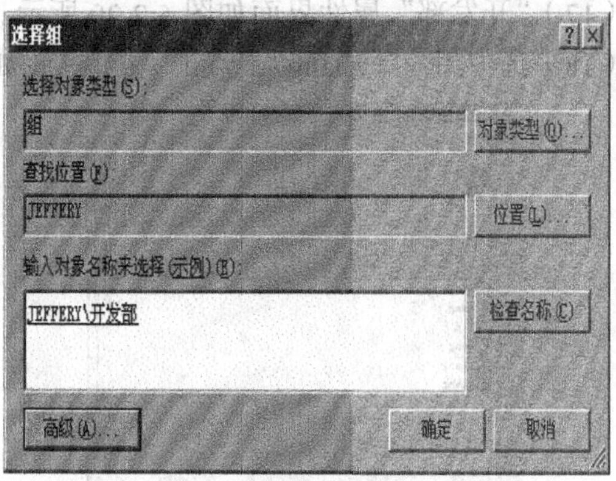

图 5.2.16　选择组

（14）添加完成，直接“确定”即可，如图 5.2.17 所示。

图 5.2.17　Liu 属性

以上（11）~（14）所述两种添加方式达到的效果都是一样的，都是把用户 liu 添加到“开发部”用户组。

（15）新用户 liu 的属性设置完成，如图 5.2.18 所示。

（16）右键点击“组”管理下的“开发部”，选择“属性”，如图 5.2.19 所示。也可直接双击组名来修改该组属性。

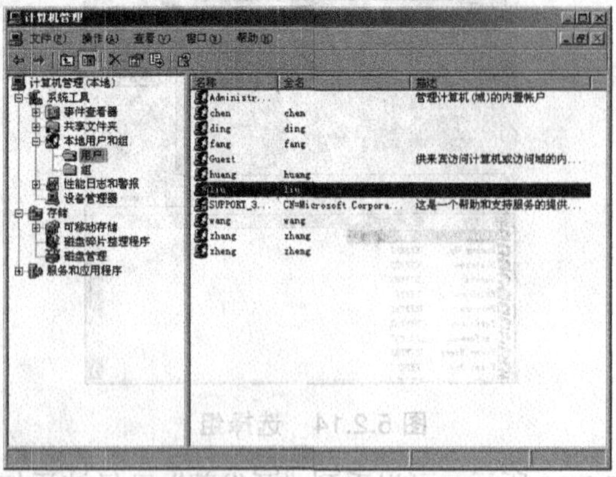

图 5.2.18　计算机管理

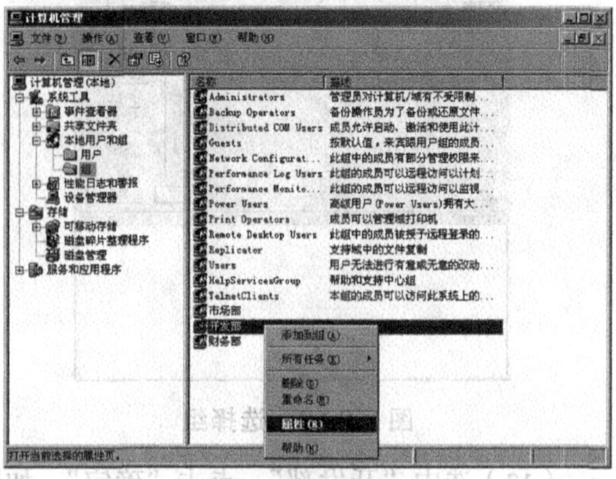

图 5.2.19　计算机管理

（17）“开发部”属性界面如图 5.2.20 所示。

（18）选中用户“zhang”，点击“删除”，如图 5.2.21 所示。

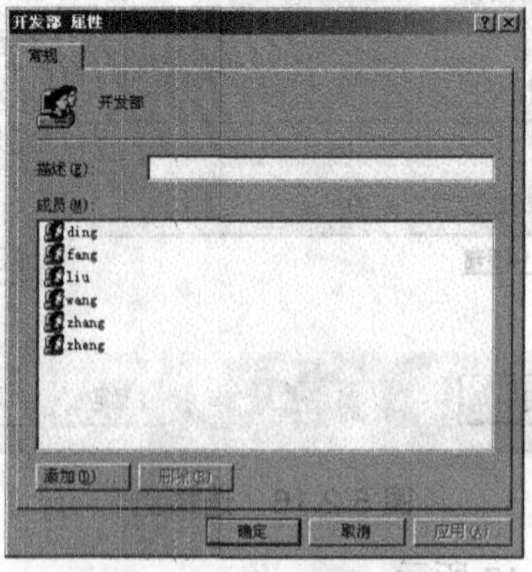

图 5.2.20　开发部属性

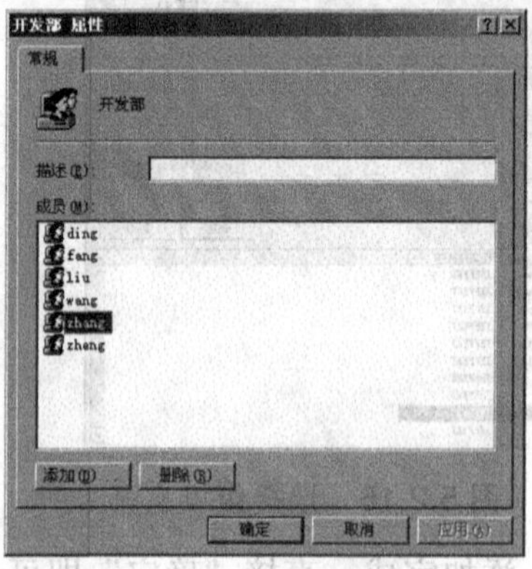

图 5.2.21　开发部属性

（19）删除完成后，点击“添加”，如图 5.2.22 所示。

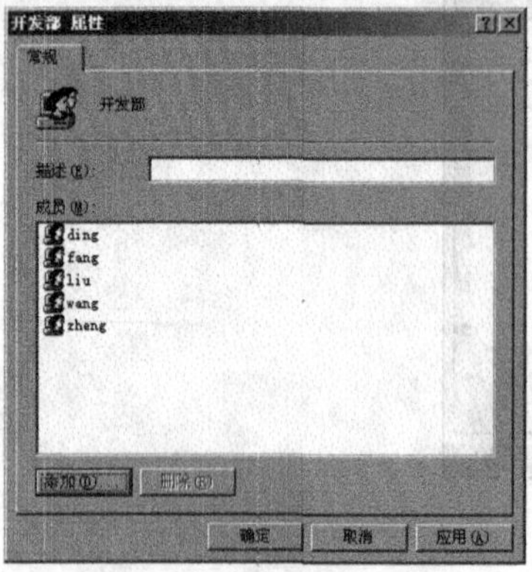

图 5.2.22　开发部属性

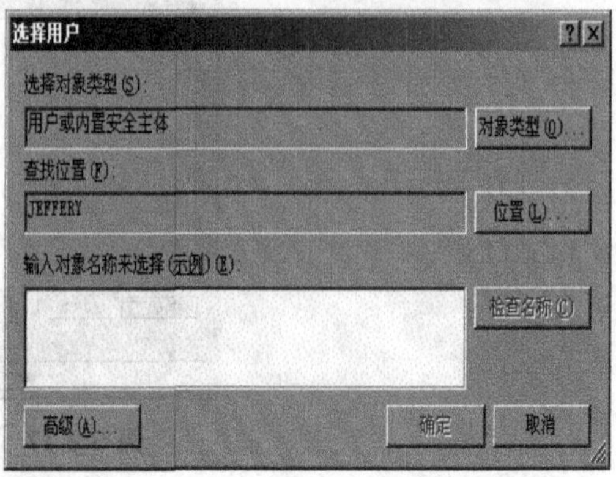

图 5.2.23　选择用户

（20）此时弹出“选择用户”属性窗口，如图 5.2.23 所示。

（21）将用户添加到组，有两种操作方式：

① 直接输入组名“chen”，“确定”即可，如图 5.2.24 所示，前提是输入的用户必须真实存在。

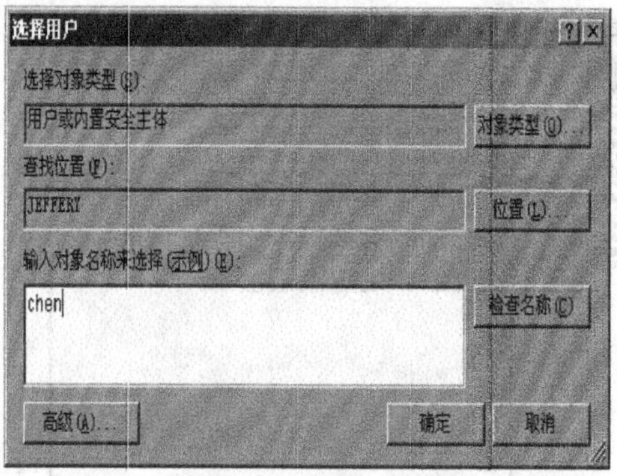

图 5.2.24　选择用户

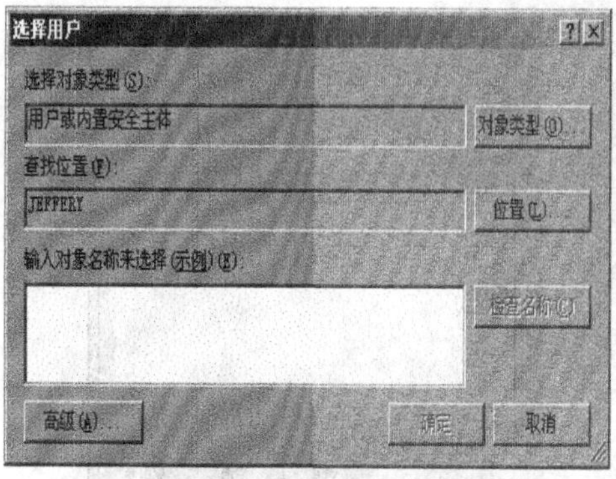

图 5.2.25　选择用户

② 点击“高级”，如图 5.2.25 所示，弹出如图 5.2.26 所示对话框。点击“立即查找”，将会搜索到系统中的用户列表，如图 5.2.27 所示。

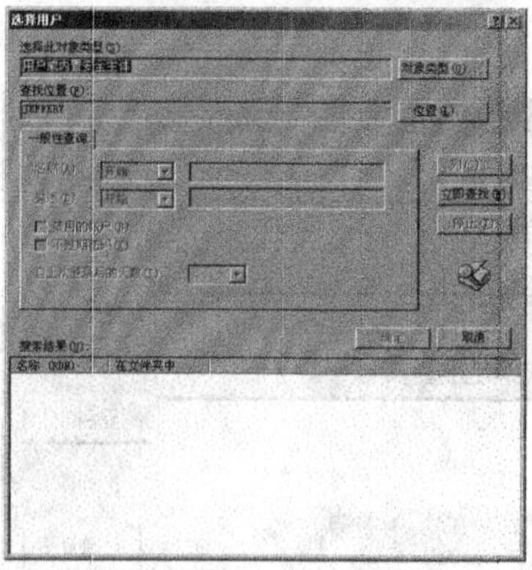

图 5.2.26　选择用户

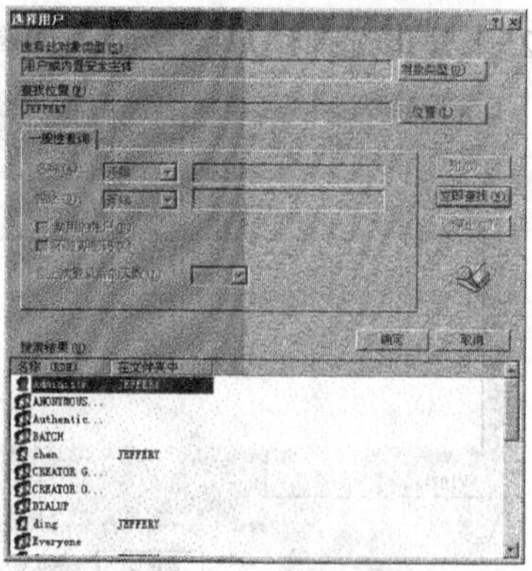

图 5.2.27　选择用户

找到用户“chen”，点击“确定”，如图 5.2.28 所示。可以看到“chen”已经被添加，点击“确定”即可，如图 5.2.29 所示。

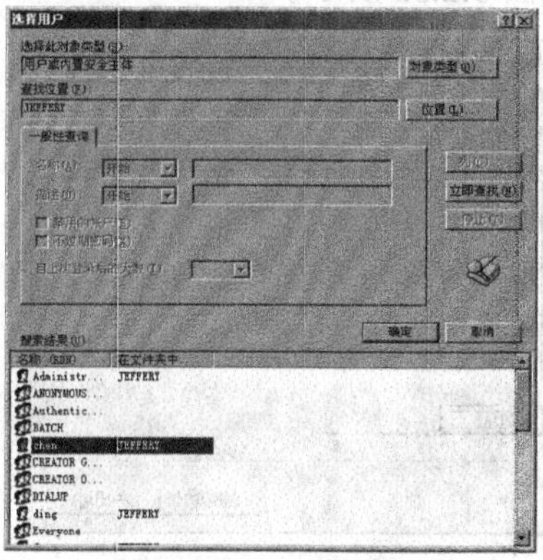

图 5.2.28　选择用户

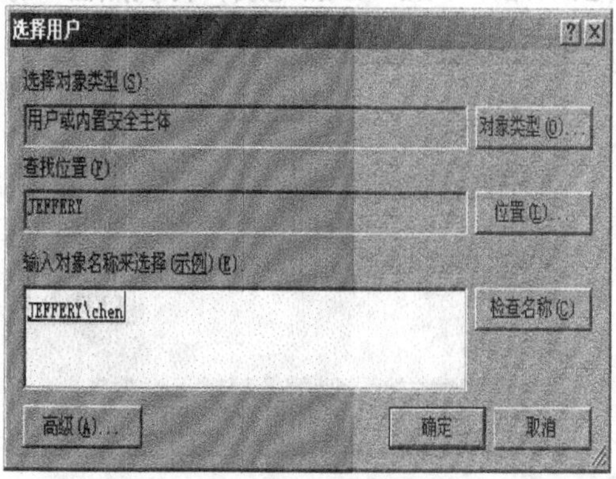

图 5.2.29　选择用户

（22）用户“chen”已经成功添加到“开发部”用户组，点击“确定”，完成“开发部”组属性的修改，如图 5.2.30 所示。

（23）完成“开发部”组属性的修改后，右键点击“组”选项，选择“新建组”，如图 5.2.31 所示。

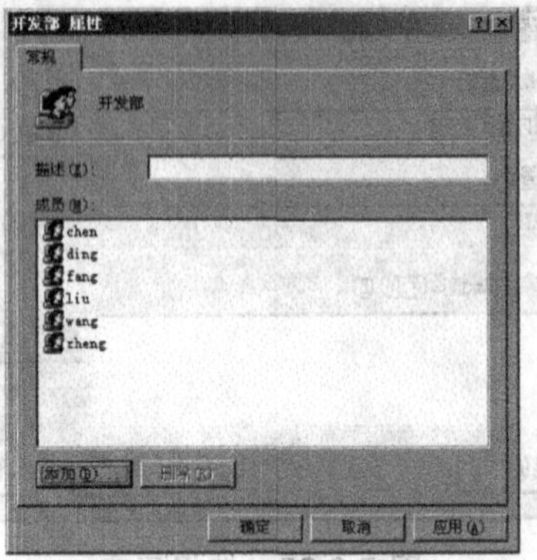

图 5.2.30　开发部属性

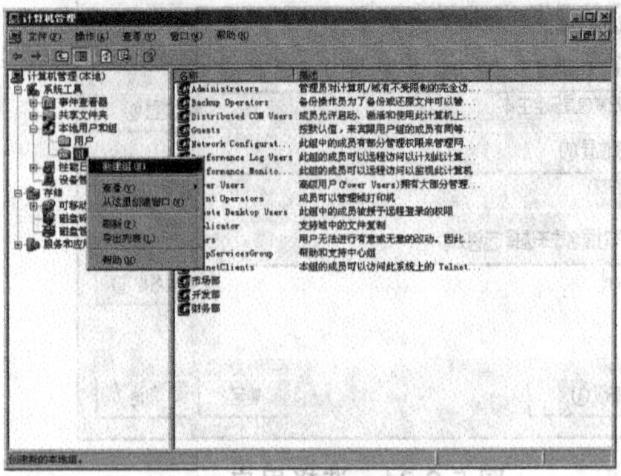

图 5.2.31　计算机管理

（24）新建组界面如图 5.2.32 所示，输入新组名“临时合作组”，再点击“添加”，将用户添加到此新组中。

（25）弹出选择用户的界面，如图 5.2.33 所示。

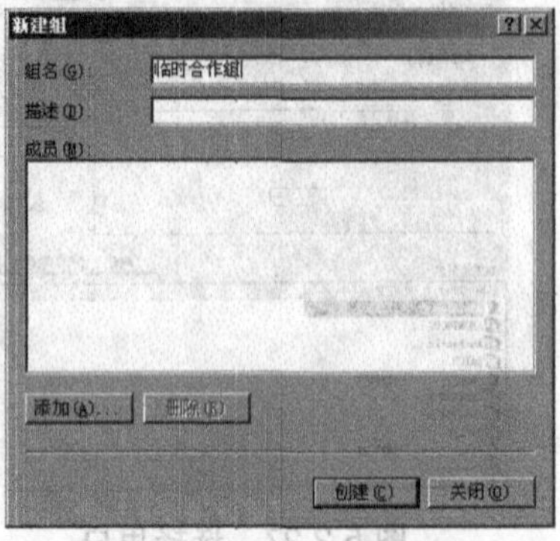

图 5.2.32　新建组

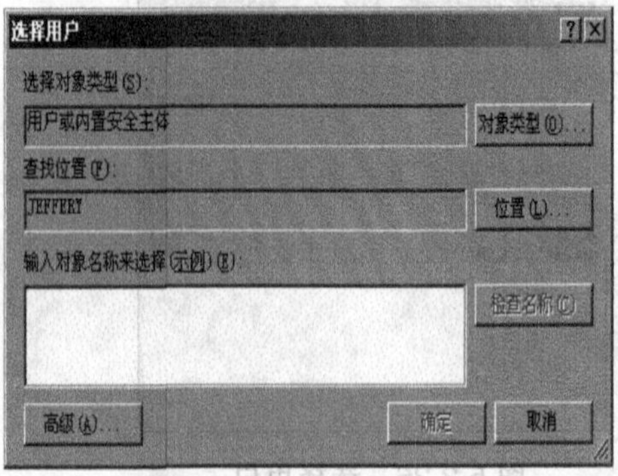

图 5.2.33　选择用户

（26）输入用户名“liu”，点击“确定”，如图 5.2.34 所示。

（27）用户“liu”添加完成，再次点击“添加”，如图 5.2.35 所示。

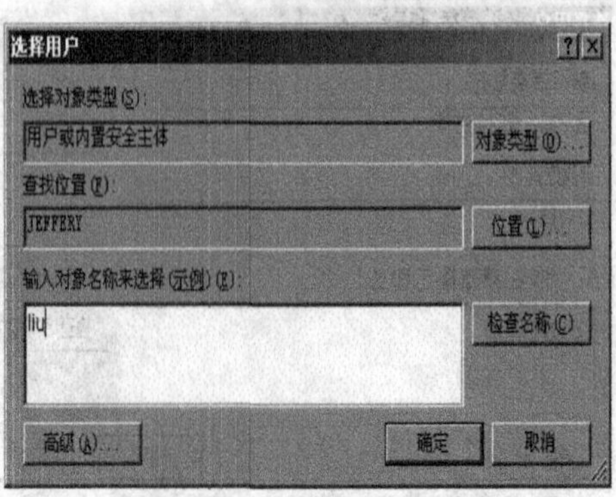

图 5.2.34　选择用户

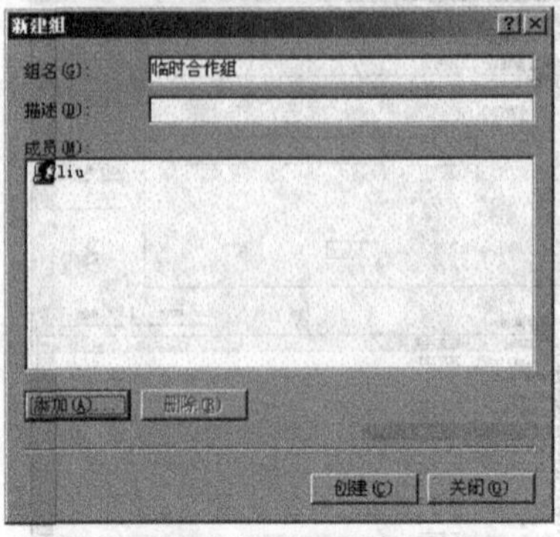

图 5.2.35　新建组

（28）同样输入用户名“zhang”，点击“确定”，如图 5.2.36 所示。

（29）用户添加完成，点击“创建”即可，如图 5.2.37 所示。

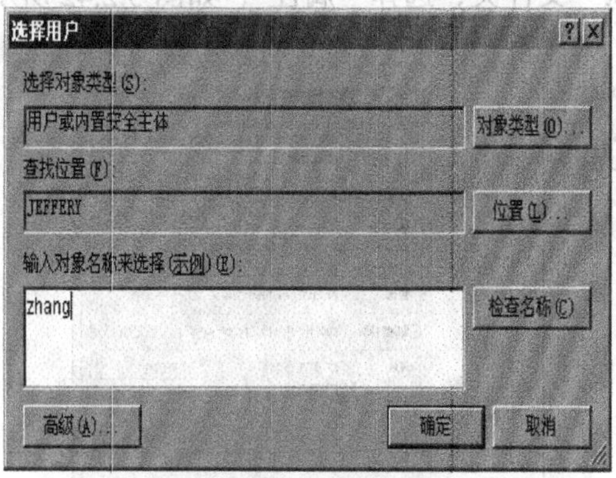

图 5.2.36　选择用户

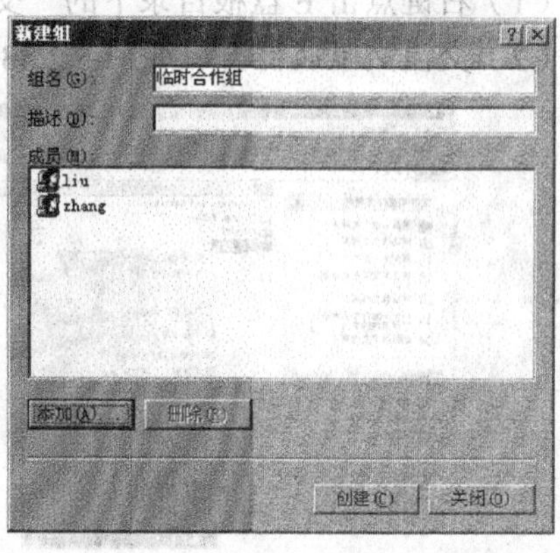

图 5.2.37　新建组

（30）新的用户组创建完成，如图 5.2.38 所示。

（31）找到“用户”选项下的“Guest”，双击或者右键点击选择“属性”，如图 5.2.39 所示。

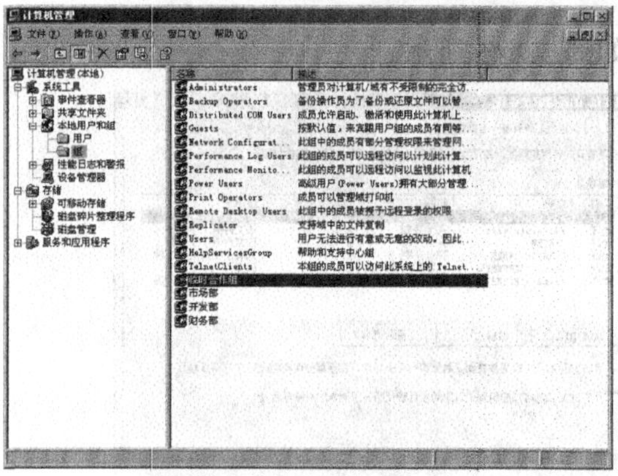

图 5.2.38　计算机管理

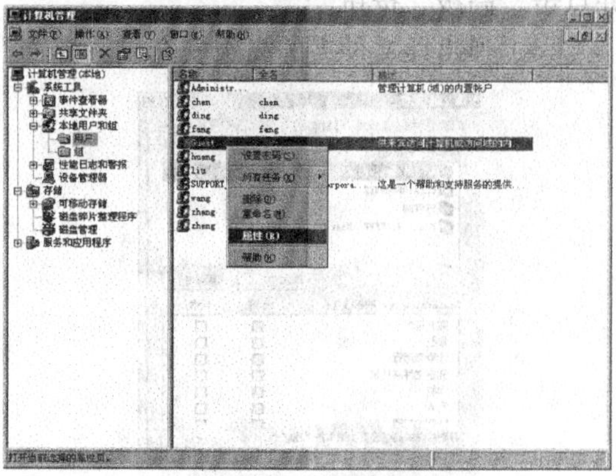

图 5.2.39　计算机管理

（32）勾选“账户已禁用”，点击“确定”，如图 5.2.40 所示。

（33）来宾账户“Guest”已被禁用，如图 5.2.41 所示。

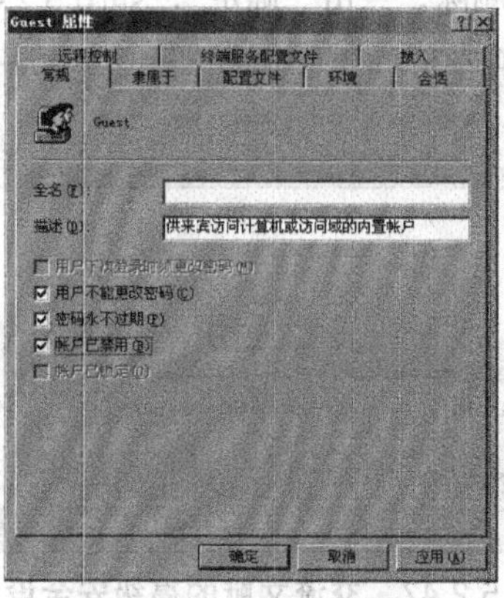

图 5.2.40　Guest 属性

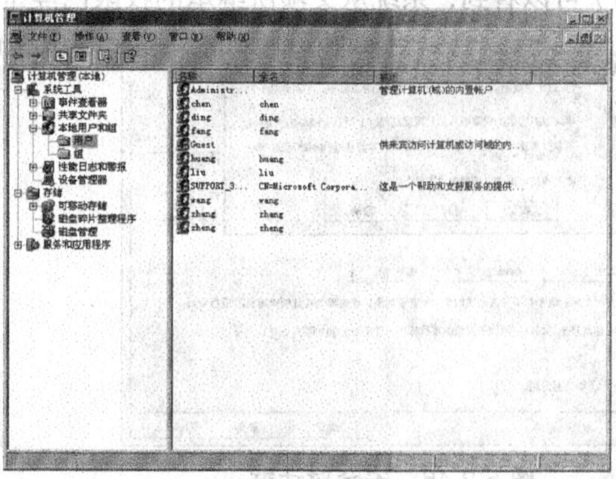

图 5.2.41　计算机管理

实验 5.2.2　系统资源的访问权限设置

（1）右键点击 E 盘根目录下的“交流文献”文件夹，选择“属性”，如图 5.2.42 所示。

（2）交流文献属性窗口如图 5.2.43 所示。

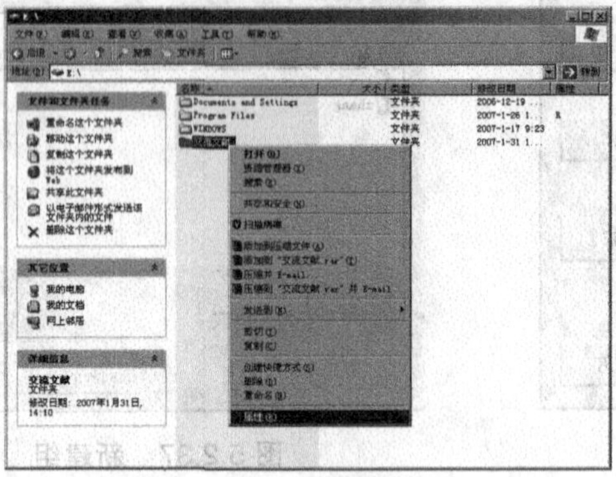

图 5.2.42　E:\

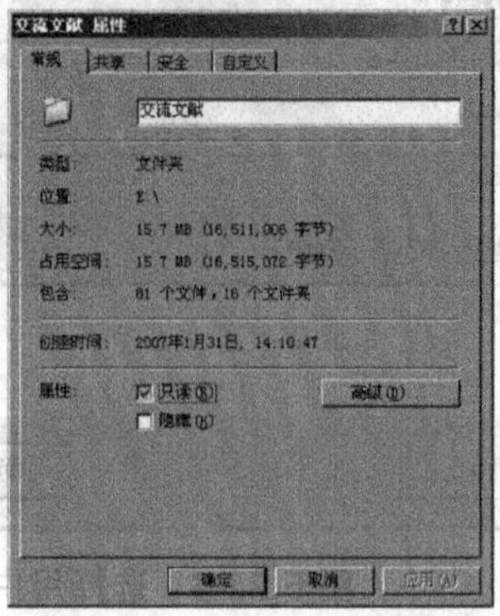

图 5.2.43　交流文献属性

（3）选中“安全”选项卡，可以看到具有文件夹访问权限的默认用户如图 5.2.44 所示，并点击“高级”按钮。

（4）弹出此文件夹的高级安全设置界面，如图 5.2.45 所示。

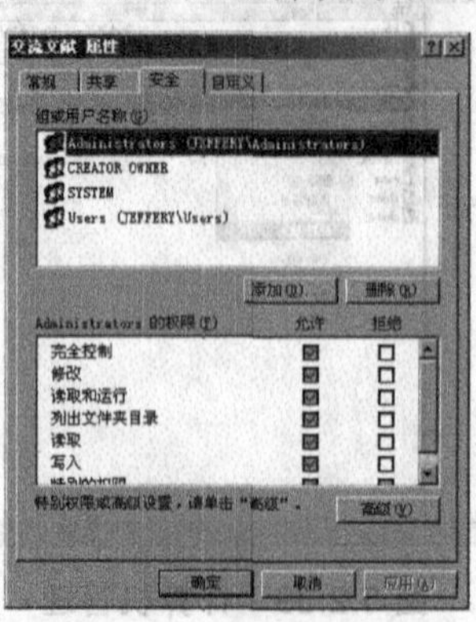

图 5.2.44　交流文献属性

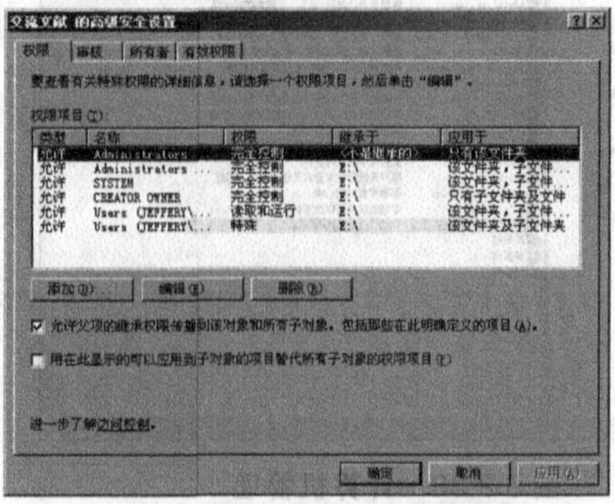

图 5.2.45　交流文献的高级安全设置

（5）取消勾选父项相关的权限，在弹出对话框中，点击“删除”，如图 5.2.46 所示。

（6）可以看到，系统从父项所继承的权限已经全部被删除，点击“确定”，如图 5.2.47 所示。

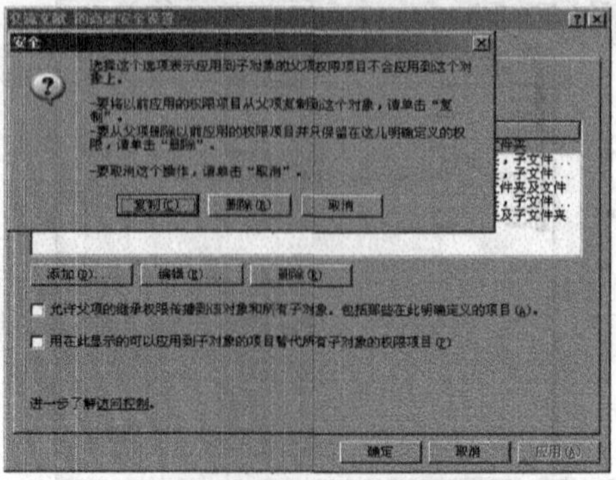

图 5.2.46　安全对话框

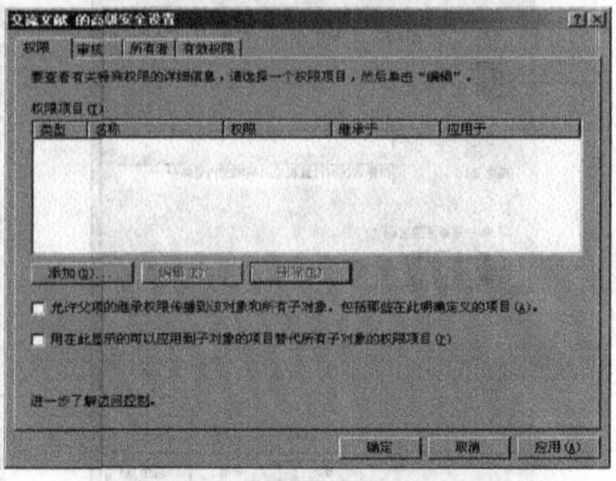

图 5.2.47　交流文献的高级安全设置

（7）因为此时将没有人可以访问此文件夹，所以出现如图 5.2.48 所示提示，点击“是”。

（8）回到“交流文献”属性界面，如图 5.2.49 所示，点击“添加”。

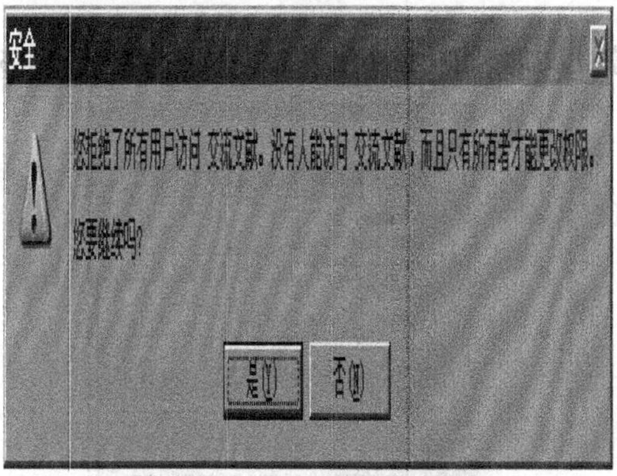

图 5.2.48 安全提示框

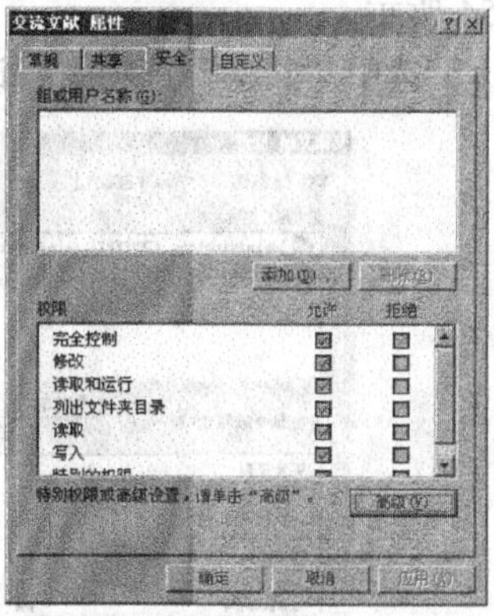

图 5.2.49 交流文献属性

（9）弹出选择用户或组窗口，如图 5.2.50 所示。

（10）直接输入用户名“administrator”，点击“确定”即可，如图 5.2.51 所示。

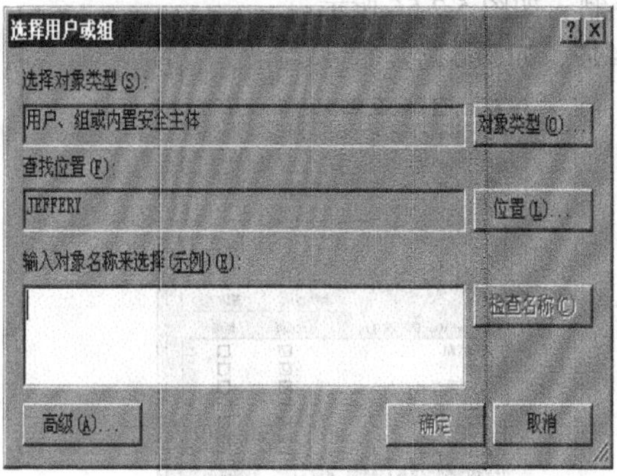

图 5.2.50 选择用户或组

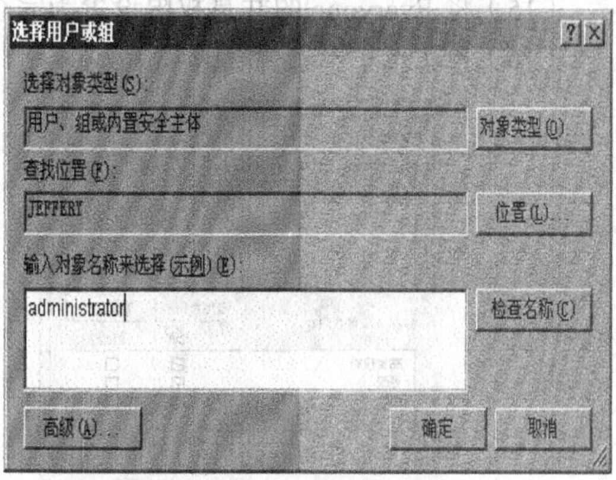

图 5.2.51 选择用户或组

（11）点中“完全控制”，将其权限设置为完全控制权限，之后再次选择“添加”，如图 5.2.52 所示。

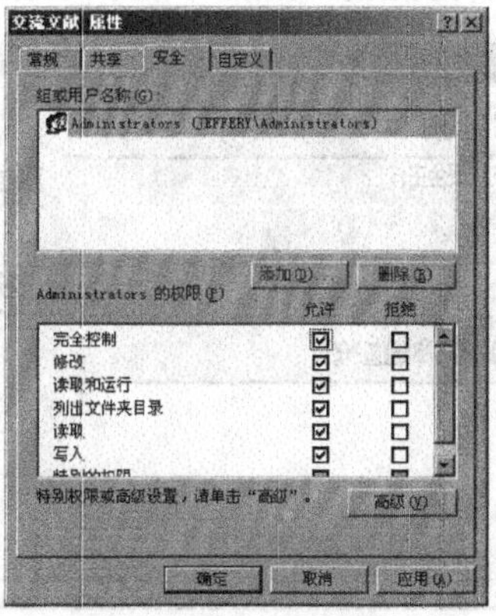

图 5.2.52 交流文献属性

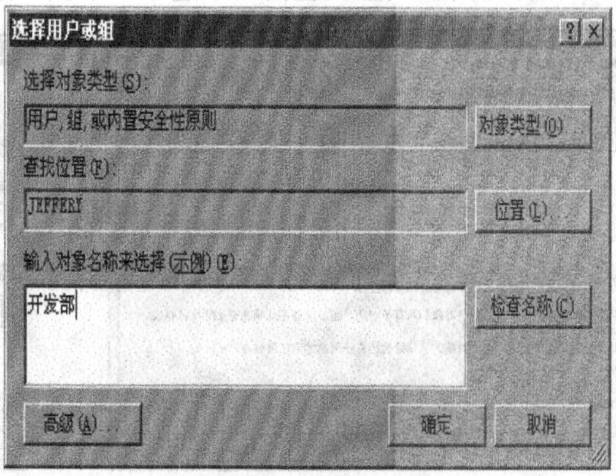

图 5.2.53 选择用户或组

（12）直接输入组名“开发部”，点击“确定”，如图 5.2.53 所示。

（13）勾选允许“写入”，使开发部组成员具有写入数据的权限，完成后点击“确定”，如图 5.2.54 所示。

（14）选中“共享”选项卡，设置“共享此文件夹”，点击“权限”按钮，如图 5.2.55 所示。

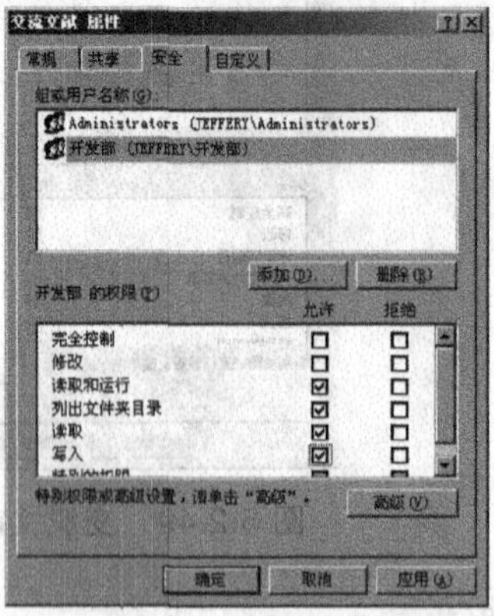

图 5.2.54　交流文献属性

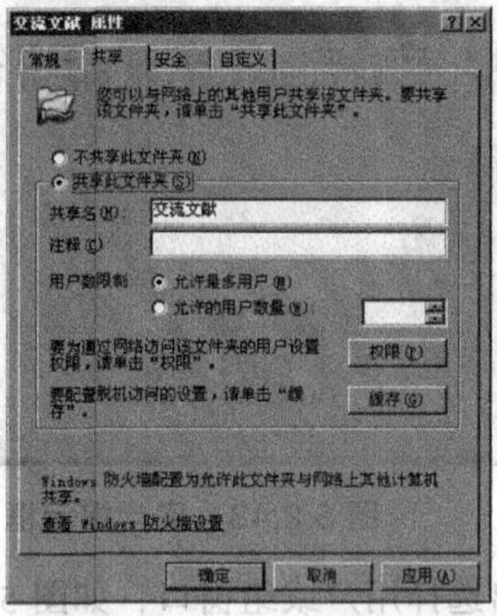

图 5.2.55　交流文献属性

（15）将 Everyone 的共享权限设置为完全控制，如图 5.2.56 所示。

（16）再次选中“安全”选项卡，点击“高级”，如图 5.2.57 所示。

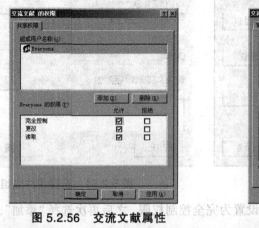

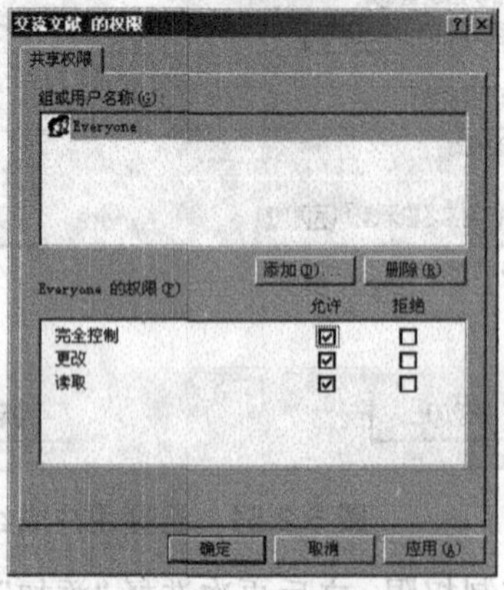

图 5.2.56　交流文献属性

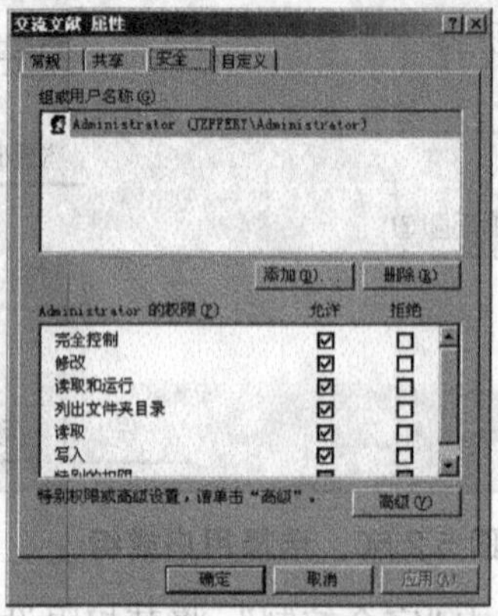

图 5.2.57　交流文献属性

（17）在弹出高级安全设置窗口中选中“审核”选项卡，并点击“添加”，如图 5.2.58 所示。

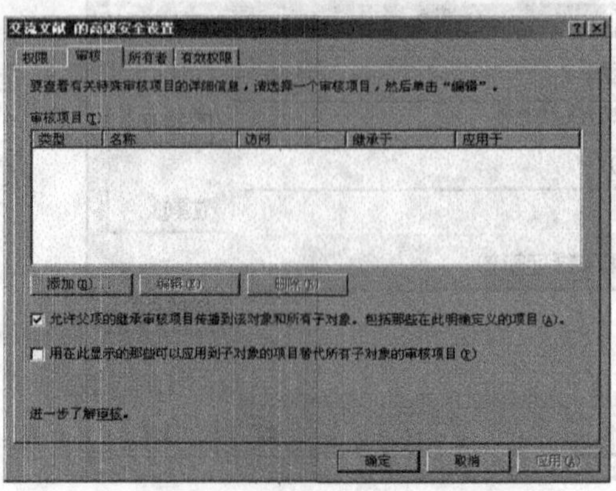

图 5.2.58　交流文献的高级安全设置

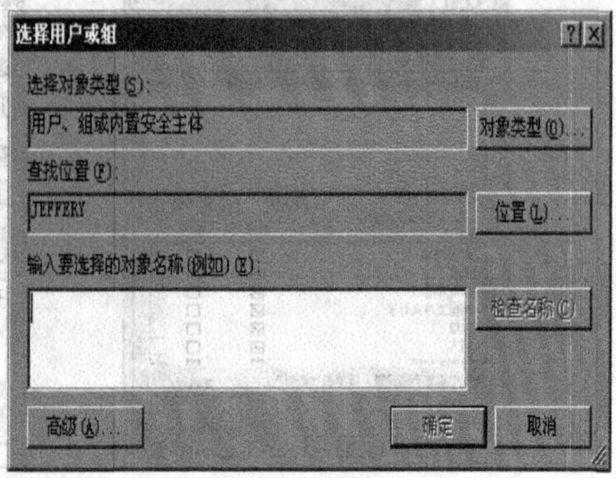

图 5.2.59　选择用户或组

（18）弹出“选择用户或组”选项卡，添加需要审核的用户，如图 5.2.59 所示。

（19）直接输入用户 everyone，点击“确定”即可，如图 5.2.60 所示。

（20）弹出审核项目窗口，选中“删除子文件夹及文件”项目的“成功”和“失败”审核，完成后点击“确定”，如图 5.2.61 所示。

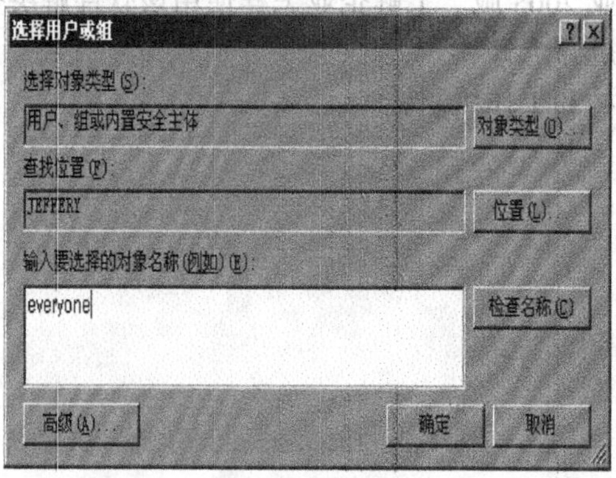

图 5.2.60　选择用户或组

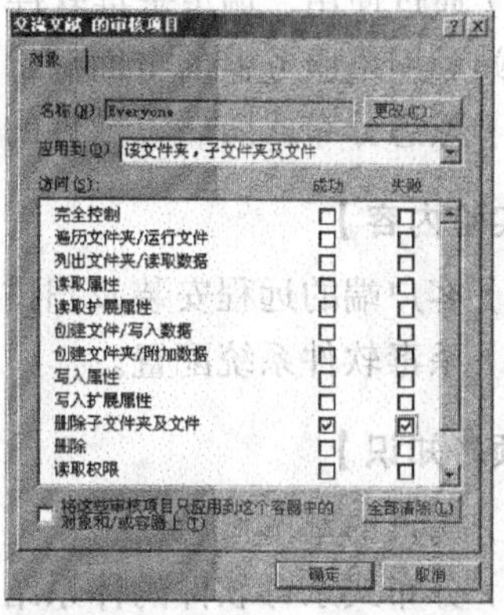

图 5.2.61　交流文献的审核项目

（21）回到高级安全设置窗口，点击“确定”，如图 5.2.62 所示。

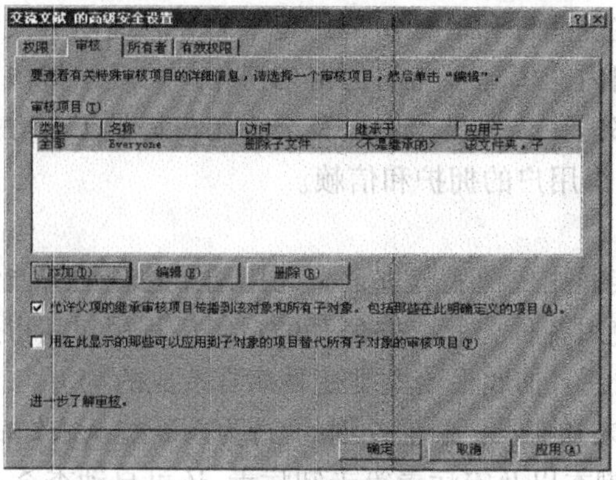

图 5.2.62　交流文献的高级安全设置

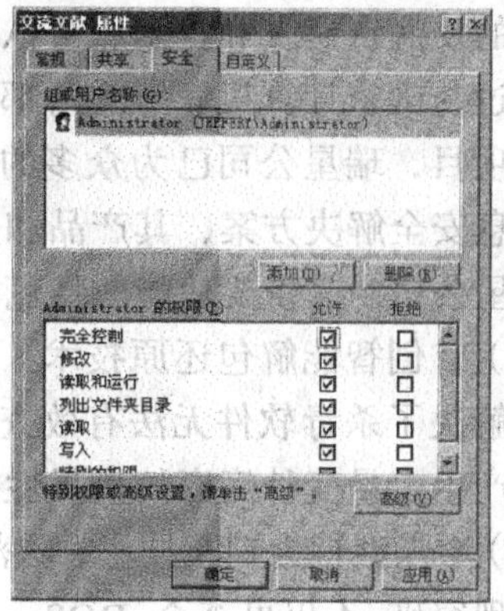

图 5.2.63　交流文献属性

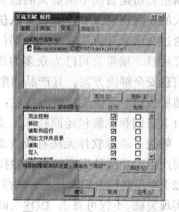

（22）回到属性设置窗口，如图 5.2.63 所示，点击“确定”以完成文件夹属性的修改。

（23）文件夹权限设置完成，如图 5.2.64 所示。

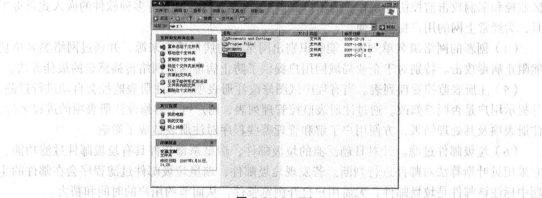

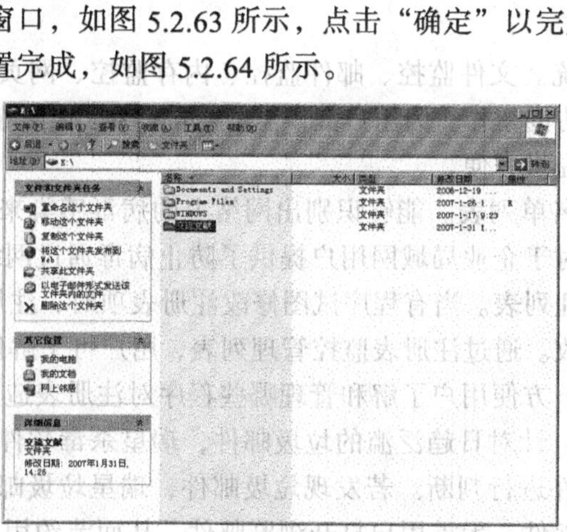

图 5.2.64　E:\

实验 5.3　个人病毒防御

【实验目的】

（1）通过使用“瑞星杀毒软件中小企业 2005 版”了解企业怎样使用该软件解决企业范围内工作站和网络服务器的全面病毒防护问题。

（2）熟悉分布式防病毒软件的体系结构和工作机制。

【实验内容】

（1）客户端的远程安装及扫描。

（2）杀毒软件系统配置。

【预备知识】

（1）病毒的基本概念。

（2）分布式杀毒软件的体系结构。

【实验原理】

瑞星公司是目前中国最大的提供全系列反病毒及信息安全产品的专业厂商，拥有国内规模最大的反病毒研发和技术服务队伍，在反病毒和信息安全的技术研究方面已进入世界最前沿。通过与国家计算机病毒主管部门及国内、国际企业间的密切协作，以及承接国家信息安全研究项目，瑞星公司已为众多的政府部门、企业级用户以及个人用户提供了全方位的反病毒及信息安全解决方案，其产品和服务深得用户的拥护和信赖。

瑞星公司产品重要功能与特色：

（1）首创智能解包还原技术，支持族群式变种病毒查杀。采用瑞星独创的智能解包还原技术，解决了杀毒软件无法有效查杀因使用各种公开、非公开的自解压程序对病毒进行压缩打包而产生大量变种病毒的世界性技术难题，彻底根治此类变种病毒造成的危害。

（2）增强型行为判断技术，防范各类未知病毒。瑞星首创的"行为判断查杀未知病毒"技术再次实现突破，不仅可查杀 DOS 、邮件、脚本以及宏病毒等未知病毒，还可自动查杀 Windows 未知病毒。在国际上率先使杀毒软件走在了病毒前面，并将防病毒能力拓展到防范 Windows 新病毒。

（3）一体化监控系统。文件监控、邮件监控、内存监控、网页监控、注册表监控、引导区监控和漏洞攻击监控协同工作，为用户提供全方位的防护。 支持多种软件的嵌入式杀毒工具，为经常上网的用户提供方便。

（4）创新的网络黑名单列表。能够识别出网络上的病毒感染来源，并通过网络黑名单功能阻止病毒攻击。特别对于企业局域网用户提供了防止病毒通过网络传播感染的最佳方法。

（5）注册表监控管理列表。当有程序试图修改注册表项时，注册表监控会自动进行拦截，并提示用户是否同意修改。通过注册表监控管理列表，用户可了解修改注册表项的进程名称、注册表项及其处理结果，方便用户了解和管理哪些程序对注册表造成了影响。

（6）垃圾邮件过滤。针对日趋泛滥的垃圾邮件，瑞星杀毒软件具有垃圾邮件过滤功能，它采用贝叶斯算法对邮件进行判断。若发现垃圾邮件，瑞星垃圾邮件过滤程序会在邮件的主题中标注该邮件是垃圾邮件，无需用户打开浏览邮件，从而节约用户的时间和精力。

（7）三重病毒分析过滤技术。瑞星杀毒软件在秉承传统的特征值扫描技术的基础上，又增加了瑞星独有的行为模式分析（BMAT）和脚本判定（SVM）两项查杀病毒技术。检测内容经过三重检测和分析，既能通过特征值查出已知病毒，又可以通过程序分析出未知的病毒。三个杀毒引擎相互配合，从根本上保证了系统安全。

（8）多引擎杀毒技术。瑞星杀毒软件采用国际领先的 VST II 病毒扫描引擎技术。该技术是一项多引擎技术，可快速、全面地查杀 DOS、Windows 3.x/9x/Me/NT/2000/XP/2003 等操作系统平台上的病毒。

（9）内嵌信息中心，及时为用户提供最新的安全信息和病毒预警提示。在 Internet 连接状态下，程序的主界面会自动获取瑞星网站公布的最新信息。诸如重大病毒疫情预警、最新安全漏洞和安全资讯等信息，用户能及时做好相应的预防措施。

（10）主动式智能升级技术，无需再为软件升级操心。上网用户再也不必为软件升级操心，主动式智能升级技术会自动检测最新版本，用户只需轻松点一下鼠标，系统将自动升级。

（11）瑞星注册表修复工具，安全修复系统故障。瑞星最新提供的注册表修复工具，可以帮助用户快速修复被病毒、恶意网页篡改的注册表内容，排除故障，以保障系统安全稳定。

（12）支持多种压缩格式。瑞星杀毒软件支持 DOS、Windows、UNIX 等几十种压缩格式，如 ZIP，GZIP，ARJ，CAB，RAR，ZOO，ARC 等，使得病毒无处藏身，并且支持多重压缩以及对 ZIP、RAR、ARJ、ARC、LZH 等多种压缩包内文件的杀毒。

（13）实现在 DOS 环境下查杀 NTFS 分区。瑞星公司以领先的技术，突破了 NTFS 文件格式的读写难题，解决了在 DOS 下对 NTFS 格式分区文件进行识别、查杀的问题。瑞星杀毒软件可以彻底、安全地查杀 NTFS 格式分区下的病毒，免除了因 NTFS 文件系统感染病毒带来的困扰。

（14）瑞星系统漏洞扫描。当前用户系统上存在着大量安全漏洞和不安全设置，这种情况给系统造成了大量隐患。用户可以利用瑞星系统漏洞扫描工具检查系统当前存在的漏洞和不安全设置，并及时修复这些情况。

【实验环境】

局域网，实验终端需安装瑞星杀毒软件中小企业版。

【实验工具】

瑞星杀毒软件中小企业版。

【实验用时】

30 分钟/实例。

【实验过程与步骤】

实验 5.3.1 客户端的远程安全与扫描

（1）通过企业内部网络，运用“瑞星管理控制台” 将瑞星杀毒软件远程安装到需要监控的客户端。

（2）打开瑞星“管理控制台”，进入“客户端远程安装工具”界面，如图 5.3.1 所示。

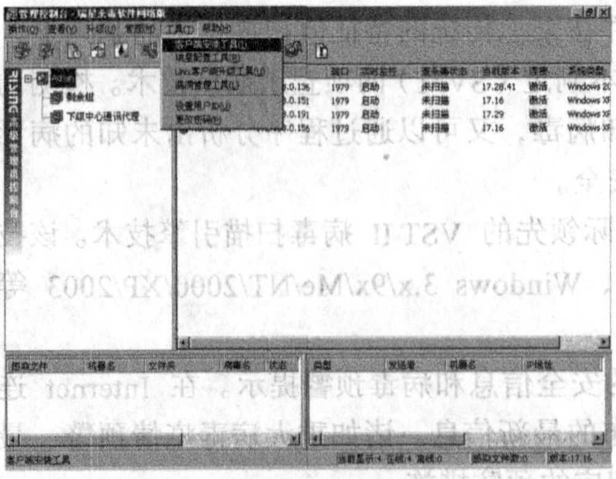

图 5.3.1　点选“客户端安装工具”

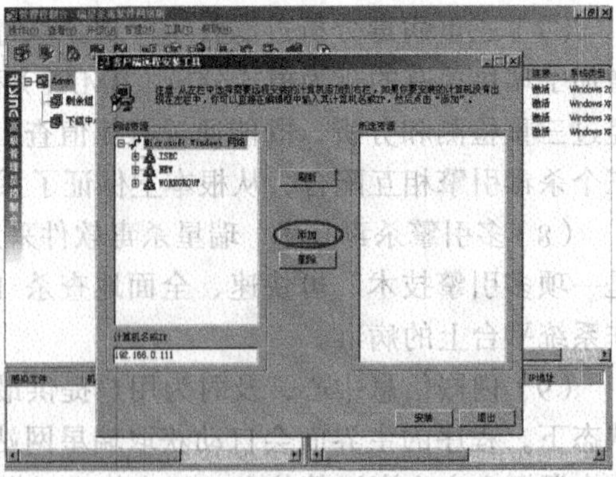

图 5.3.2　“客户端”输入计算机 IP 后的界面

（3）在“Microsoft Windows 网络”中找到“FANGMING”这台计算机，或者在“计算机名或 IP”框直接输入：192.168.0.111，如图 5.3.2 所示。

（4）点击“添加”，输入“FANGMING”计算机管理员的用户名和密码，并点击“确定”，如图 5.3.3 所示。

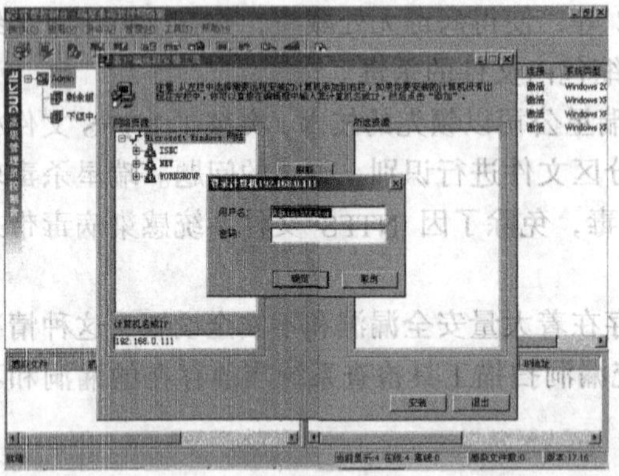

图 5.3.3　输入远程计算机用户名、密码时的界面

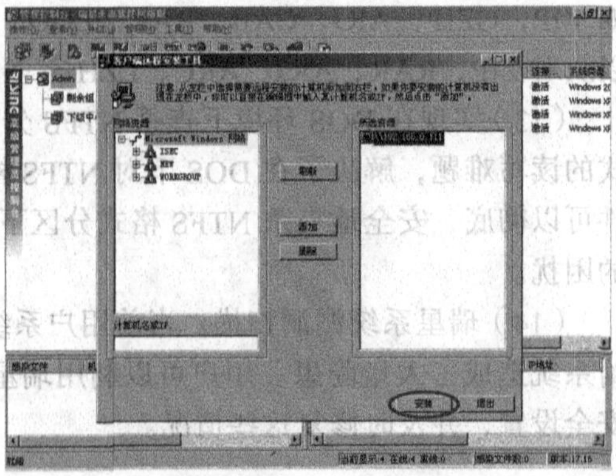

图 5.3.4　添加成功后界面

（5）点击“安装”，如图 5.3.4 所示，将看到“远程安装”界面，如图 5.3.5 所示，点击“详细信息”项将看到详细的安装文件，如图 5.3.6 所示。完成远程安装界面如图 5.3.7 所示，其主控制台界面如图 5.3.8 所示。

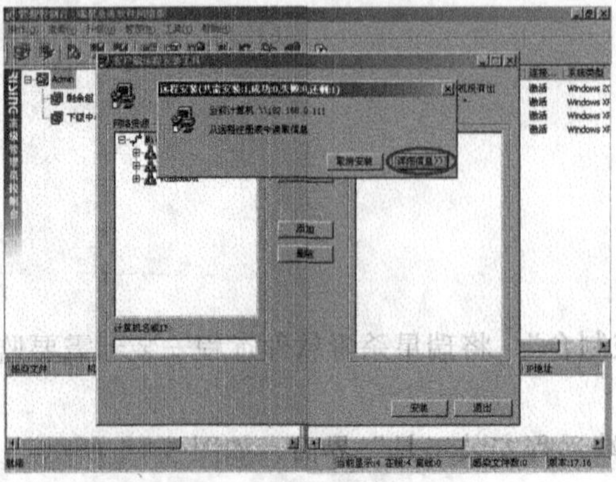

图 5.3.5　点击“安装”后的界面

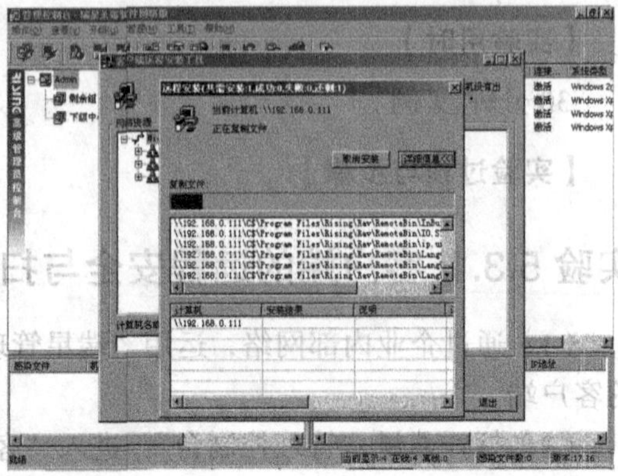

图 5.3.6　点击“详细信息”项后的界面

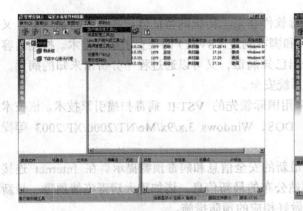

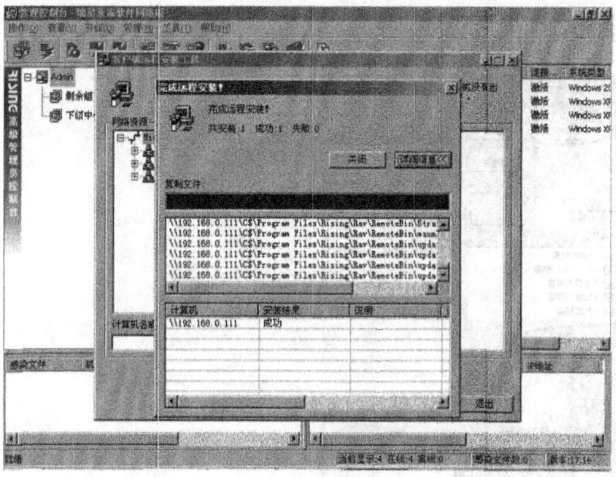

图 5.3.7　完成远程安装

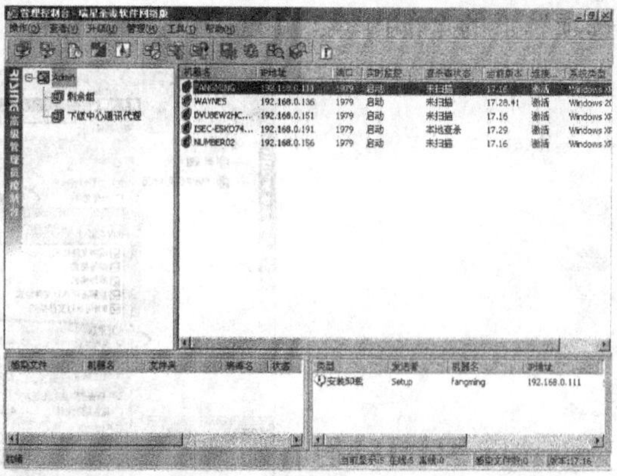

图 5.3.8　完成远程安装后的主控制台界面

（6）回到“管理控制台”主界面，在计算机名称“FANGMING”上点击鼠标右键，选择“立即升级”项，如图 5.3.9 所示。

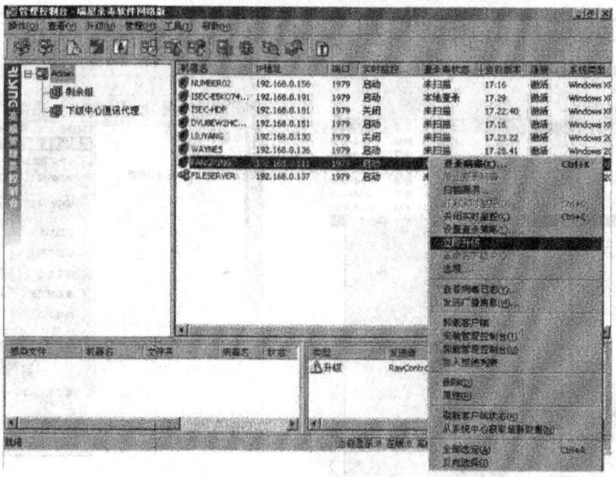

图 5.3.9　对客户端立即升级

（7）右击计算机名称为“FANGMING”的计算机，选择“查杀病毒”，如图 5.3.10 所示，在“查杀选项设置”项选择“C:”。

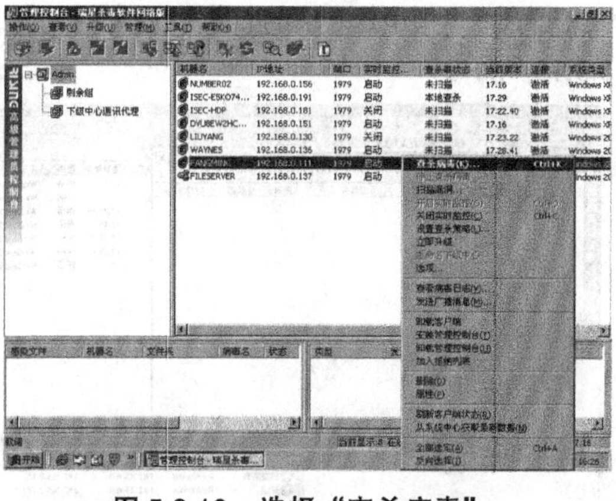

图 5.3.10　选择“查杀病毒”

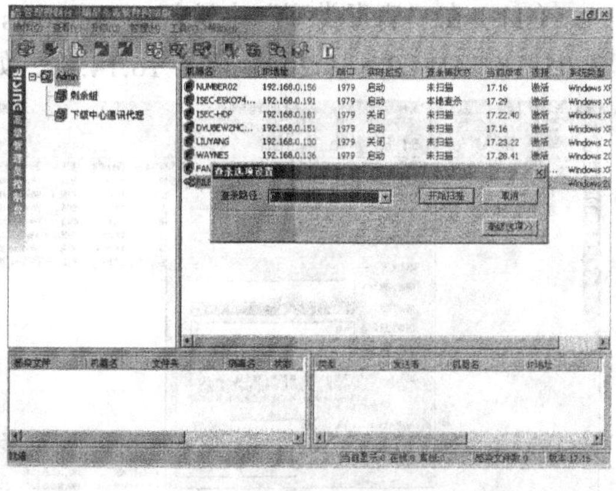

图 5.3.11　在“查杀选项设置”项选择“C:”

（8）点击“高级选项”，点选“文件类型过滤选项”下的“程序文件”，同时勾选“优化选项”下的全部内容，并点击“开始扫描”，如图 5.3.12 所示。

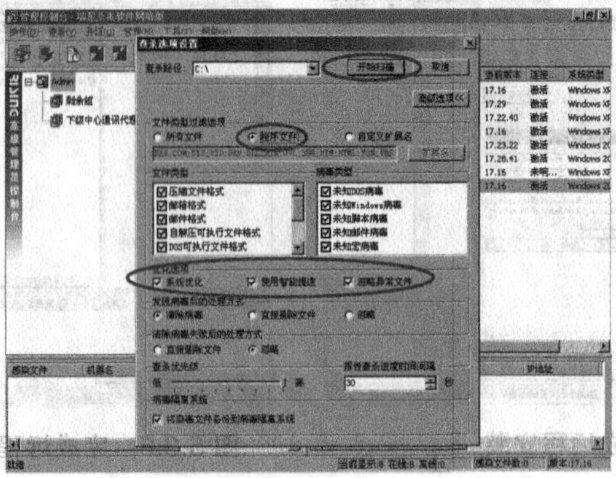

图 5.3.12 选择“程序文件”界面

（9）回到“管理控制台”主界面，在计算机名称“FANGMING”上点击鼠标右键，选择“查看病毒日志”项（或通过点击快捷菜单查看），如图 5.3.13 所示。

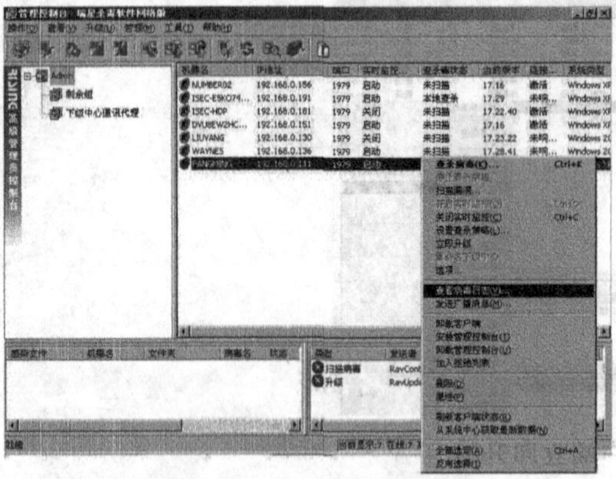

图 5.3.13 选择查看病毒日志

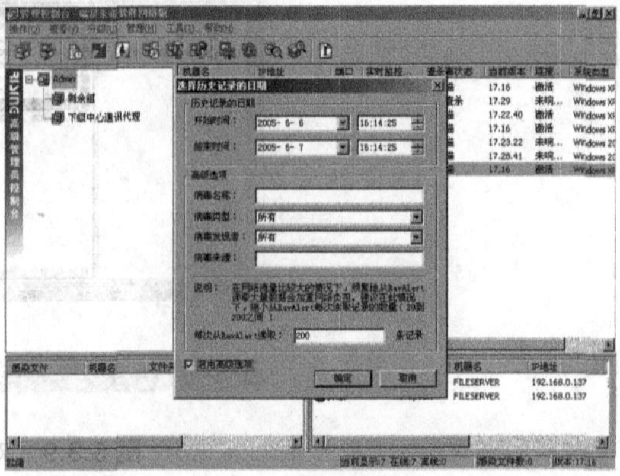

图 5.3.14 启用高级选项时的界面

（10）在弹出界面中勾选“启用高级选项”，如图 5.3.14 所示。

（11）在“病毒类型”中选择“Windows 下的 PE 病毒”，“历史记录的日期”选定时间是：2005-6-6 16:14:25——2005-6-7　16:14:25，如图 5.3.15 所示。

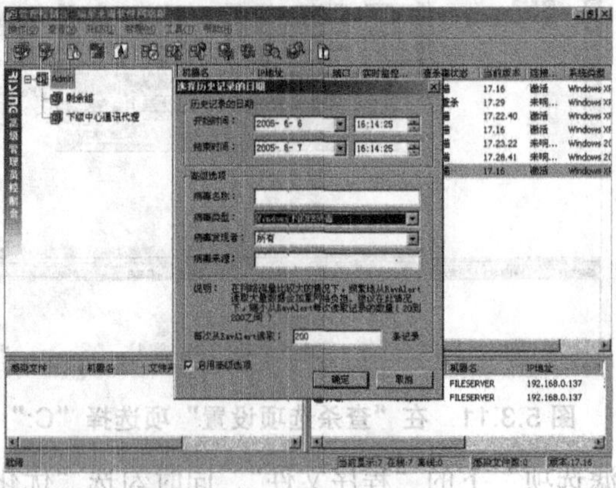

图 5.3.15 设定后界面

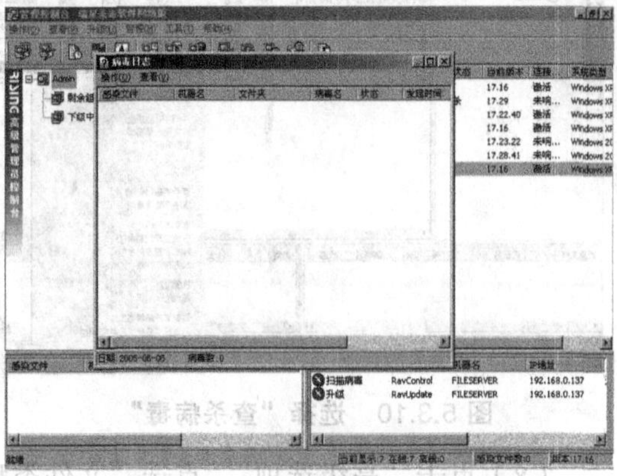

图 5.3.16 查看扫描病毒日志结果界面

（12）点击“确定”后将出项“病毒日志”界面，如图 5.3.16 所示。因为实验中没有查到“Windows 下的 PE 病毒”，所以此处界面内容是空。

实验 5.3.2　杀毒软件系统配置

（1）进入菜单“工具（T）”下的“瑞星配置工具（R）”，如图 5.3.17 所示。

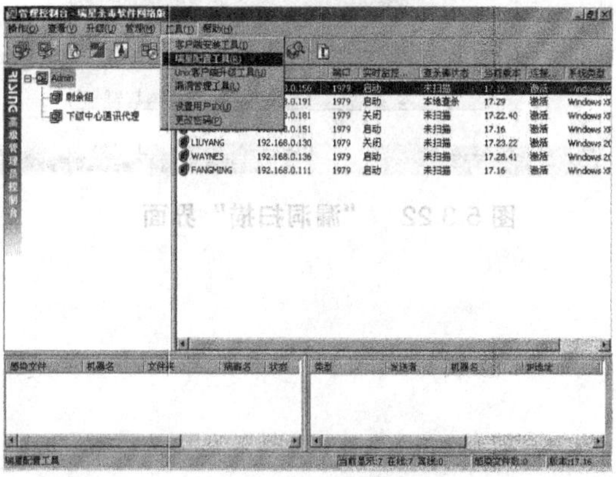

图 5.3.17　选择“瑞星配置工具（R）”

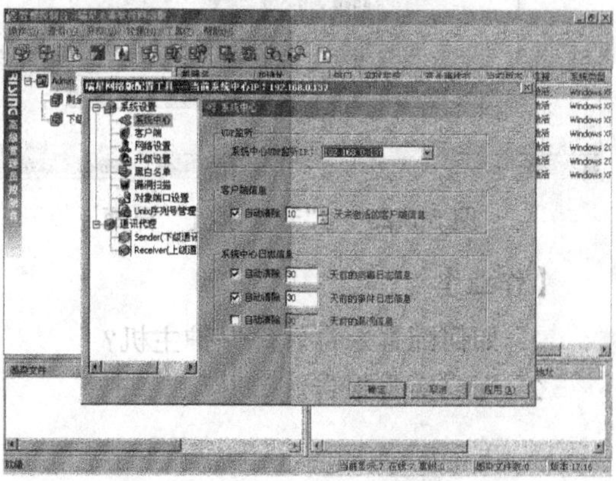

图 5.3.18　配置“UDP 监听”界面

（2）在“系统设置”下的“系统中心”中将“系统中心 UDP 监听 IP”项地址指定为：192.168.0.137，如图 5.3.18 所示。

（3）在“系统设置”下的“客户端”中将“报告状态信息”设为：5，如图 5.3.19 所示。

（4）在“系统设置”下的“网络设置”中将“Internet 连接”选定为：“局域网（LAN）或专线上网”，如图 5.3.20 所示。

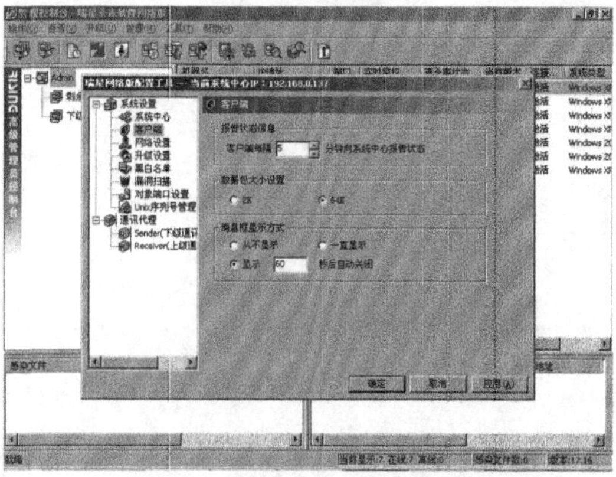

图 5.3.19　配置“报告状态信息”界面

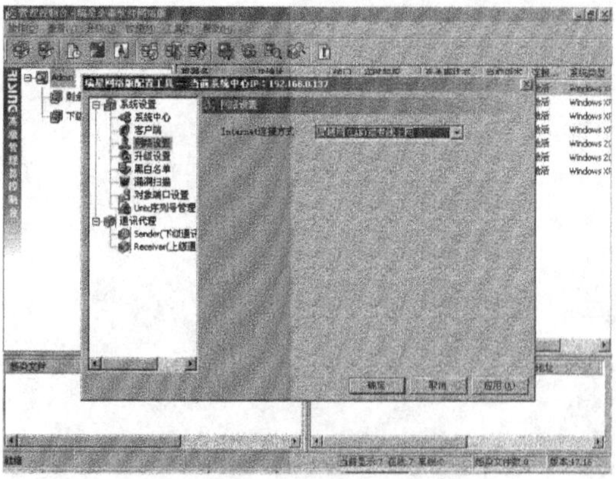

图 5.3.20　“网络设置”界面

（5）在“系统设置”下的“升级设置”中将“系统中心升级方式”选择为：自动升级，“升级时间”设定为：每日 06:00，如图 5.3.21 所示。

（6）在“系统设置”下的“漏洞扫描”中勾选“客户端自动安装漏洞补丁程序”，点击“确定”按钮，如图 5.3.22 所示。

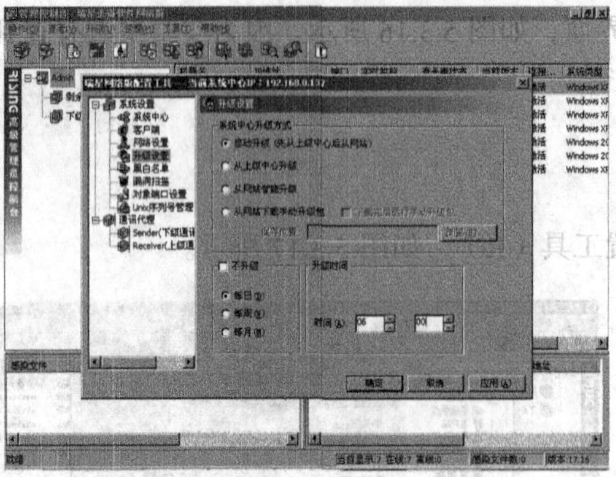

图 5.3.21　“升级设置”界面

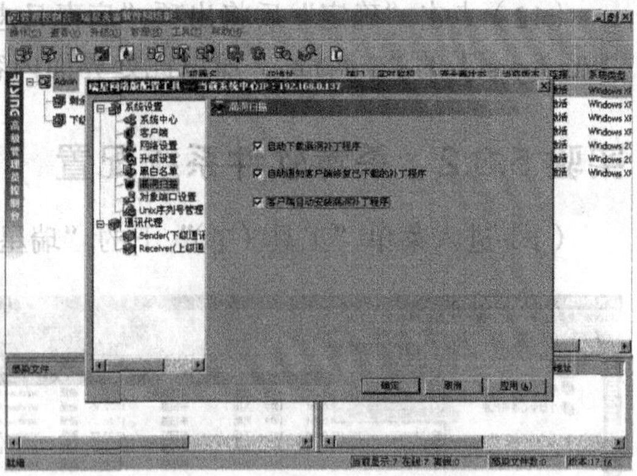

图 5.3.22　“漏洞扫描”界面

【作业】

1. 如何配置杀毒软件保护主机？
2. 完成实验报告。

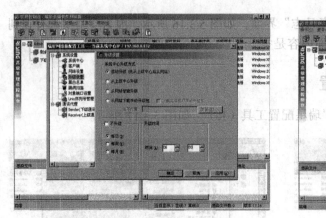

第 6 章 主机安全防护实验（二）

主机，包括办公终端以及服务器。主机作为信息系统的重要组成部分，是业务、系统功能得以实现的载体。主机存储有大量的敏感信息，无论是政府机关，还是公司企业，都必须加强主机安全建设。

在计算机科学技术迅猛发展的今天，安全问题已成为人们日益关心的主题。计算机技术在各个行业中都有着广泛的应用。例如，商业界和金融界都要依靠计算机处理各项事务，政府的行政管理要用到计算机系统，厂家的生产效率取决于数据处理系统的处理能力等。由此可见，整个社会对计算机信息系统的依赖程度将会越来越大。然而有时我们所用的计算机并不安全，这不仅是现在，而且也是将来的一个重大问题。

实验 6.1 IIS 安全特性

【实验目的】

（1）了解 Windows 下 IIS 服务的安全体系。

（2）掌握 IIS 服务的安全设置方法。

【实验内容】

（1）Web 站点基本安全设置。

（2）IIS 访问权限设置。

（3）用户权限设置和应用程序调试。

【预备知识】

（1）了解 Windows 的基本使用知识。

（2）了解 IIS 服务的基本功能、使用方法。

【实验环境】

局域网，实验终端需安装 IIS。

【实验工具】

Windows IIS 5.0/IIS 6.0 中文版。IIS（Internet Information Server）是用于在公共 Intranet 或 Internet 上发布信息的 Web 服务器。

【实验用时】

30 分钟/实例。

【实验过程与步骤】

实验 6.1.1 Web 站点基本安全设置

（1）打开 IIS，选中“JSXManage”网站，如图 6.1.1 所示。

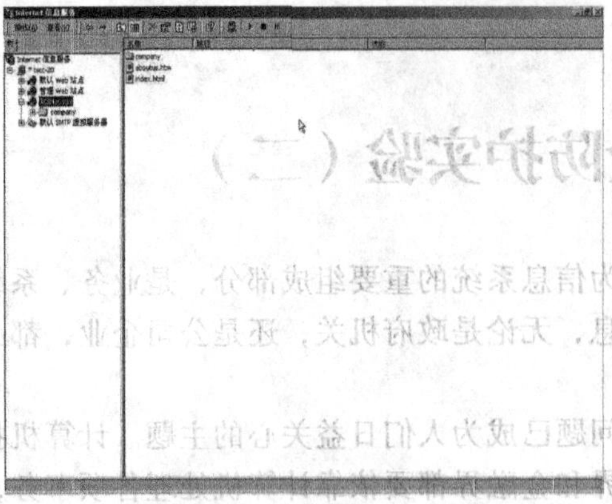

图 6.1.1　IIS 主界面

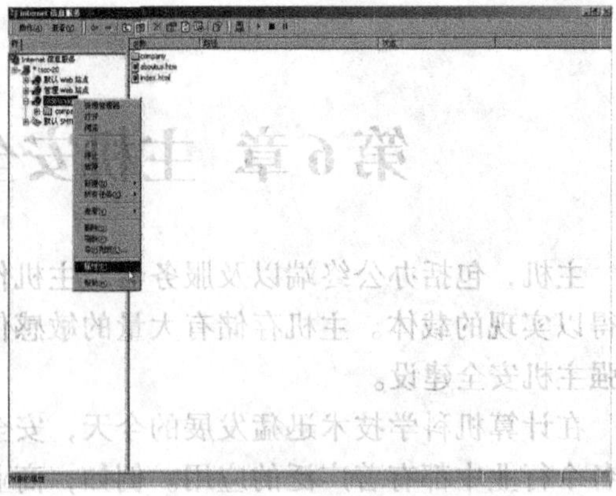

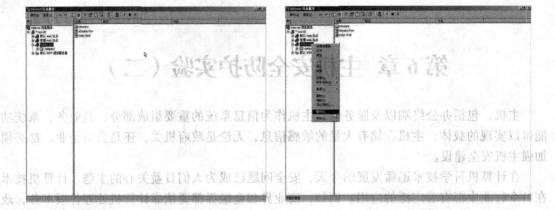

图 6.1.2　选择指定站点的“属性”项

（2）右键单击，选择“属性”，如图 6.1.2 所示。

（3）修改 IP 地址为：202.17.66.83，TCP 端口为：8080，连接限制到 500 个，如图 6.1.3 所示。单击日志记录的“属性”按钮。

（4）点选“当文件大小达到”单选框，输入 10M，单击“浏览”，选择网络路径\\logserver\access_log，如图 6.1.4 所示。

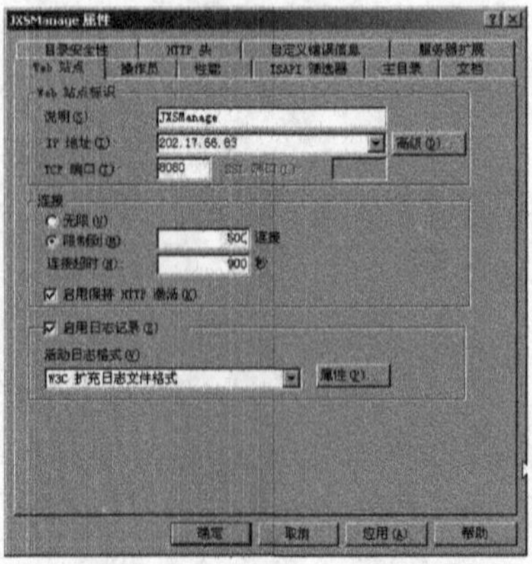

图 6.1.3　“属性”主界面

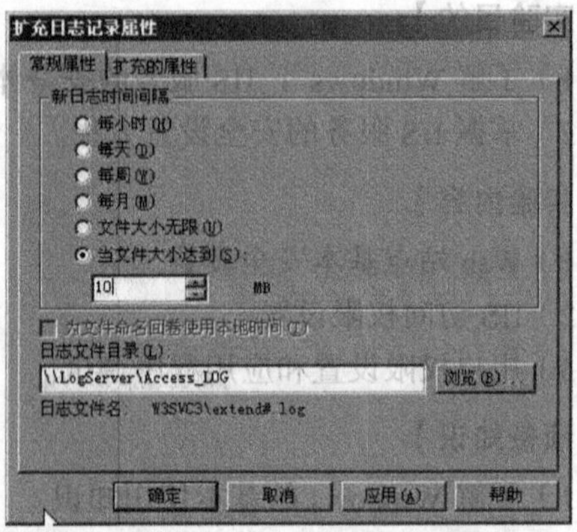

图 6.1.4　设置相应“常规属性”

（5）单击“扩充的属性”页，勾选“发送字节数”“接收字节数”“所花时间”，如图 6.1.5 所示，单击“确定”。

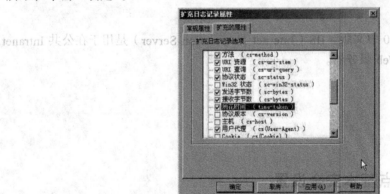

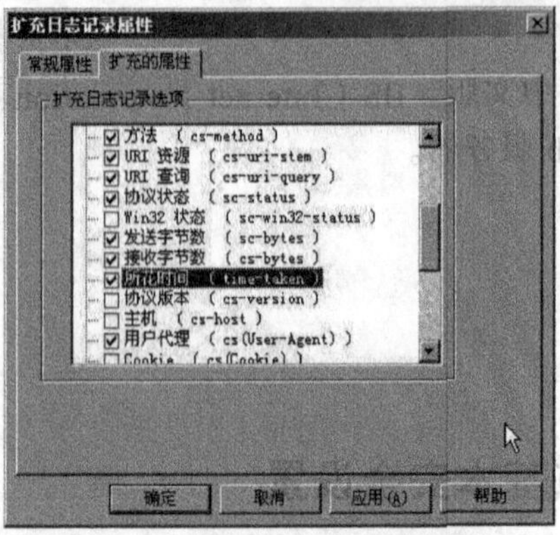

图 6.1.5　设置“扩充的属性”

实验 6.1.2　IIS 访问限制设置

（1）单击“操作员”页，再单击“添加”，如图 6.1.6 所示。

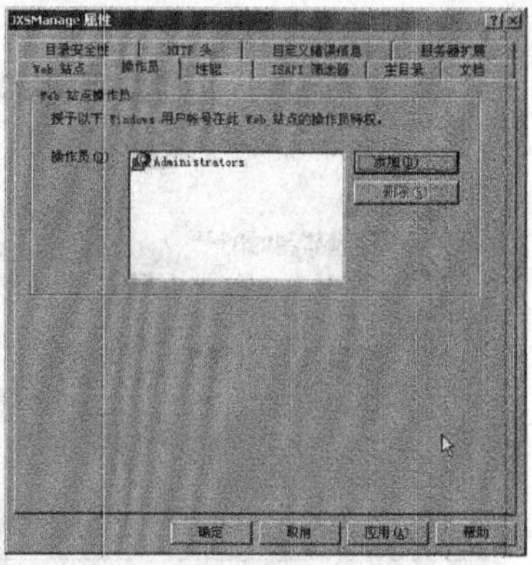

图 6.1.6　操作员设置主界面

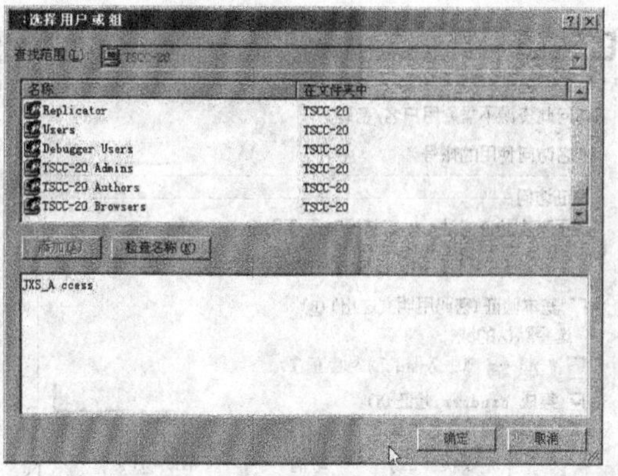

图 6.1.7　添加用户主界面

（2）在用户列表中，选择 JXS_Access，单击“添加”，再单击“确定”，如图 6.1.7 所示。

（3）单击“应用”，如图 6.1.8 所示。

（4）单击“主目录”页，再单击应用程序设置中的“配置”，如图 6.1.9 所示。

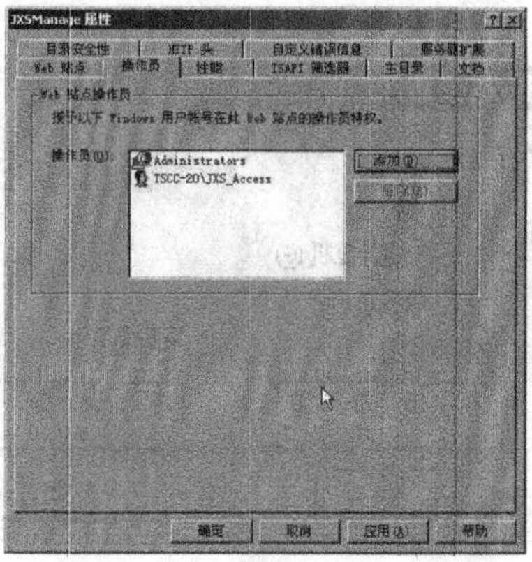

图 6.1.8　添加用户后的界面

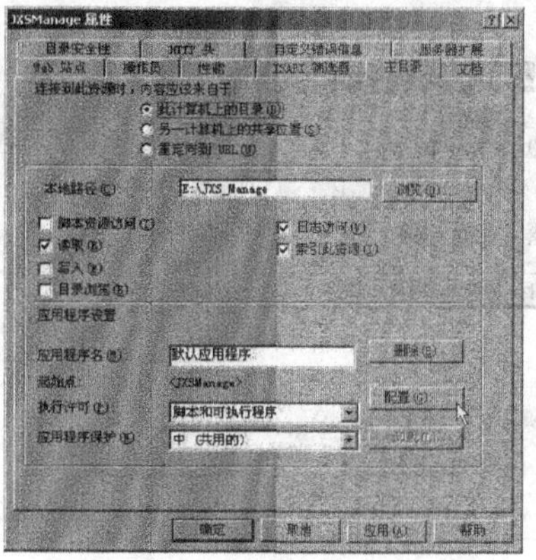

图 6.1.9　设置“主目录”界面

（5）修改会话超时为 30 分钟，去掉“启用父路径”，再单击“确定”，如图 6.1.10 所示。

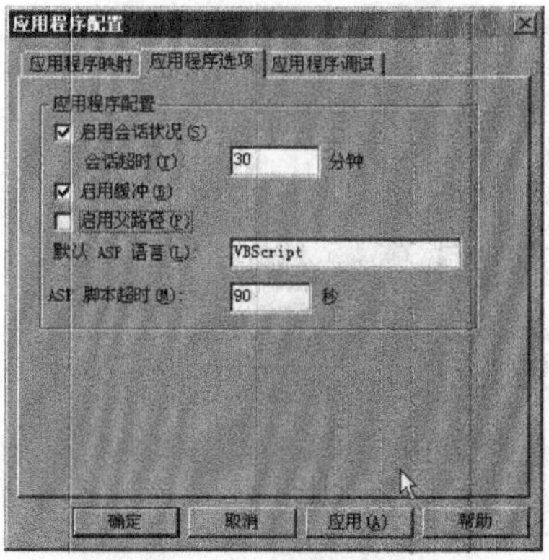

图 6.1.10　设置“应用程序选项”界面

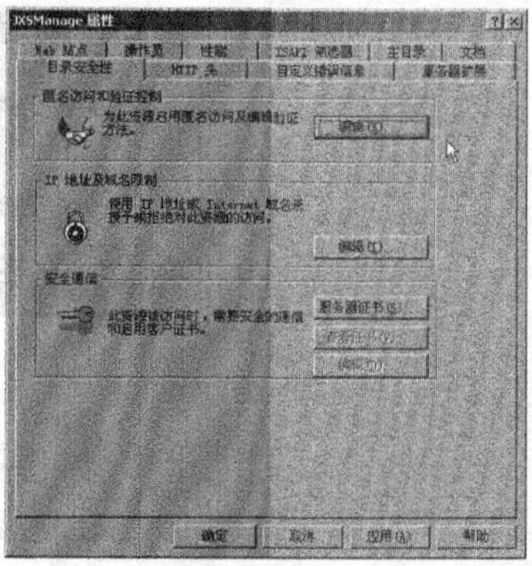

图 6.1.11　设置“目录安全性”主界面

（6）单击“目录安全性”页，再单击匿名访问和验证控制中的“编辑”，如图 6.1.11 所示。

（7）去掉“匿名访问”项，再单击“确定”，如图 6.1.12 所示。

（8）单击 IP 地址及域名限制中的“编辑”，如图 6.1.13 所示。

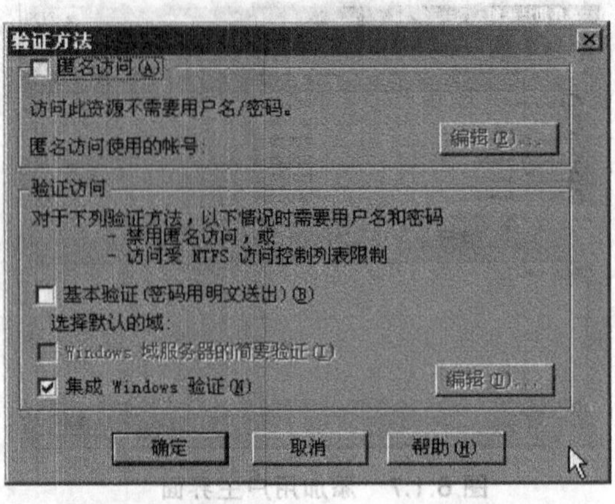

图 6.1.12　设置“验证方法”界面

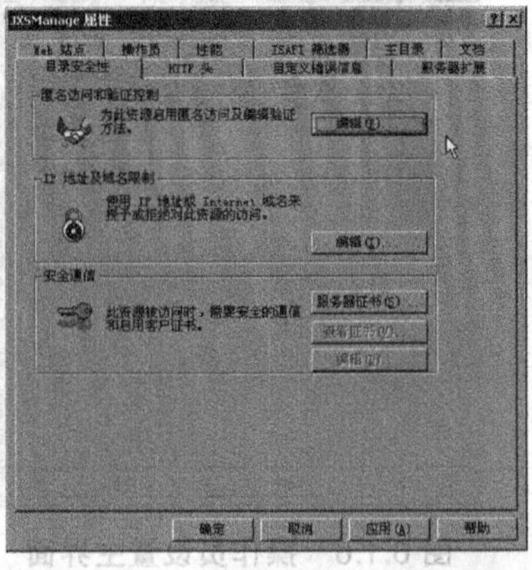

图 6.1.13　“目录安全性”主界面

（9）选中“拒绝访问”，再单击“添加”，如图 6.1.14 所示。

（10）选中“一组计算机”，输入 172.16.1.0，255.255.255.0。再单击“确定”，如图 6.1.15 所示。

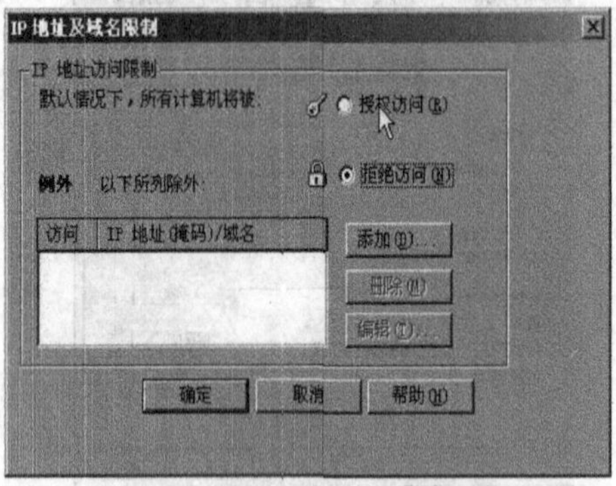

图 6.1.14　“IP 地址及域名限制”界面

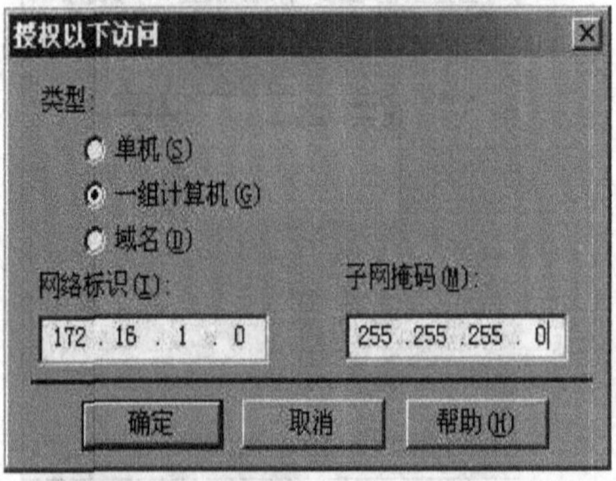

图 6.1.15　输入指定的 IP 地址

（11）单击“确定”，完成操作，如图 6.1.16 所示。

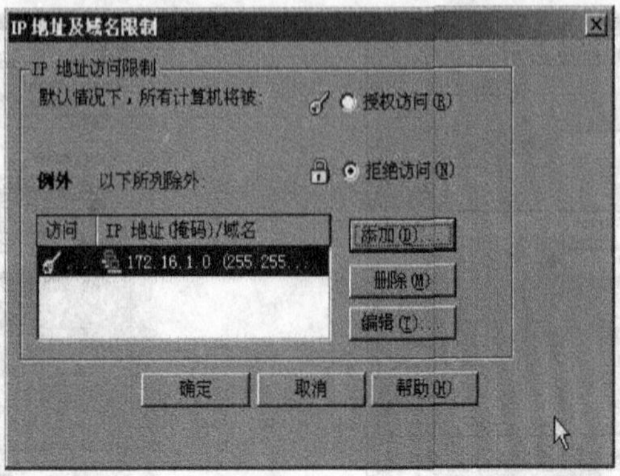

图 6.1.16　添加 IP 地址后的“IP 地址及域名限制”界面

实验 6.1.3　用户权限设置和应用程序调试

（1）点击“HTTP 头”，勾选“启用内容用过期”，输入时间，如图 6.1.17 所示。

图 6.1.17　设置过期时间

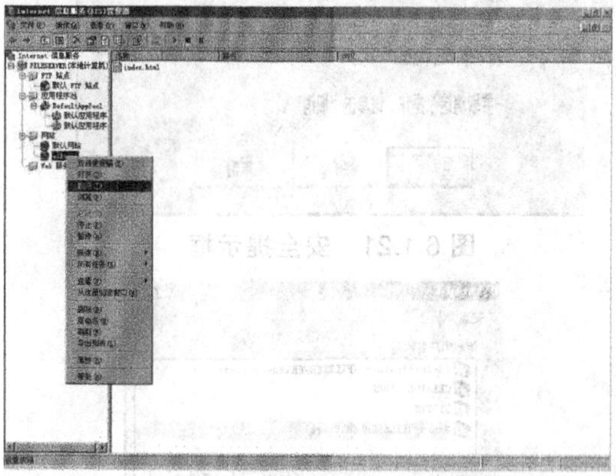

图 6.1.18　启用用户权限

（2）右键虚拟目录“welcome”，选择“权限”，如图 6.1.18 所示。

（3）选择用户“Users”，再单击“高级”，如图 6.1.19 所示。弹出如图 6.1.20 所示界面，不勾选“允许父项的继承权限传播到该对象和所有子对象。包括那些在此明确定义的项目（A）”，则无法修改用户权限。

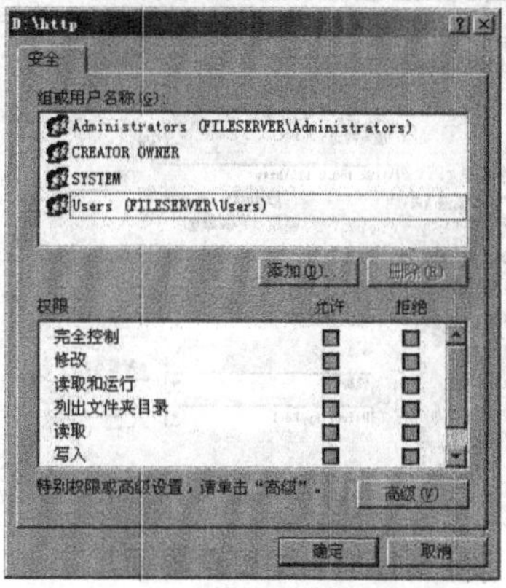

图 6.1.19　用户选择界面

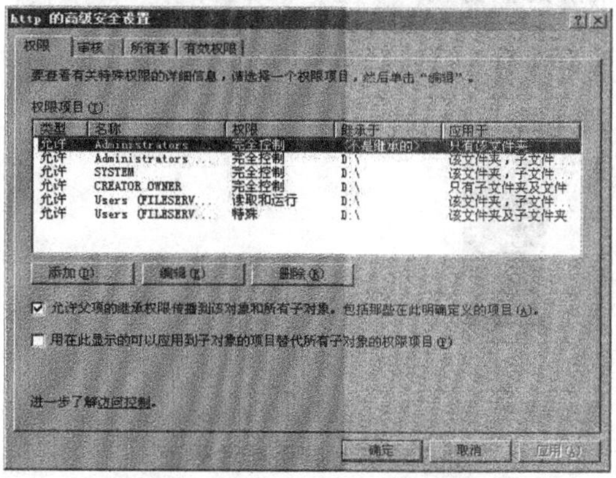

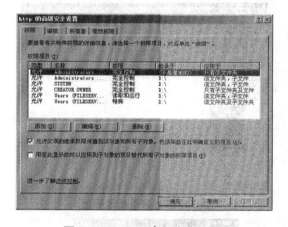

图 6.1.20　http 高级安全设置

弹出如图 6.1.21 所示窗口，点“复制”。复制后的返回界面如图 6.1.22 所示。设置 Users 权限如图 6.1.23 所示。

（4）点击“Web 服务扩展”，如图 6.1.24 所示。

（5）启用“welcome”属性界面，如图 6.1.25 所示。

（6）点击“主目录”，输入网络目录和其他设置，如图 6.1.26 所示。

（7）设置应用程序调试选项，如图 6.1.27 所示。设置完成后的“主目录”界面如图 6.1.28 所示。

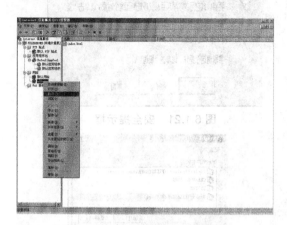

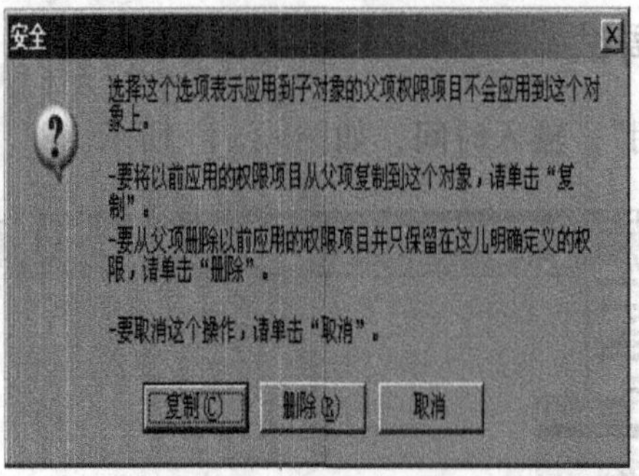

图 6.1.21　安全提示框

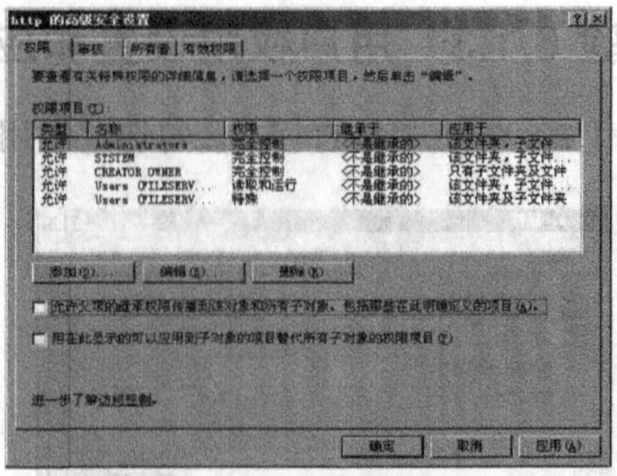

图 6.1.22　http 的高级安全设置

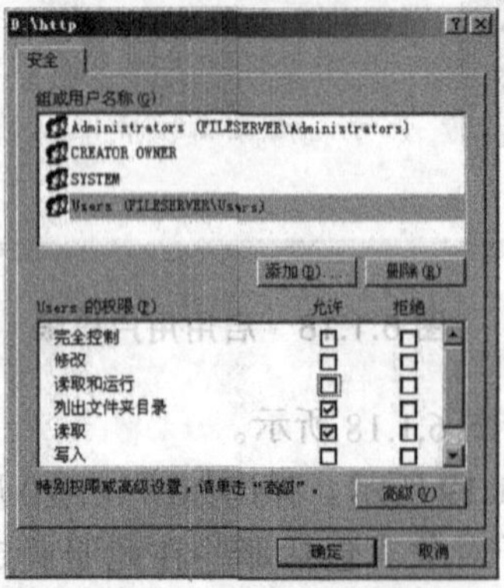

图 6.1.23　设置 Users 权限

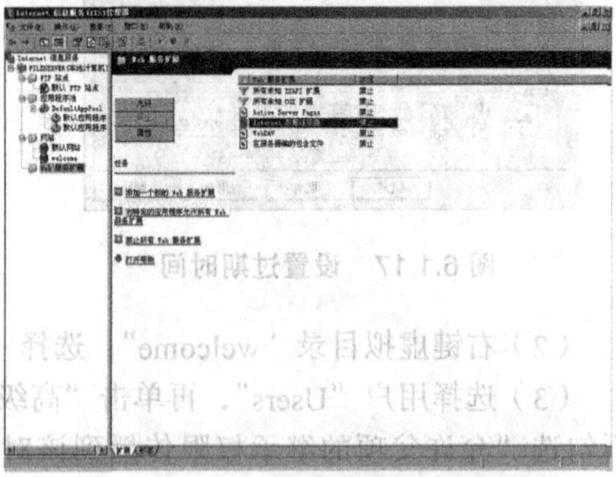

图 6.1.24　允许 Internet 数据连接器

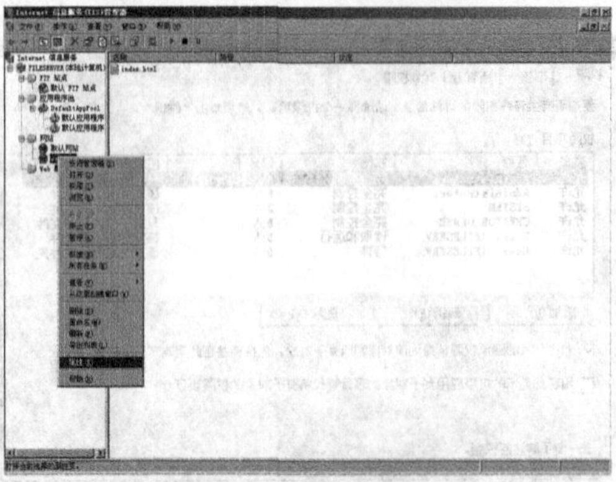

图 6.1.25　启用属性界面

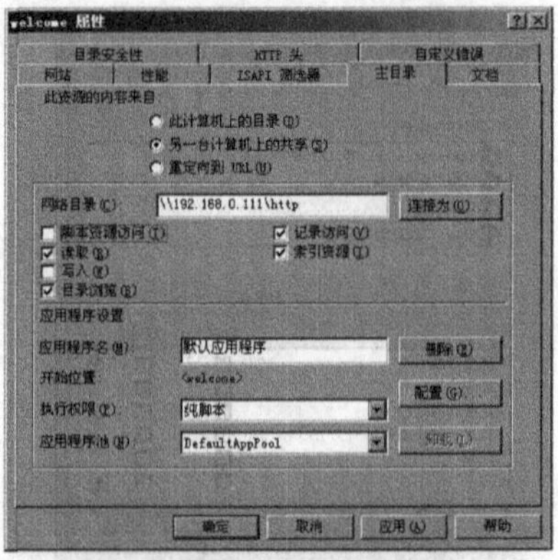

图 6.1.26　主目录界面

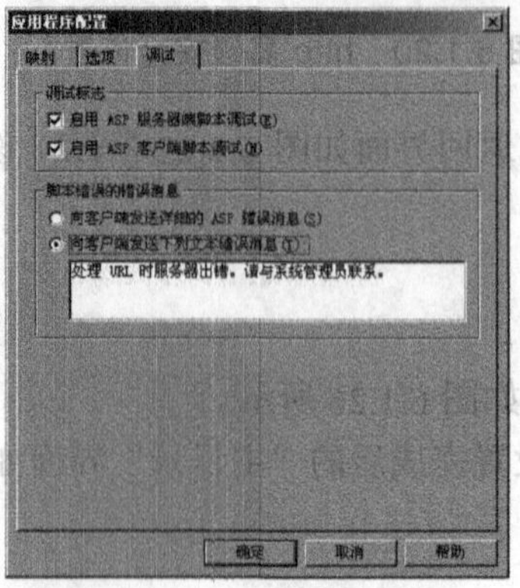

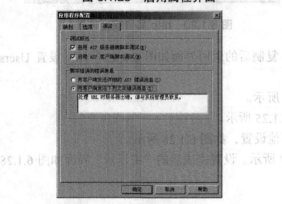

图 6.1.27　调试选项界面

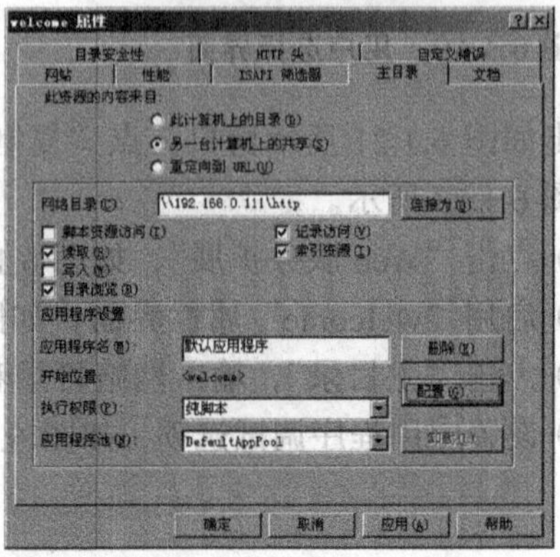

图 6.1.28　设置完成后的“主目录”界面

实验 6.2　IE6 安全设置和隐私保护

【实验目的】

了解常用的工具软件的用途及其使用方法，能够有针对性地对工具选项进行相关设置，以达到维护系统信息安全的目的。常用的工具软件包括浏览器、邮件客户端、远程管理工具、安全管理工具等。

【预备知识】

（1）了解 Windows 的基本使用知识。

（2）了解常用工具软件基本功能、使用方法。

【实验环境】

局域网。

【实验工具】

微软公司 Internet Explorer 6.0，转储事件日志（dumpel.exe），腾讯公司 Foxmail 6.0，微软公司 Windows 远程终端工具，奇虎公司 360 安全卫士。

【实验用时】

30 分钟/实例。

【实验过程与步骤】

（1）通过控制面板开启 Internet 选项：打开“我的电脑”，点击“控制面板”或者“更改一个设置”，如图 6.2.1 所示。

（2）双击开启 Internet 选项，如图 6.2.2 所示。

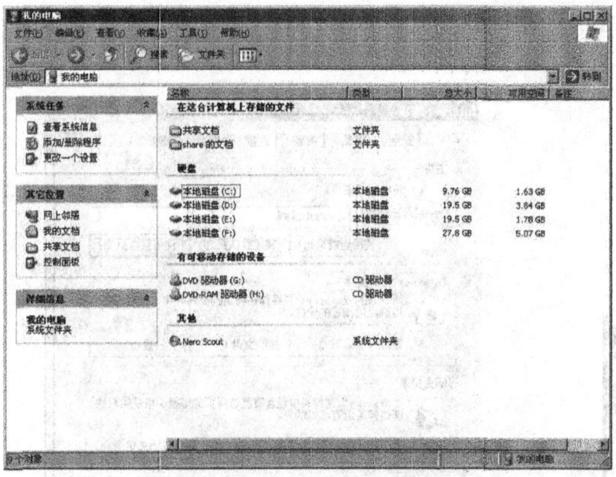

图 6.2.1　我的电脑

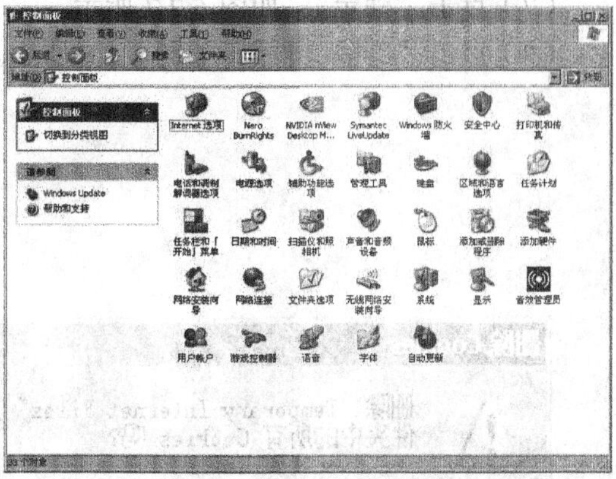

图 6.2.2　控制面板

（3）或者通过开启 IE 浏览器开启 Internet 选项，如图 6.2.3 所示。

（4）点击“工具”/“Internet 选项”，如图 6.2.4 所示。

（5）在“常规”选项卡，点击“使用空白页”，如图 6.2.5 所示。

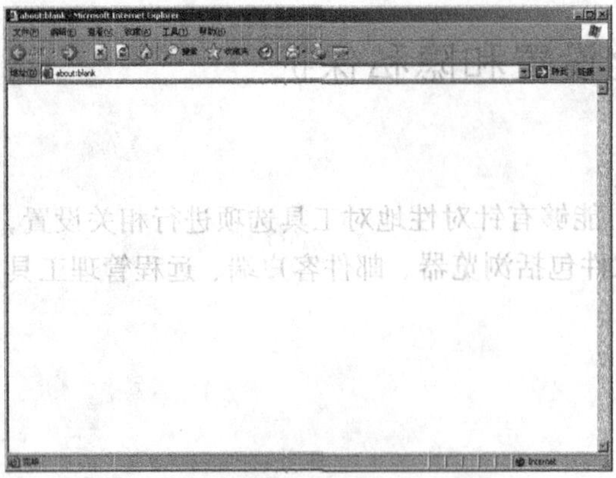

图 6.2.3　IE 浏览器

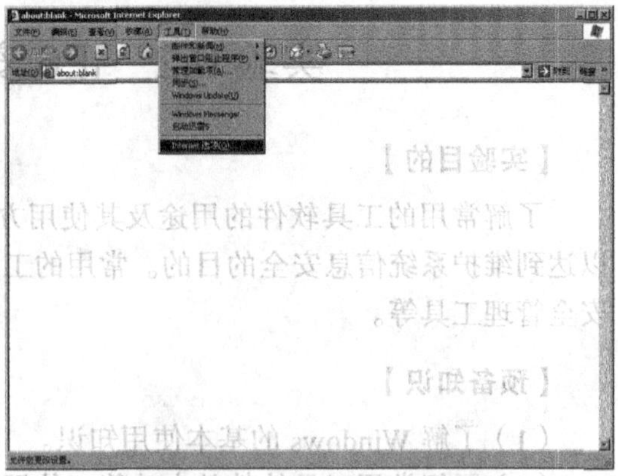

图 6.2.4　选择 Internet 选项

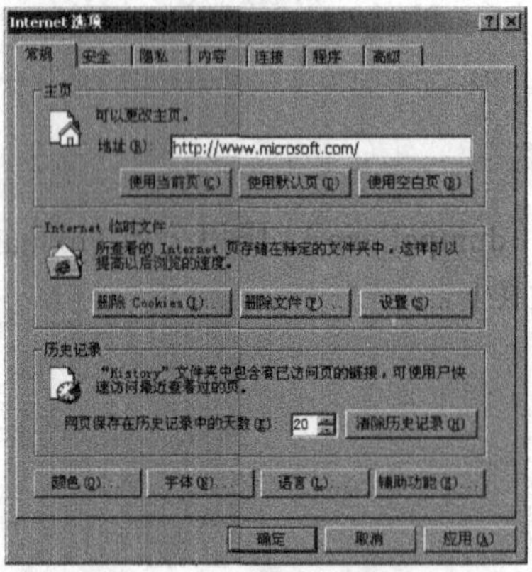

图 6.2.5　Internet 选项

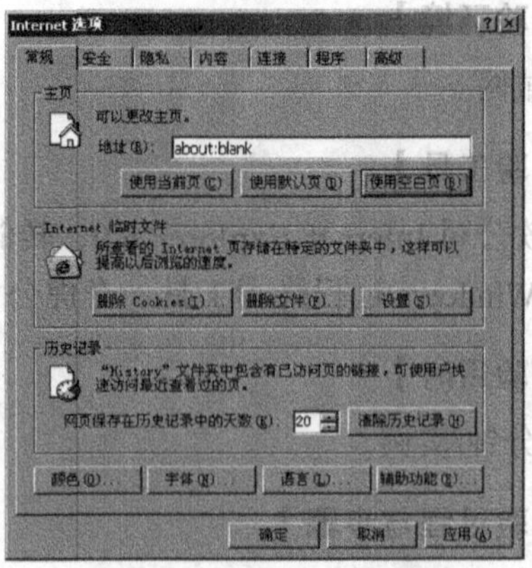

图 6.2.6　Internet 选项

（6）点击“删除 Cookies”，如图 6.2.6 所示。

（7）点击“确定”，如图 6.2.7 所示。

（8）点击“删除文件”，如图 6.2.8 所示。

图 6.2.7　删除 Cookies

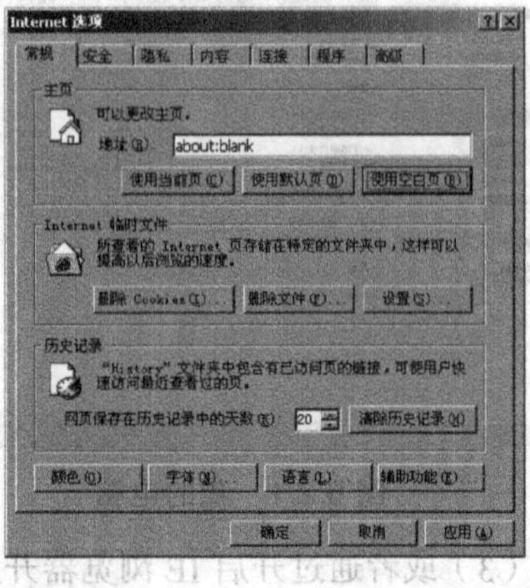

图 6.2.8　Internet 选项

（9）弹出删除文件提示框，如图 6.2.9 所示。

（10）点选“删除所有脱机内容”，点击“确定”，如图 6.2.10 所示。

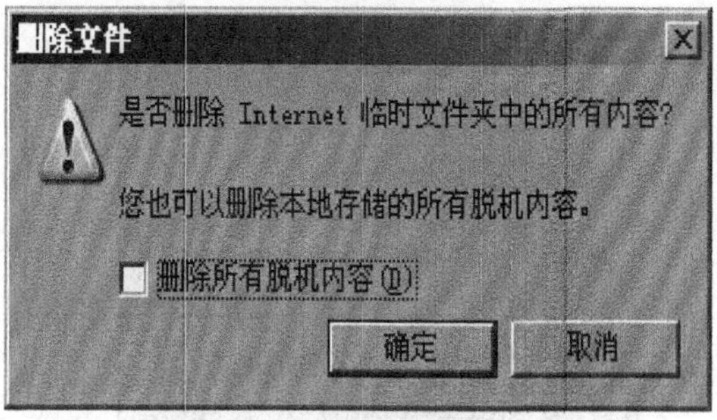

图 6.2.9　删除文件

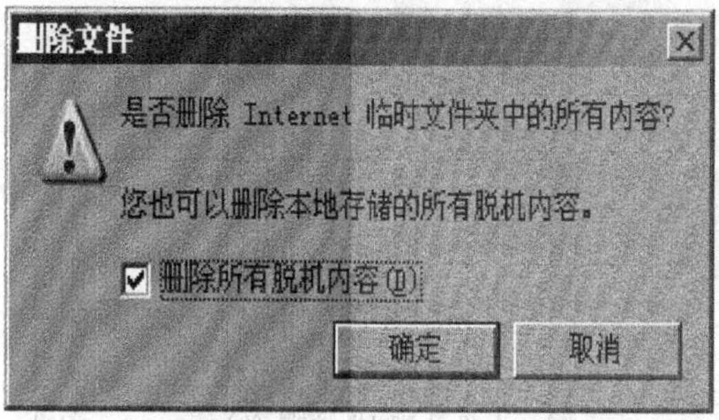

图 6.2.10　删除文件

（11）点击“设置”，如图 6.2.11 所示。

（12）将使用的磁盘空间拖动至 50MB，或者在窗口直接输入，如图 6.2.12 所示。

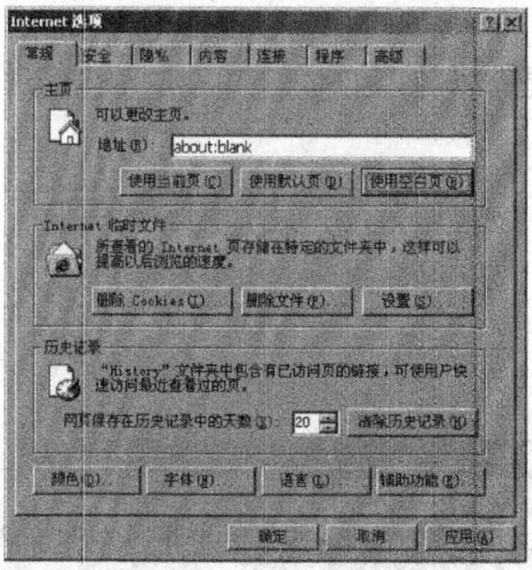

图 6.2.11　Internet 选项

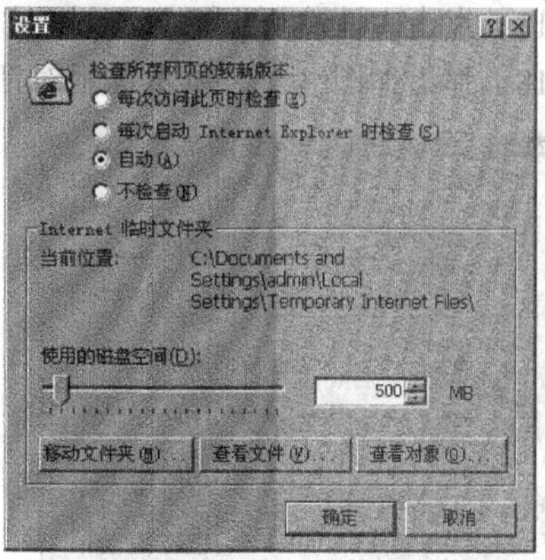

图 6.2.12　设置

（13）点击“移动文件夹”，如图 6.2.13 所示。

（14）选择 D 盘的 TEMP 目录，如图 6.2.14 所示。

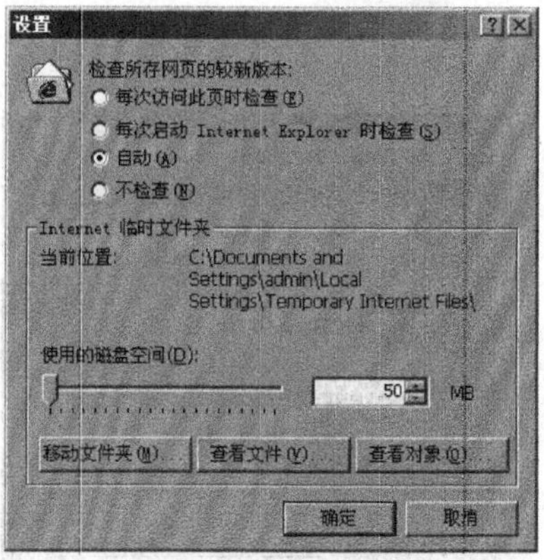

图 6.2.13　设置

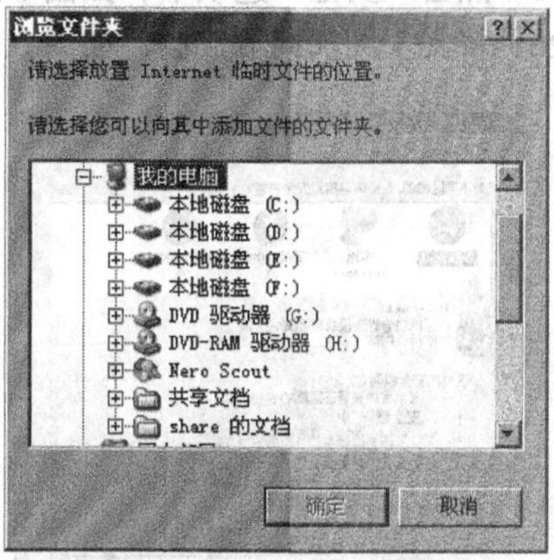

图 6.2.14　浏览文件夹

（15）点击“确定”，如图 6.2.15 所示。

（16）完成后点击“确定”，如图 6.2.16 所示。

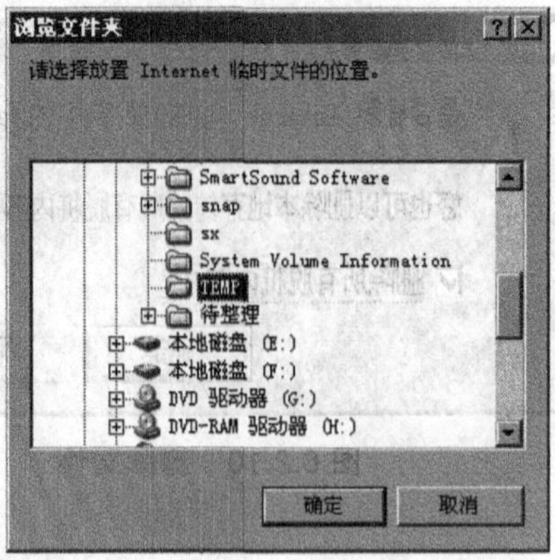

图 6.2.15　浏览文件夹

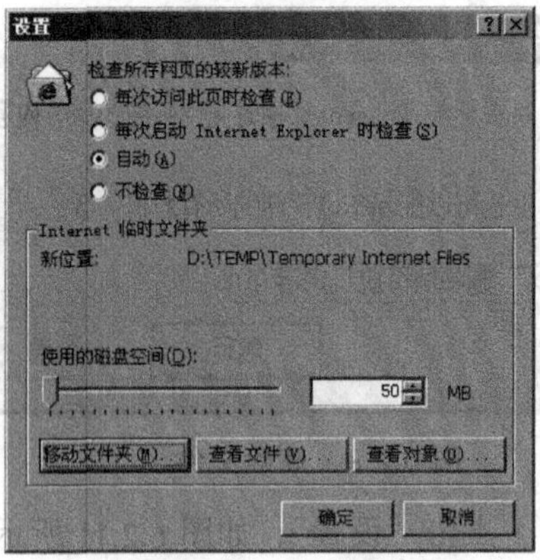

图 6.2.16　设置

（17）点击“清除历史记录”，如图 6.2.17 所示。

（18）弹出如图 6.2.18 所示提示对话框，点击“是”。

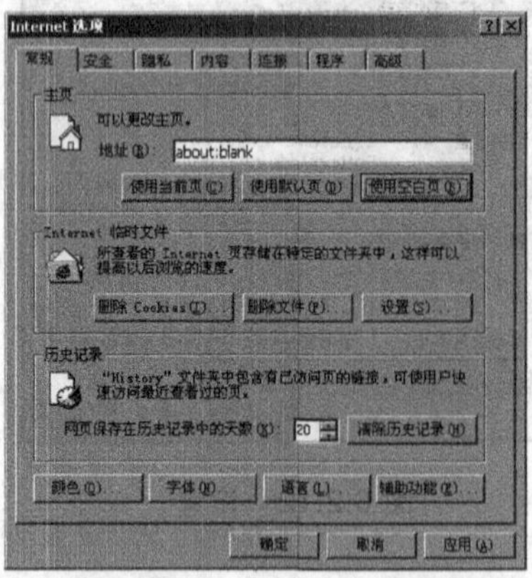

图 6.2.17　Internet 选项

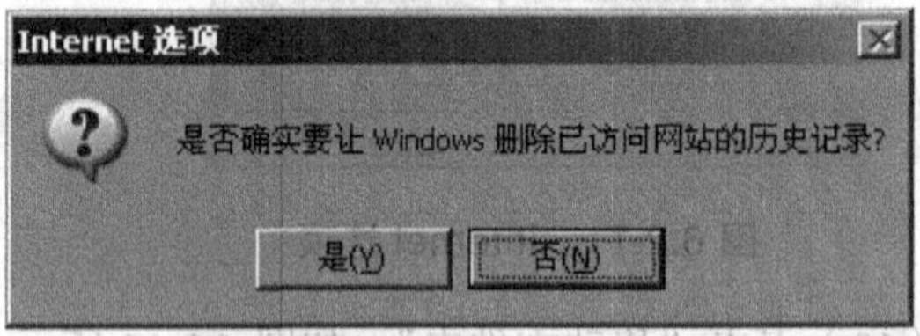

图 6.2.18　提示对话框

（19）点击“安全”选项卡，如图 6.2.19 所示。

（20）将安全级别调节成高，如图 6.2.20 所示。

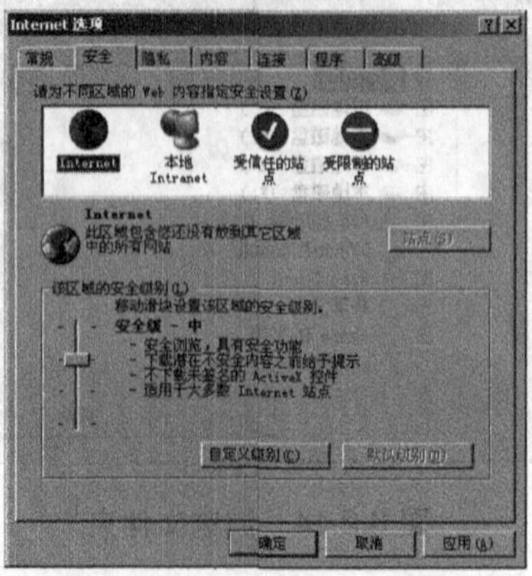

图 6.2.19　Internet 选项

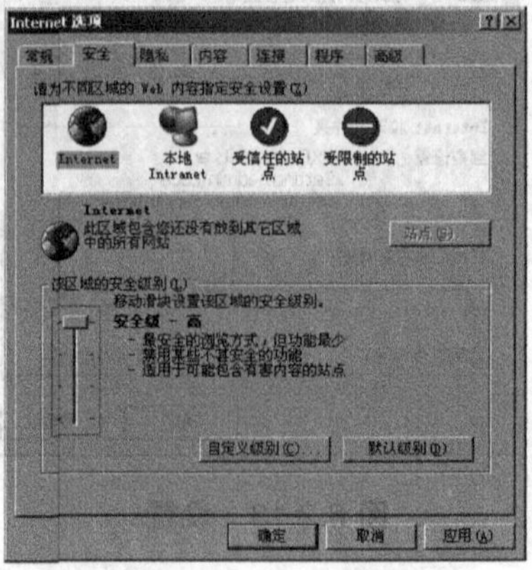

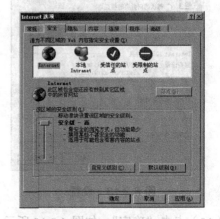

图 6.2.20　Internet 选项

（21）点击“受限制的站点”，再单击“站点”，如图 6.2.21 所示。

（22）输入 www.qq3344.com，点击“添加”，如图 6.2.22 所示。

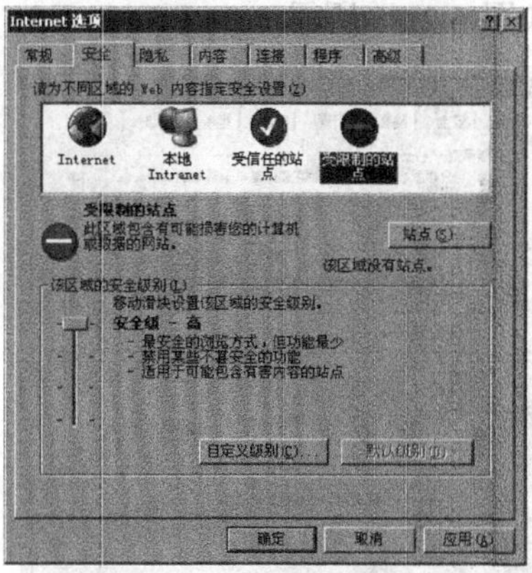

图 6.2.21　Internet 选项

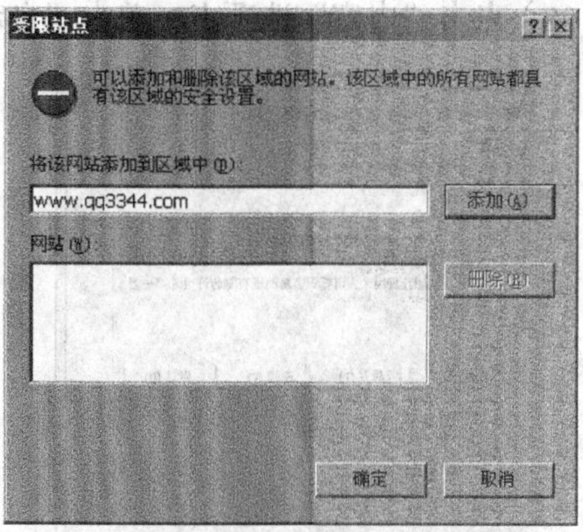

图 6.2.22　受限站点

（23）输入 www.dj3344.com，点击“添加”，完成后点击“确定”，如图 6.2.23 所示，并按如图 6.2.24 所示设置。

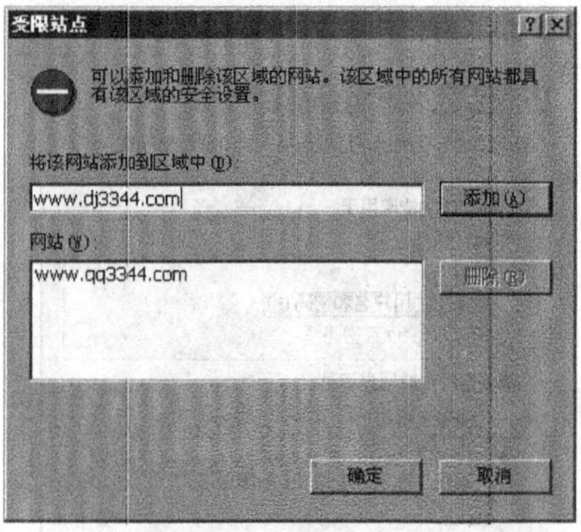

图 6.2.23　受限站点

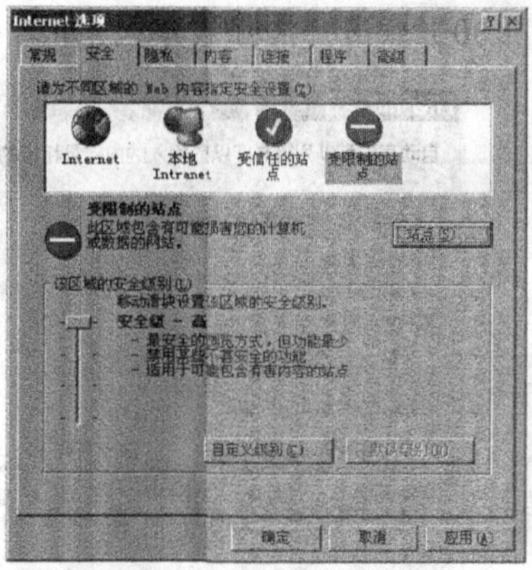

图 6.2.24　Internet 选项

（24）当添加网址之后，再次访问该站点时“没有站点”提示消失。

（25）点击“隐私”选项卡，如图 6.2.25 所示。

（26）将“中”调整为“中高”，如图 6.2.26 所示。

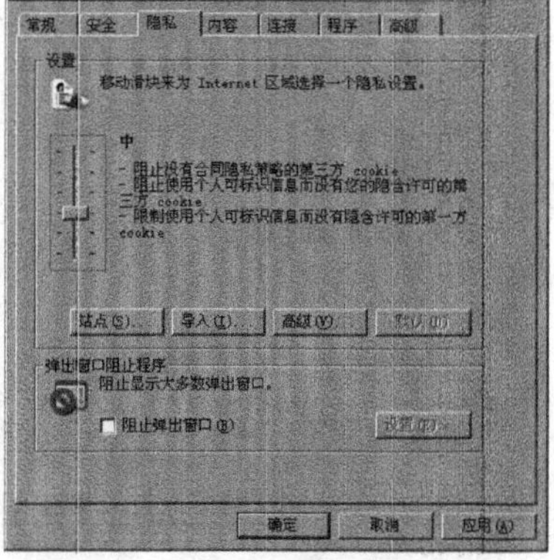

图 6.2.25　Internet 选项

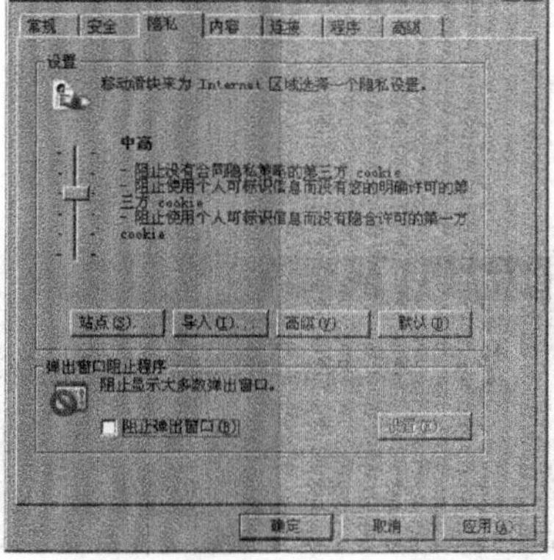

图 6.2.26　Internet 选项

（27）点选“阻止弹出窗口”，如图 6.2.27 所示。

（28）点击“内容”选项卡，单击“自动完成”，如图 6.2.28 所示。

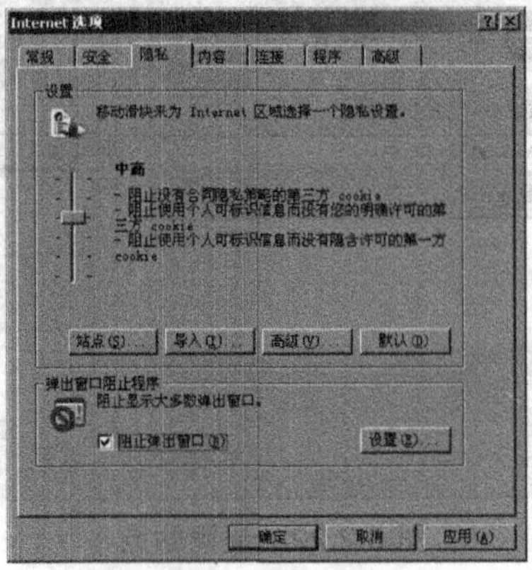

图 6.2.27　Internet 选项

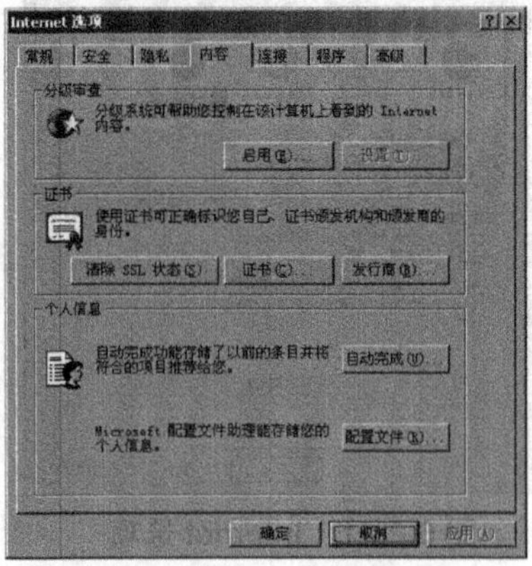

图 6.2.28　Internet 选项

（29）取消勾选“Web 地址”“表单”“表单上的用户名和密码”，如图 6.2.29 所示。

（30）点击“清除表单”，如图 6.2.30 所示。

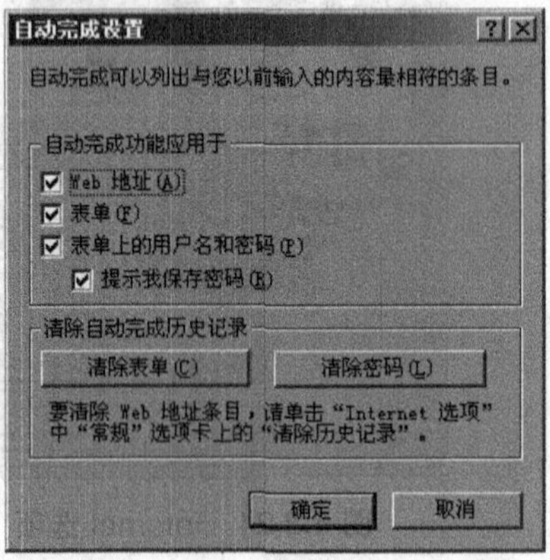

图 6.2.29　自动完成设置

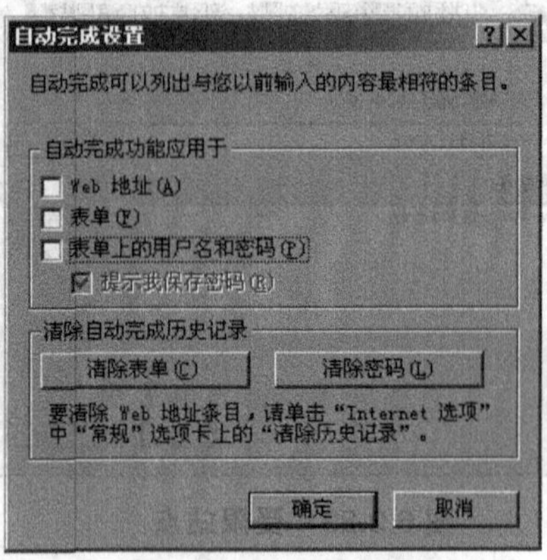

图 6.2.30　自动完成设置

（31）点击“确定”，如图 6.2.31 所示。

（32）点击“清除密码”，如图 6.2.32 所示。

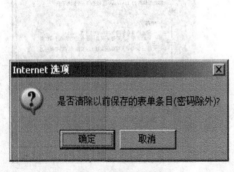

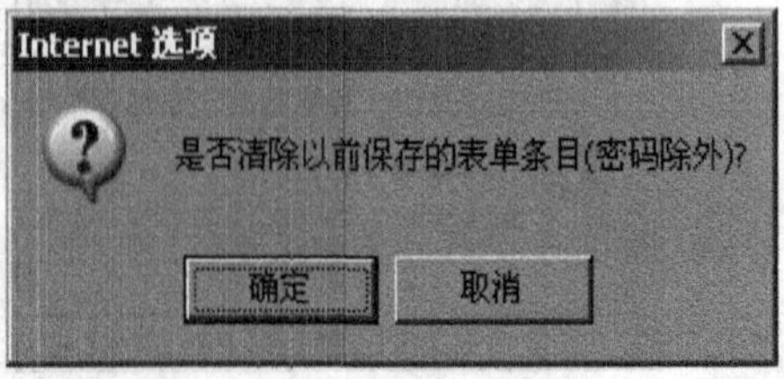

图 6.2.31　提示对话框

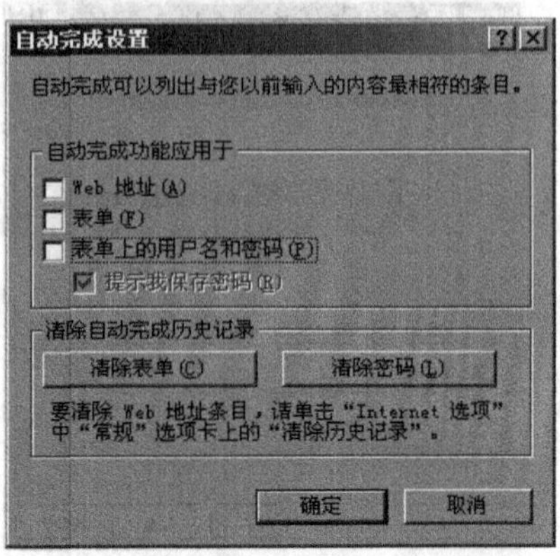

图 6.2.32　自动完成设置

出内部网。防火墙通过审查经过的每一个数据包，判断它是否有相匹配的过滤规则，根据规则的先后顺序进行一一比较，直到满足其中的一条规则为止，然后依据控制机制做出相应的动作。如果都不满足，则将数据包丢弃，从而保护网络安全。通过使用防火墙可以实现以下功能：可以保护易受攻击的服务；控制内外网之间网络系统的访问；集中管理内网的安全性；提高网络的保密性和私有性；记录网络的使用状态。典型的网络防火墙如图 7.1.1 所示。

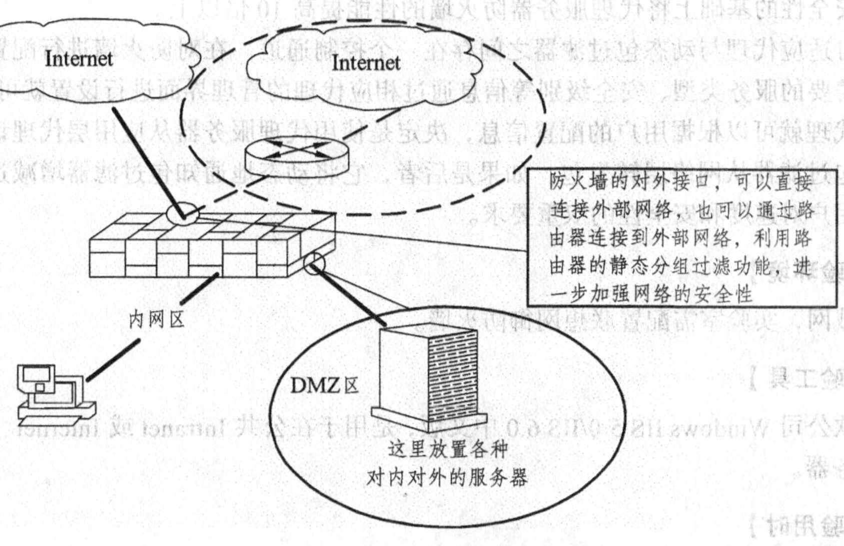

图 7.1.1　典型网络防火墙

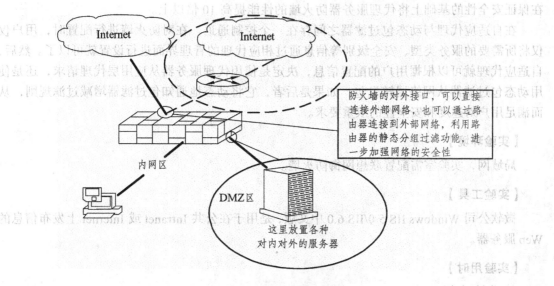

防火墙并不能防止内部人员的蓄意破坏和对内部服务器的攻击。但是，这种攻击比较容易发现和察觉，危害性也比较小，一般是用公司内部的规则或者给用户不同的权限来控制。

防火墙的关键技术有包过滤、代理技术、网络地址转换、自适应代理技术。

（1）包过滤：数据包过滤（Packet Filtering）是防火墙的基本功能，也是一项最常用的技术，一般工作在具有包过滤功能的路由器上或者运行防火墙软件的主机上。通过对经由防火墙的数据包进行检测，并根据检测结果采取允许、禁止、丢弃或者默认操作，以确保进出内网数据的安全。

（2）代理技术（Agent Technology）：代理技术是指用代理服务器切断内网用户和外网服务器间的直接通信，由代理服务器分别与内网用户和外部服务器通信来保持内网用户和外部服务器间接通信的技术。这种内、外网隔离机制带来了很大的安全性，因此代理技术成为防火墙的一项关键技术。代理技术运行在 TCP/ IP 参考模型的应用层，因此需要关闭代理服务器上的内、外网间的路由功能，以防内、外网间的交互数据绕过应用层代理。当内网用户要访问外网服务器时，需要将应用层协议请求提交给代理服务器。如果代理服务器允许该连接，就会自主同外网服务器建立连接，并将从外网服务器获得的资源检查、过滤后转发给内网用户。同理，外网发起的连接也要经由代理服务器转发。由于代理技术工作在应用层，应用种类多且互不兼容，例如 HTTP、SMTP、DNS、FTP、TELNET 等，因此需要针对不同的应用层服务设计代理软件在服务器上运行。

（3）网络地址转换（NAT）。网络地址转换是通过对数据包的源（目的）IP 地址、源（目的）端口进行修改，将多个内网私有地址同少量外网公共 IP 地址相互关联的一种技术。NAT

技术是 Internet 工程任务组（Internet Engineering Task Force, IETF）的一个标准，使得内网的多台计算机可以共享一个或几个合法公共 IP 地址与 Internet 相连。

（4）自适应代理技术（Self-Adaptive Agent Technology）。自适应代理技术是最近在商业应用防火墙中实现的一种革命性的技术。组成这种类型防火墙的基本要素有两个：自适应代理服务器与动态包过滤器。它结合了代理服务防火墙的安全性和包过滤防火墙的高速度等优点，在保证安全性的基础上将代理服务器防火墙的性能提高 10 倍以上。

在自适应代理与动态包过滤器之间存在一个控制通道。在对防火墙进行配置时，用户仅仅将所需要的服务类型、安全级别等信息通过相应代理的管理界面进行设置就可以了。然后，自适应代理就可以根据用户的配置信息，决定是使用代理服务器从应用层代理请求，还是使用动态包过滤器从网络层转发包。如果是后者，它将动态地通知包过滤器增减过滤规则，从而满足用户对速度和安全性的双重要求。

【实验环境】

局域网，实验室需配置联想网御防火墙。

【实验工具】

微软公司 Windows IIS 5.0/IIS 6.0 中文版，是用于在公共 Intranet 或 Internet 上发布信息的 Web 服务器。

【实验用时】

30 分钟/实例。

【实验过程与步骤】

实验 7.1.1　网御包过滤规则配置

（1）进入管理页面首页，如图 7.1.2 所示。

（2）设定网络配置下网络设备的 fe3 和 fe4 的 IP 地址和工作模式，如图 7.1.3 所示。

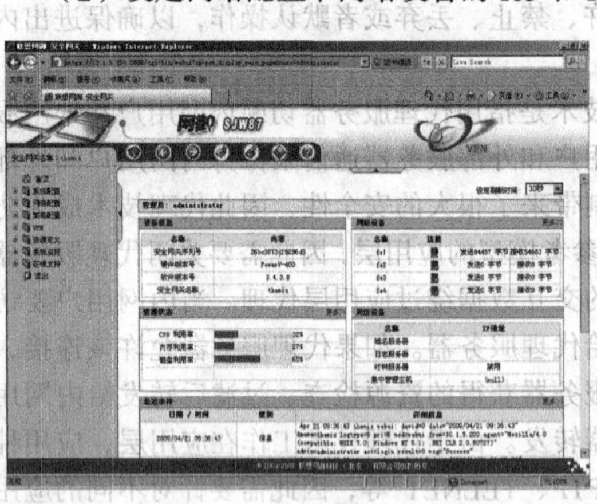

图 7.1.2　管理页面

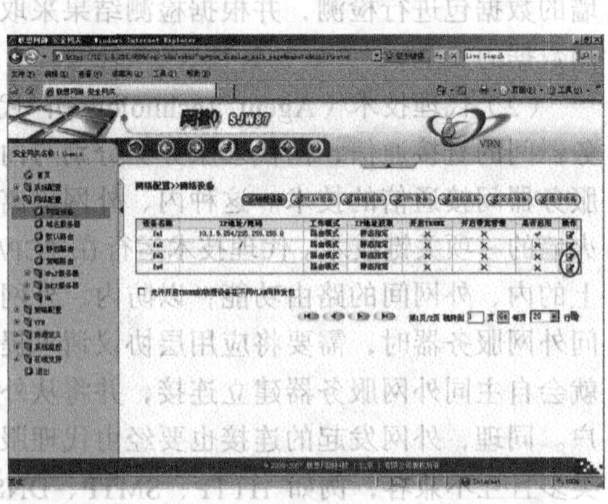

图 7.1.3　设置网络设备 IP 地址和工作模式

（3）分别编辑 fe3、fe4 端口的属性，如图 7.1.4 所示。

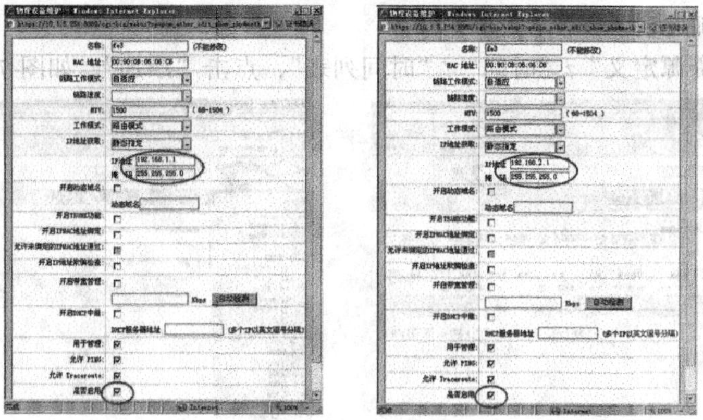

图 7.1.4　编辑端口属性

（4）端口编辑完成界面如图 7.1.5（a）所示。点击策略配置下“安全选项”，取消勾选包过滤缺省允许，如图 7.1.5（b）所示。

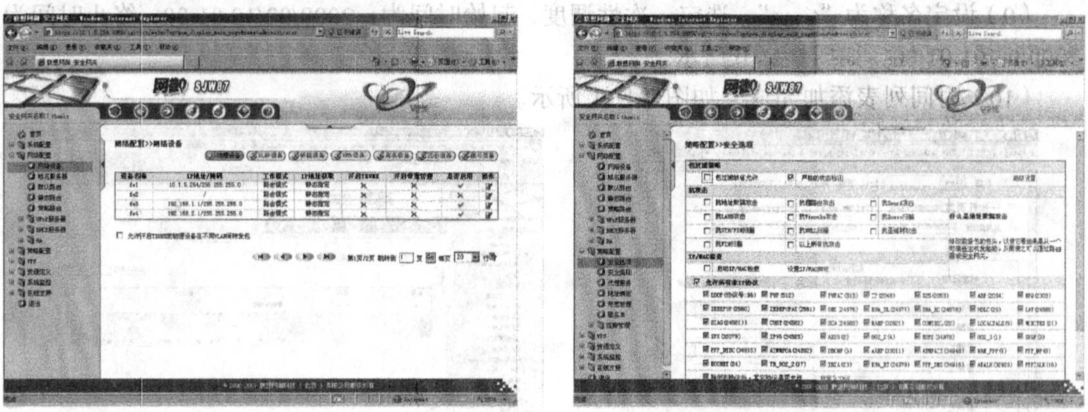

（a）网络设备　　　　　　　　　　　　　　（b）安全选项

图 7.1.5　网络设备与安全选项

（5）点击“安全规则”，点击“添加”，如图 7.1.6 所示。

（6）设定源地址为自定义，IP 地址为 192.168.1.0/24，目的地址为 192.168.2.0/24，服务为 http，动作为“允许”，如图 7.1.7 所示。

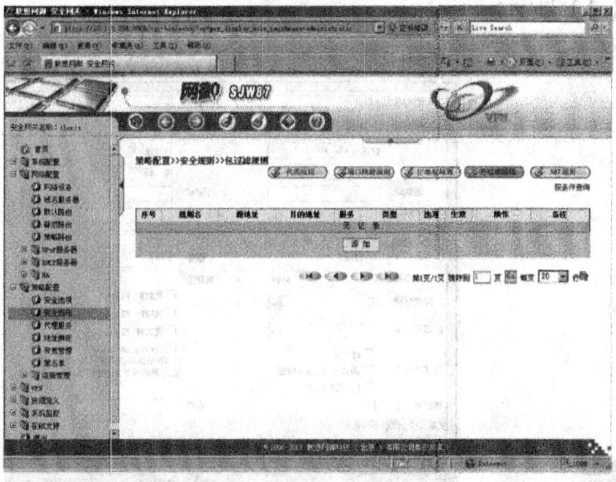

图 7.1.6　添加安全规则

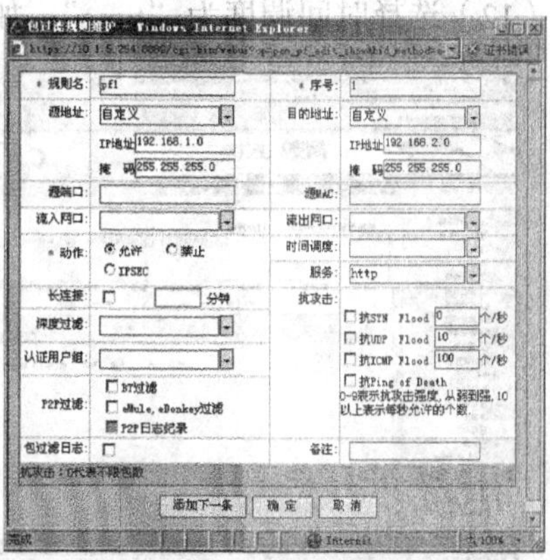

图 7.1.7　安全规则信息

（7）规则添加完成，如图 7.1.8 所示。

（8）点击“资源定义”/“时间”/“时间列表”，点击“添加”，如图 7.1.9 所示。

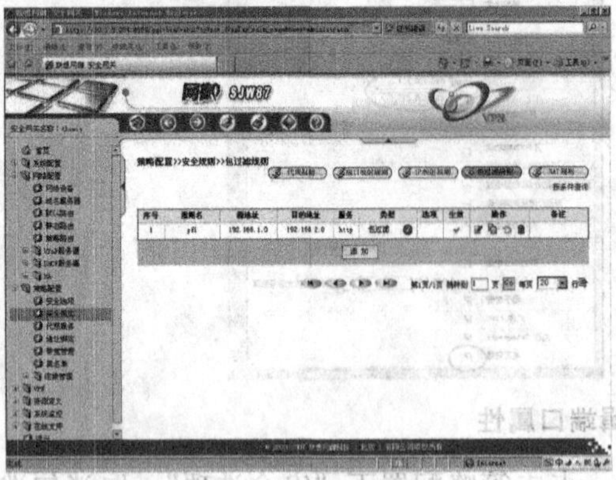

图 7.1.8　规则添加完成

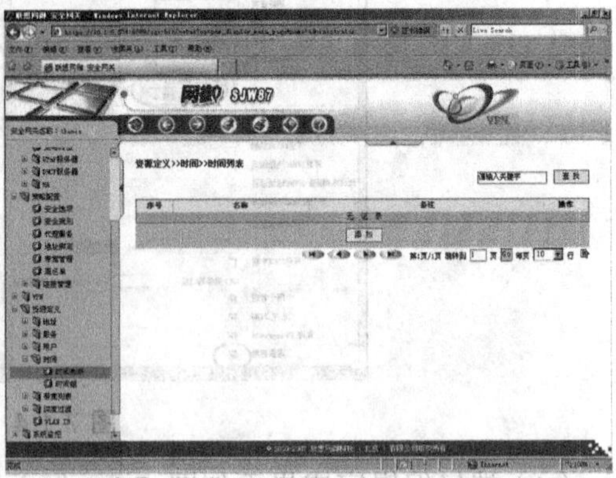

图 7.1.9　添加时间列表

（9）设定名称为“time”，选定一次性调度，起始时间为：2009/02/10 01:00，终止时间为：2009/03/01 01:00，如图 7.1.10 所示。

（10）时间列表添加完成，如图 7.1.11 所示。

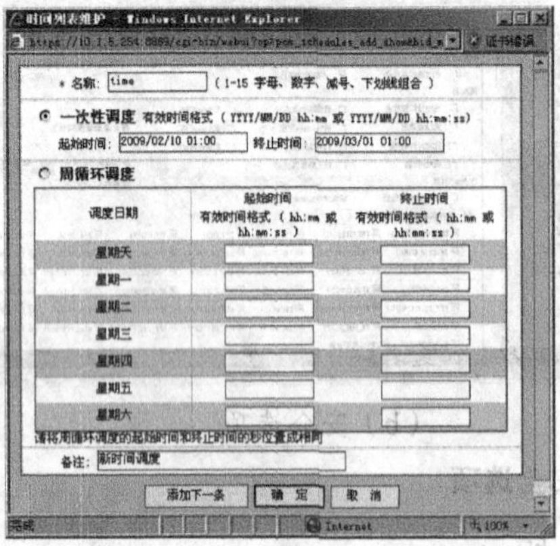

图 7.1.10　时间列表信息

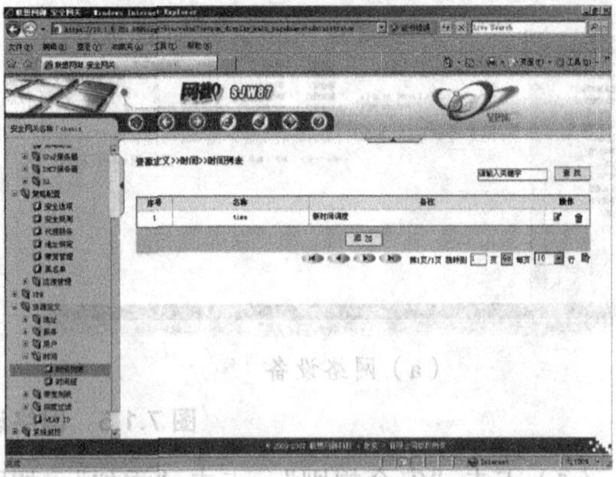

图 7.1.11　时间列表添加完成

（11）点击“安全规则”，点击“编辑”，如图 7.1.12 所示。

（12）选择时间调度为“time”，如图 7.1.13 所示。

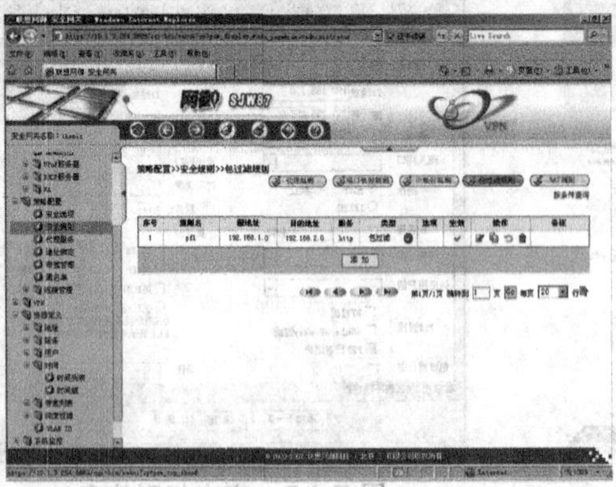

图 7.1.12　编辑安全规则

图 7.1.13　安全规则信息

（13）时间调度配置完成，如图 7.1.14 所示。

（14）点击“联动”/“用户认证服务器”，勾选“启用”，选择本地账号服务器，如图 7.1.15 所示。

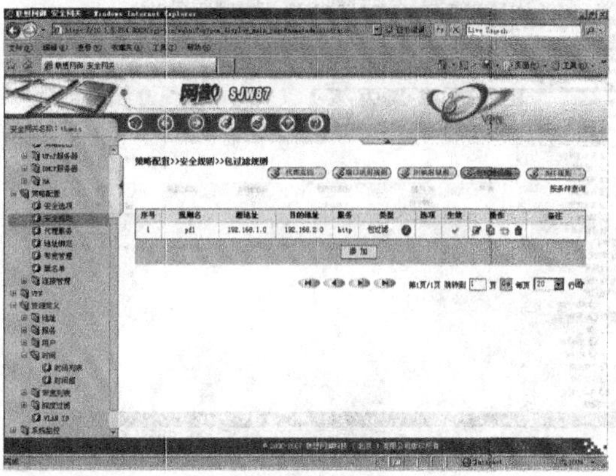

图 7.1.14　时间调度配置完成

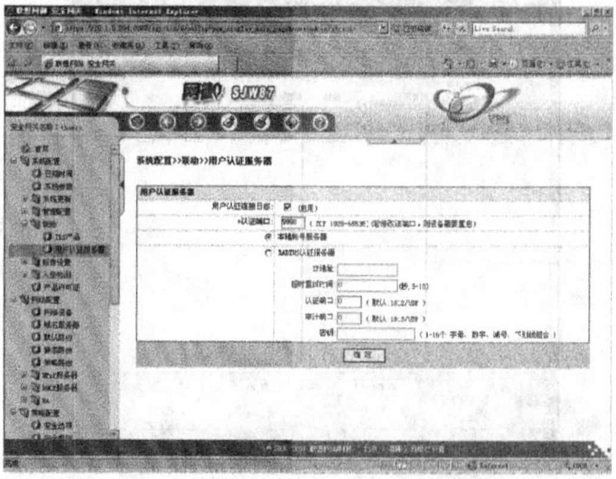

图 7.1.15　用户认证服务器

（15）点击“资源定义”/“用户”/“用户列表”，点击“添加”，如图 7.1.16 所示。

（16）输入用户名和口令，设定生存时间为“100”，如图 7.1.17 所示。

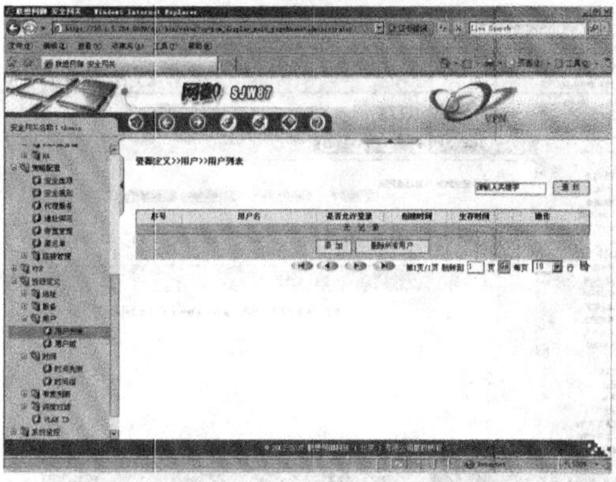

图 7.1.16　添加用户列表

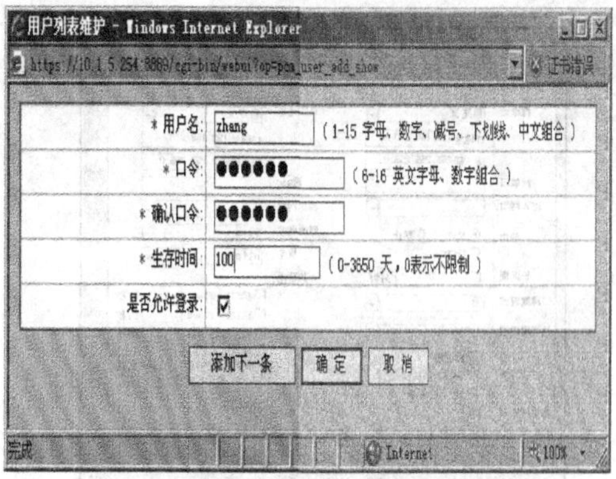

图 7.1.17　用户列表信息

（17）完成新用户添加，如图 7.1.18 所示。

（18）点击“用户组”，点击“添加”，如图 7.1.19 所示。

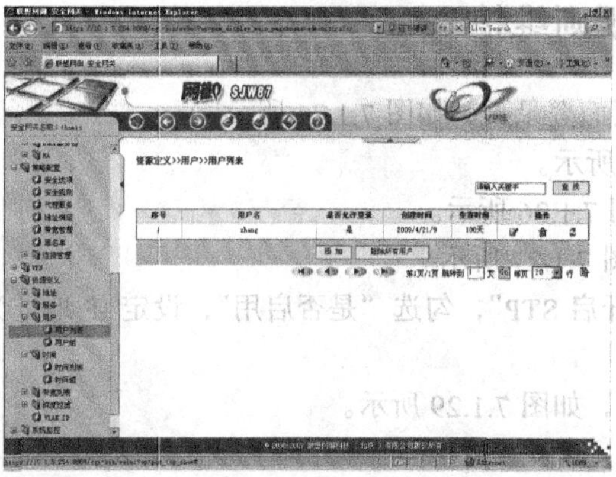

图 7.1.18　完成新用户添加

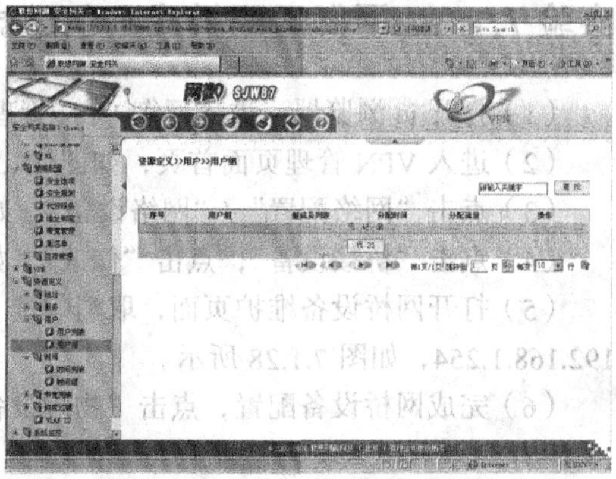

图 7.1.19　添加用户组

（19）设定名称为“上网专用”，选择添加到本组用户的用户，如图 7.1.20 所示。

（20）完成用户组添加，如图 7.1.21 所示。

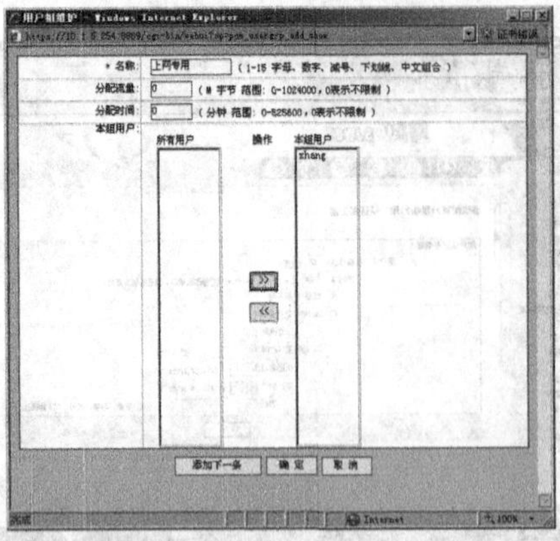

图 7.1.20　用户组信息

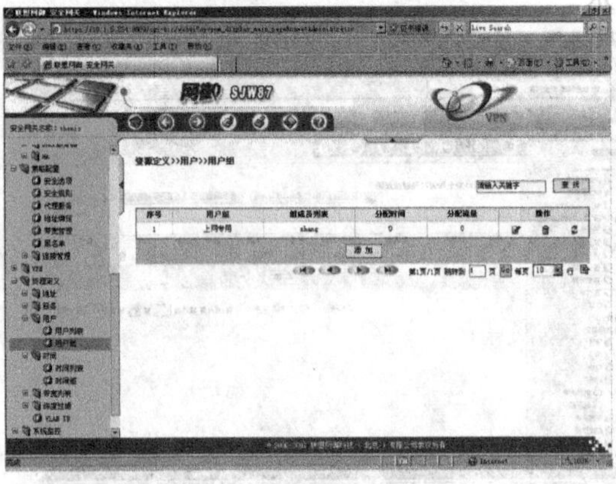

图 7.1.21　完成用户组添加

（21）编辑包过滤规则维护，选择认证用户组为“上网专用”，如图 7.1.22 所示。

（22）包过滤规则维护设置完成，如图 7.1.23 所示。

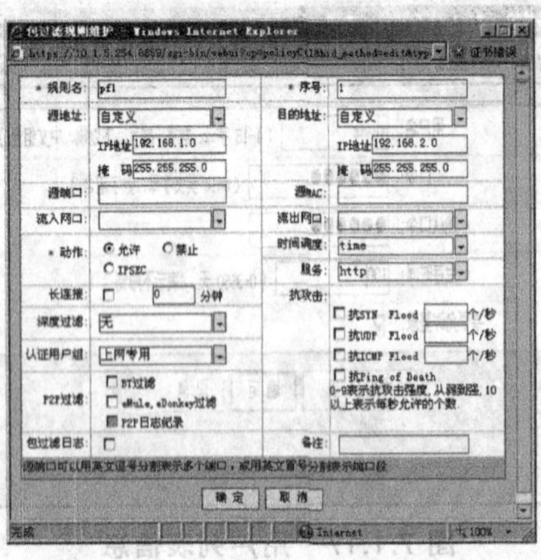

图 7.1.22　编辑包过滤规则维护

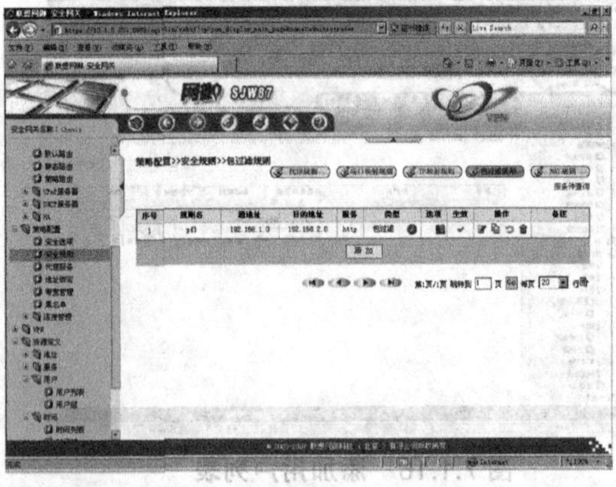

图 7.1.23　包过滤规则维护设置完成

实验 7.1.2　网御透明模式下包过滤规则维护

（1）打开 ie 浏览器，进入网御 VPN 管理页面登录页，如图 7.1.24 所示。

（2）进入 VPN 管理页面首页，如图 7.1.25 所示。

（3）点击“网络配置”/“网络设备”，如图 7.1.26 所示。

（4）点击“桥接设备”，点击“修改”，如图 7.1.27 所示。

（5）打开网桥设备维护页面，取消勾选“开启 STP”，勾选“是否启用”，设定 IP 地址为 192.168.1.254，如图 7.1.28 所示。

（6）完成网桥设备配置，点击“物理设备”，如图 7.1.29 所示。

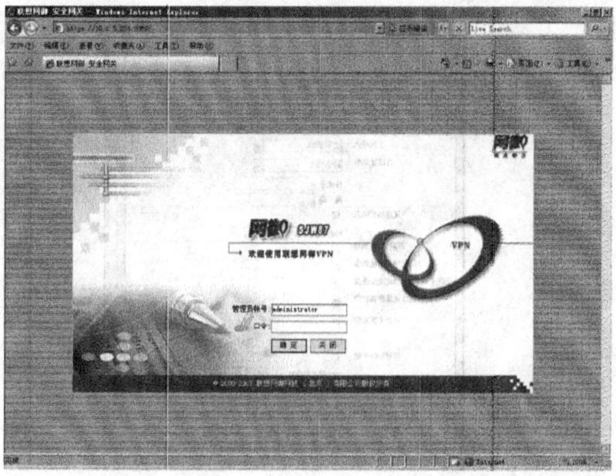

图 7.1.24　网御 VPN 管理页面登录页

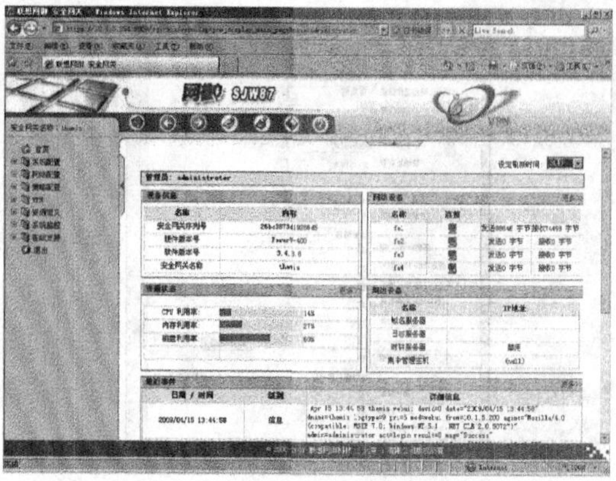

图 7.1.25　VPN 管理页面首页

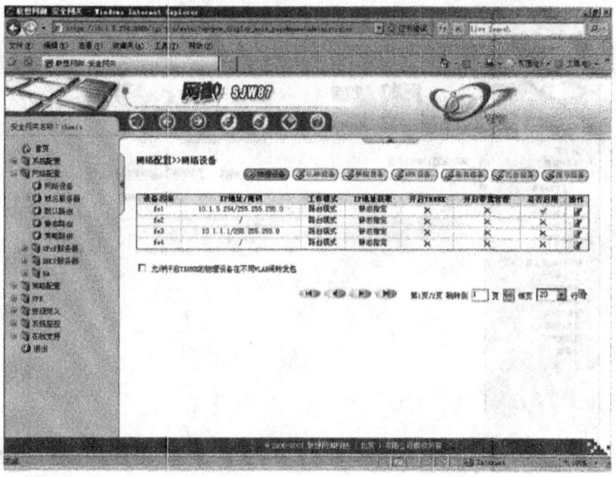

图 7.1.26　网络设备

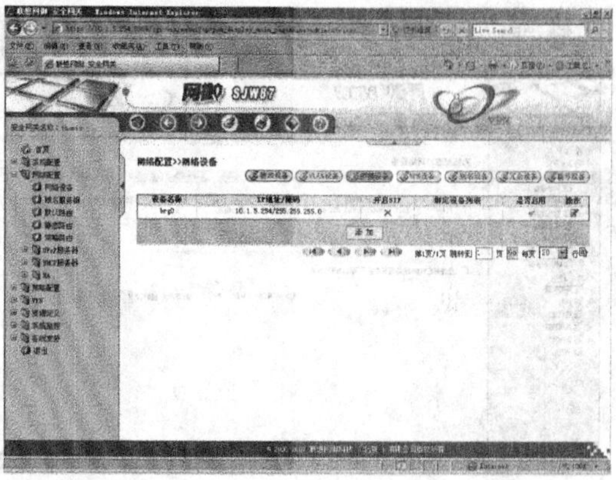

图 7.1.27　桥接设备

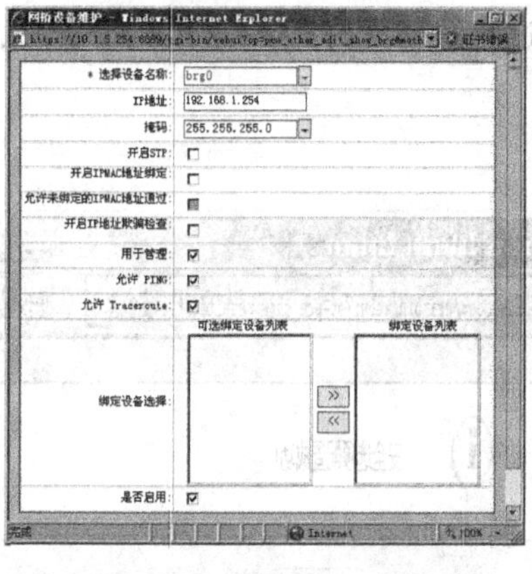

图 7.1.28　网桥设备维护

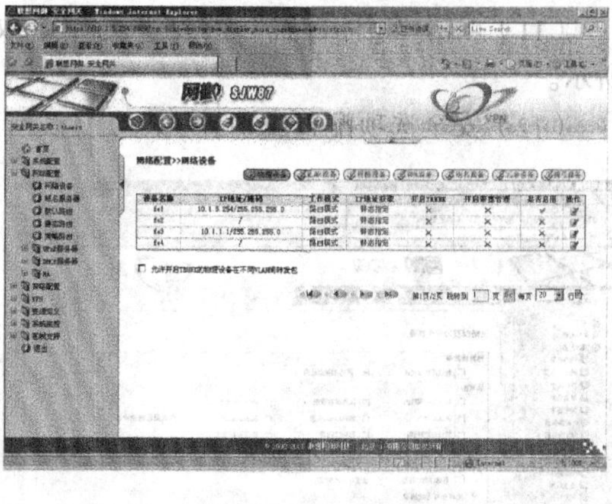

图 7.1.29　物理设备

（7）修改 FE3 接口配置，工作模式为“透明模式”，并勾选“启用”，如图 7.1.30 所示。
（8）修改 FE4 接口配置，工作模式为“透明模式”，并勾选“启用”，如图 7.1.31 所示。
（9）完成物理设备修改，如图 7.1.32 所示。
（10）点击“桥接设备”，可以看见 FE3 和 FE4 接口已经被自动绑定，如图 7.1.33 所示。

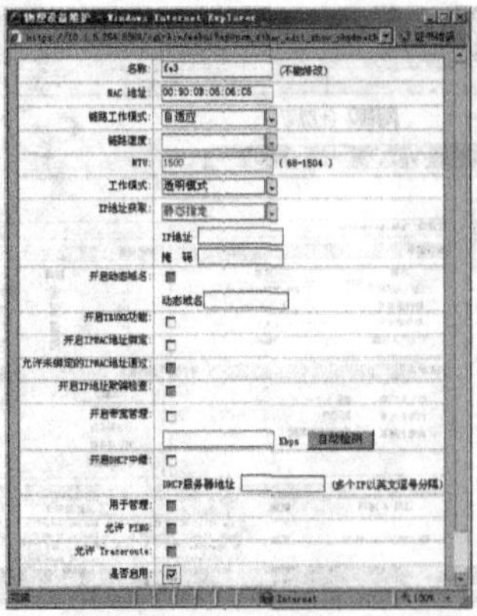

图 7.1.30　修改 FE3 接口配置

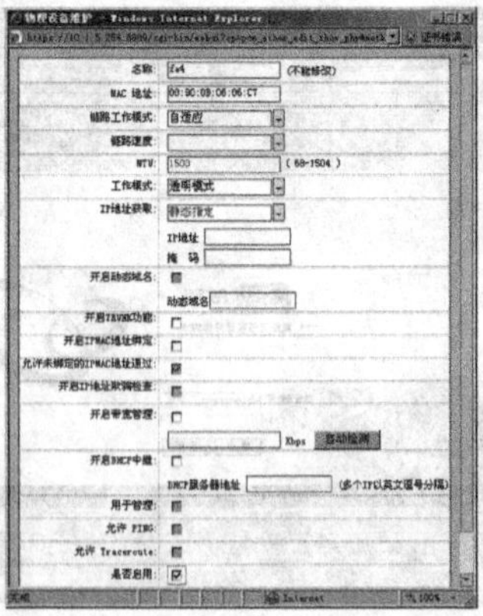

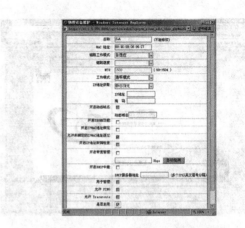

图 7.1.31　修改 FE4 接口配置

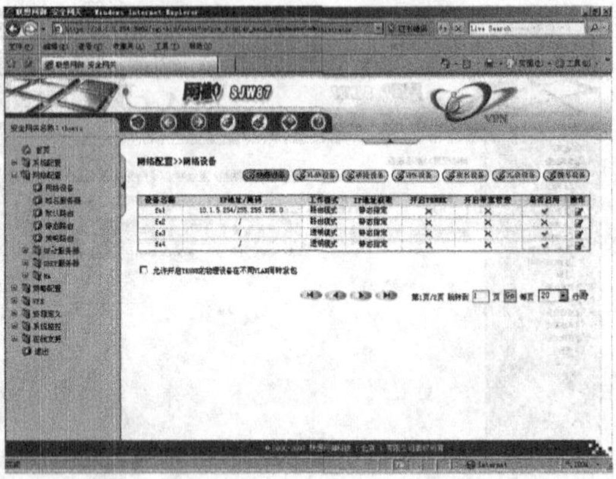

图 7.1.32　完成物理设备修改

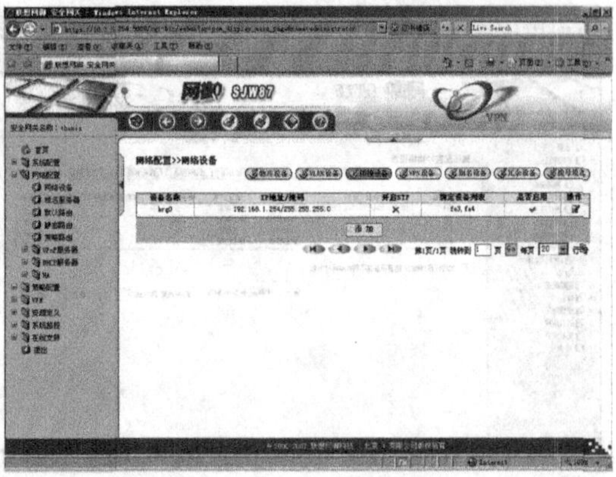

图 7.1.33　桥接设备

（11）点击“策略配置”/“安全选项”，取消勾选“包过滤缺省允许”并应用，如图 7.1.34 所示。

（12）安全选项配置成功，如图 7.1.35 所示。

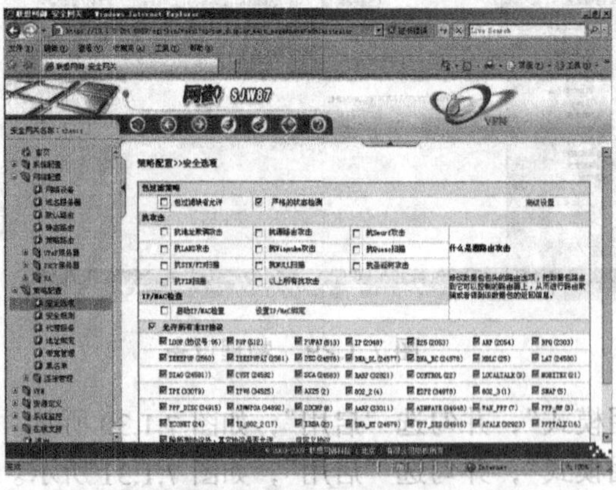

图 7.1.34　配置安全选项

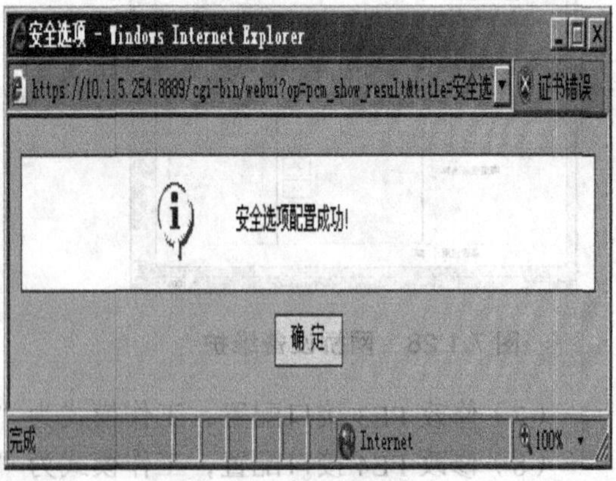

图 7.1.35　安全选项配置成功

（13）点击“安全规则”/“包过滤规则”，点击“添加”，如图 7.1.36 所示。

（14）修改源地址和目的地址为自定义，源 IP 地址为 192.168.1.100/24，目的地址为 192.168.1.200/24，服务为“http”，动作为“允许”，如图 7.1.37 所示。

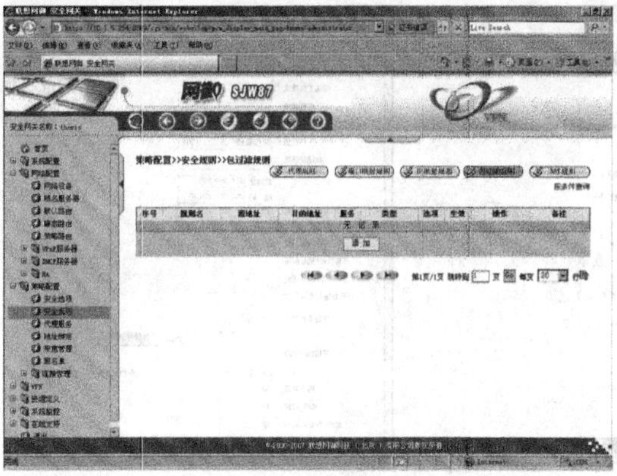

图 7.1.36　添加包过滤规则

图 7.1.37　包过滤规则信息

（15）完成包过滤规则添加，如图 7.1.38 所示。

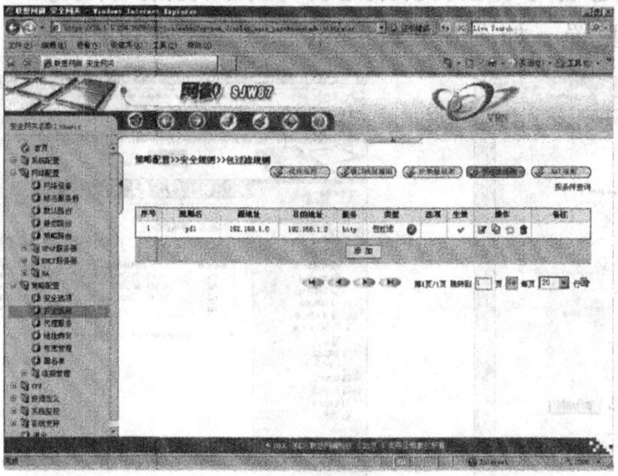

图 7.1.38　包过滤规则添加完成

实验 7.1.3　网御端口转换配置

（1）进入网御 VPN Web 管理页面登录页，如图 7.1.39 所示。

（2）进入管理页面首页，如图 7.1.40 所示。

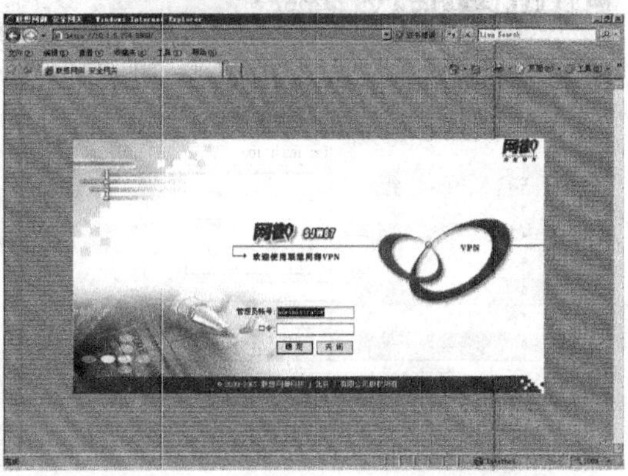

图 7.1.39　VPN Web 管理页面登录页

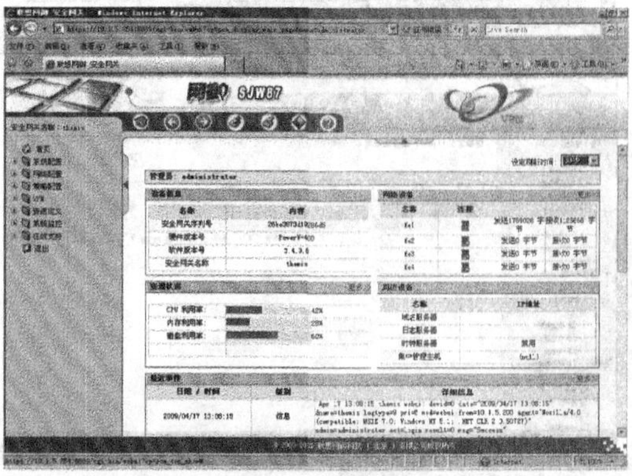

图 7.1.40　管理页面首页

（3）点击“网络配置”/“网络设备”，如图 7.1.41 所示。

（4）设置 fe2 的 IP 地址为 211.100.100.1/24，如图 7.1.42 所示。

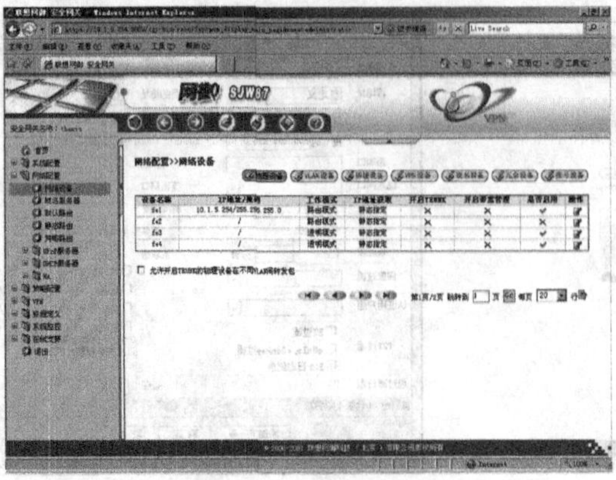

图 7.1.41　网络设备

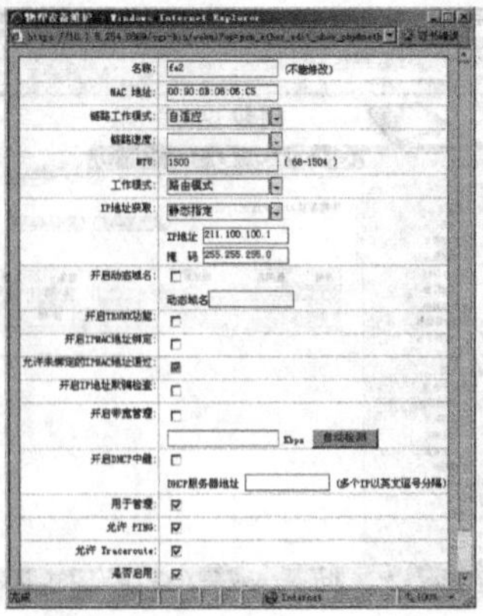

图 7.1.42　物理设备

（5）修改 fe3 的 IP 地址为 192.168.1.1/24，如图 7.1.43 所示。

（6）完成网络设备配置，如图 7.1.44 所示。

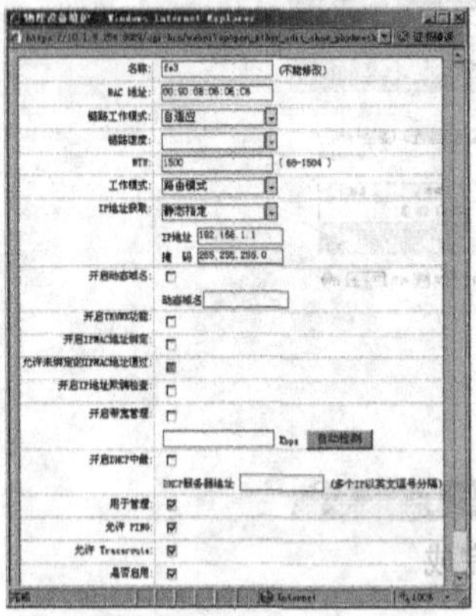

图 7.1.43　物理设备信息

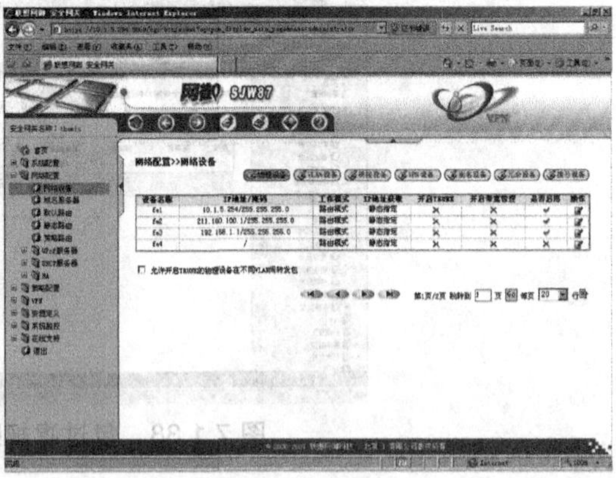

图 7.1.44　网络设备

（7）点击“资源定义”/“地址”/“服务器地址”，点击“添加”，如图 7.1.45 所示。

（8）配置服务器地址维护，设定名称为 server2，服务器 IP 地址 192.168.100，如图 7.1.46 所示。

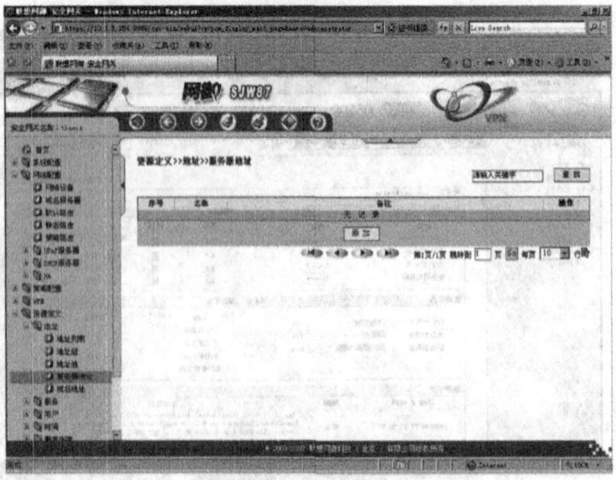

图 7.1.45　添加服务器地址

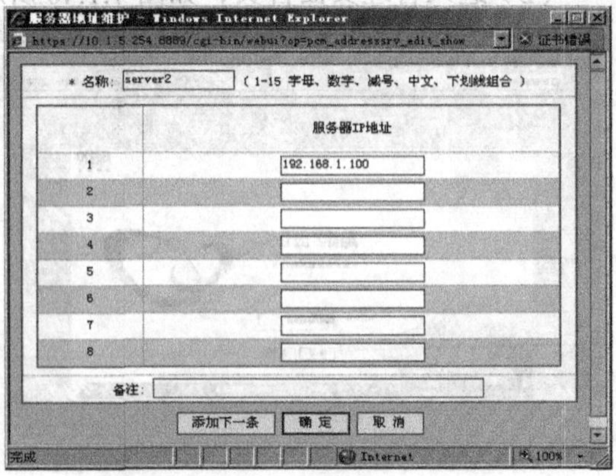

图 7.1.46　服务器地址维护

（9）设置完成，如图 7.1.47 所示。

（10）点击“策略配置”/“安全规则”，选择“端口映射规则”，点击“添加”，如图 7.1.48 所示。

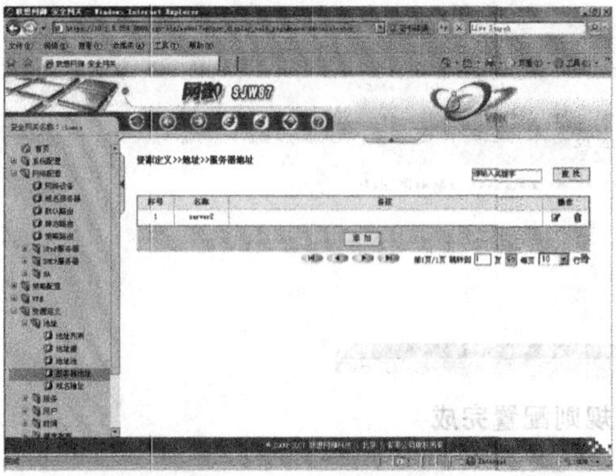

图 7.1.47　设置完成

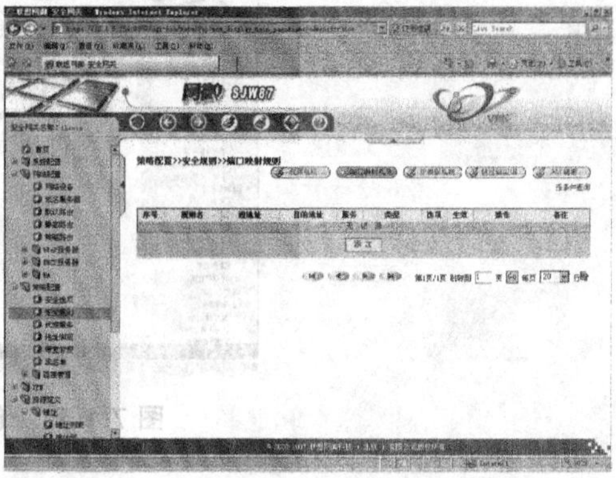

图 7.1.48　添加端口映射规则

（11）公开地址为 211.100.100.1，内部地址为 server2，内部服务为 ftp，如图 7.1.49 所示。

（12）完成“端口映射规则”配置，如图 7.1.50 所示。

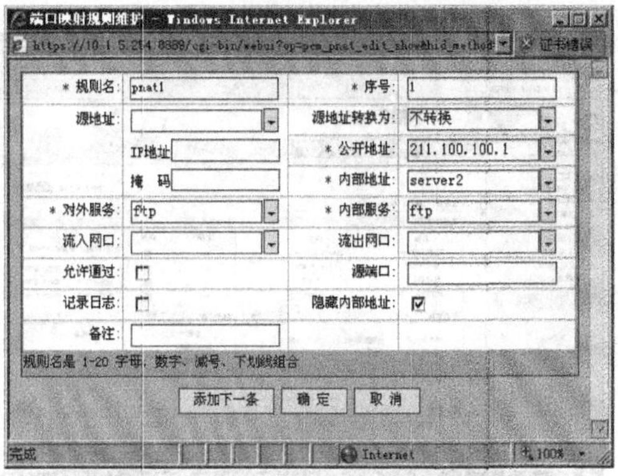

图 7.1.49　端口映射规则维护

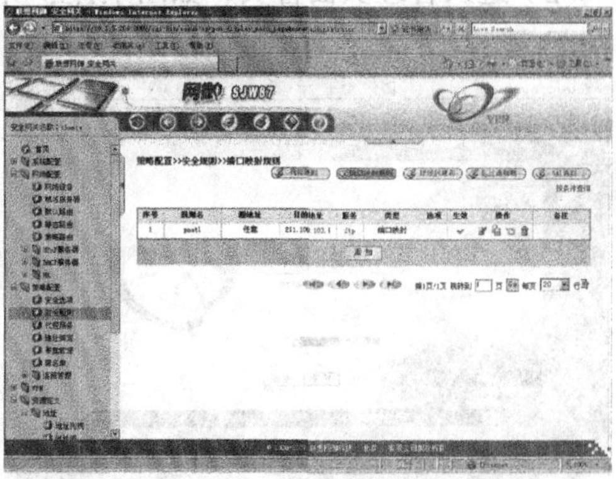

图 7.1.50　端口映射规则

（13）完成“端口映射规则”配置后，进行包过滤配置，如图 7.1.51 所示。

（14）设定源地址为 any，目的地址为 server2，如图 7.1.52 所示。

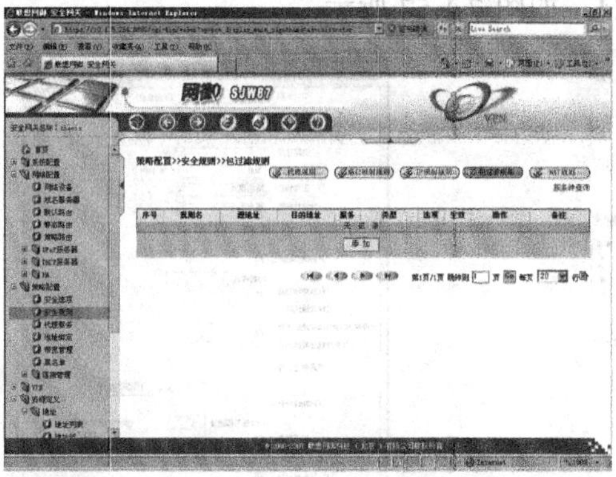

图 7.1.51　包过滤规则

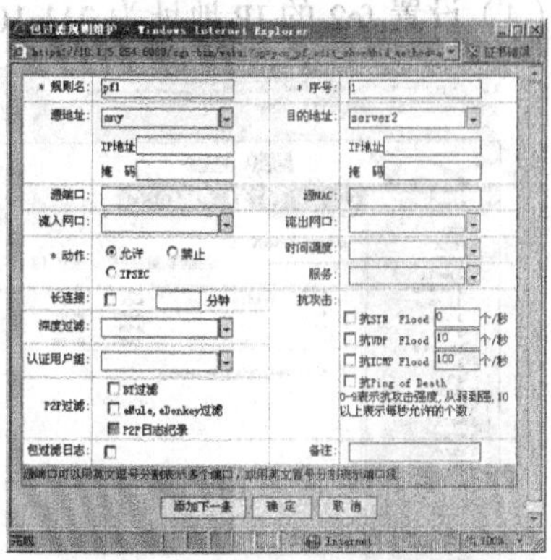

图 7.1.52　包过滤规则维护

（15）完成包过滤规则配置，如图 7.1.53 所示。

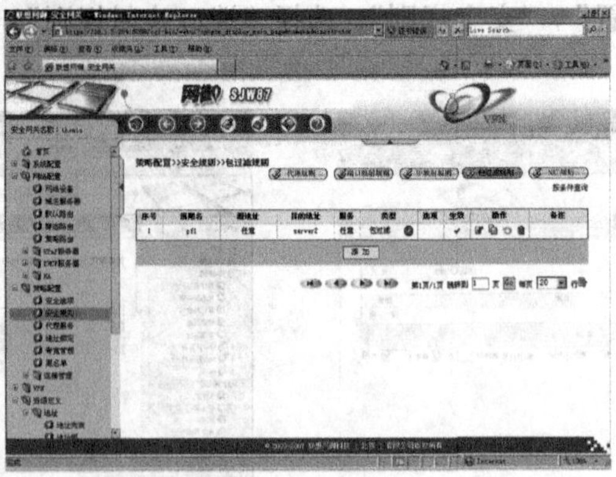

图 7.1.53　包过滤规则配置完成

实验 7.1.4　网御网络地址转换配置

（1）进入网御 VPN Web 管理页面登录页，如图 7.1.54 所示。

（2）进入管理页面首页，如图 7.1.55 所示。

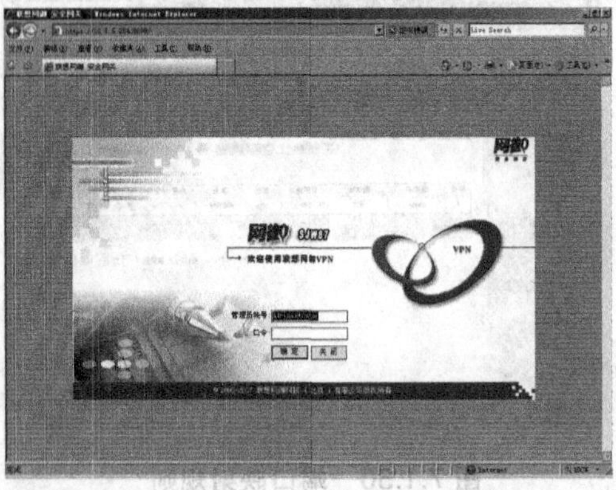

图 7.1.54　VPN Web 管理页面登录页

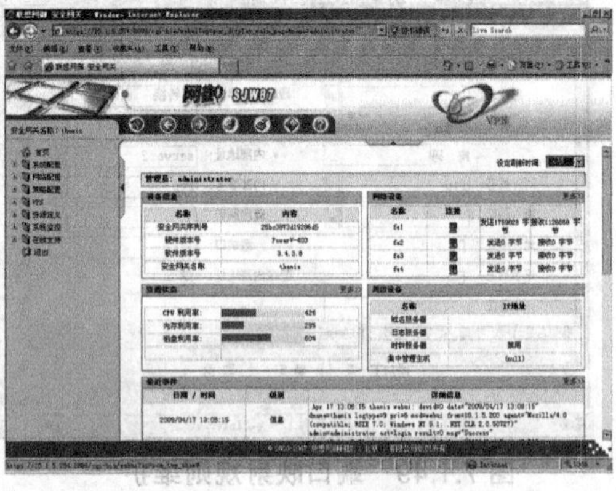

图 7.1.55　管理页面首页

（3）点击“网络配置”/“网络设备”，如图 7.1.56 所示。

（4）设置 fe2 的 IP 地址为 211.100.100.1/24，如图 7.1.57 所示。

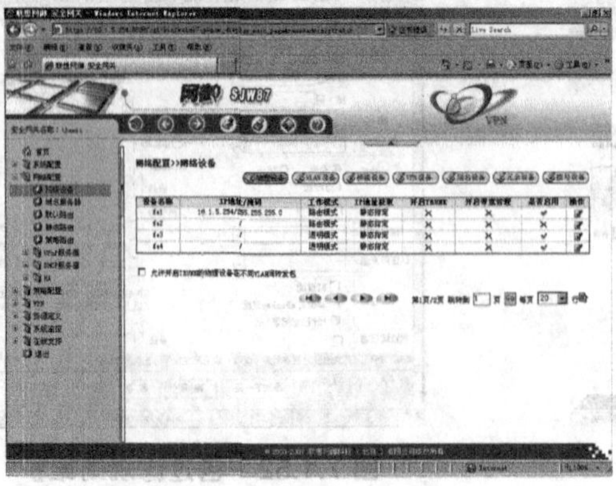

图 7.1.56　网络设备

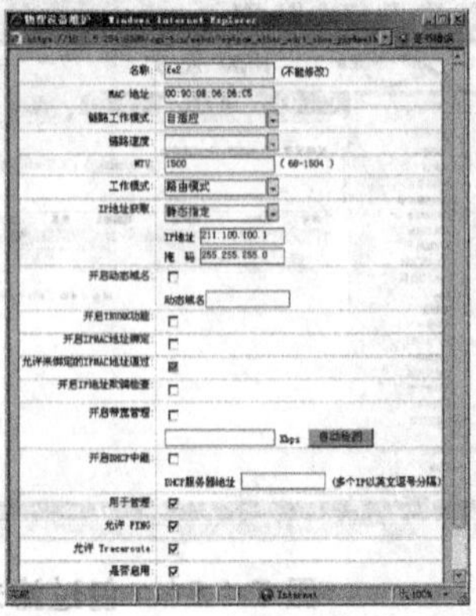

图 7.1.57　物理设备维护

（5）修改 fe3 的 IP 地址为 192.168.1.1/24，如图 7.1.58 所示。

（6）完成网络设备配置，如图 7.1.59 所示。

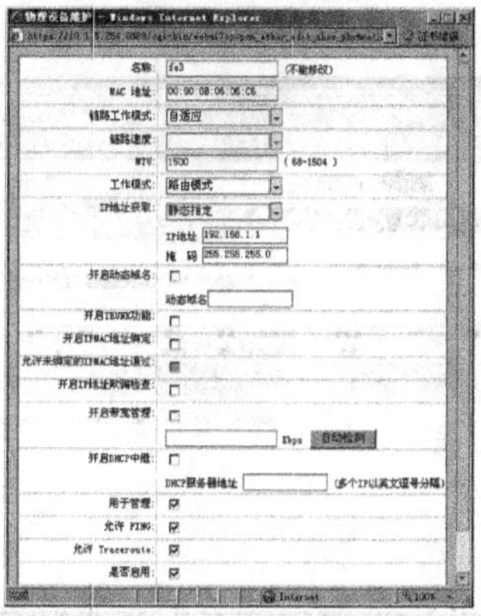

图 7.1.58　物理设备维护

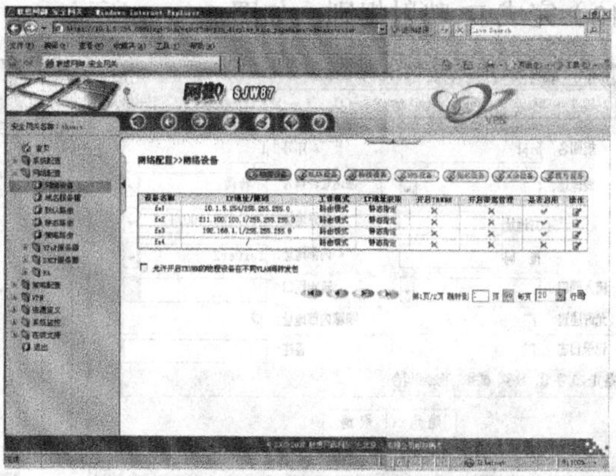

图 7.1.59　网络设备配置完成

（7）点击“资源定义”/“地址”/“服务器地址”，点击“添加”，如图 7.1.60 所示。

（8）配置服务器地址维护，设定名称为 server2，服务器 IP 地址 192.168.100，如图 7.1.61 所示。

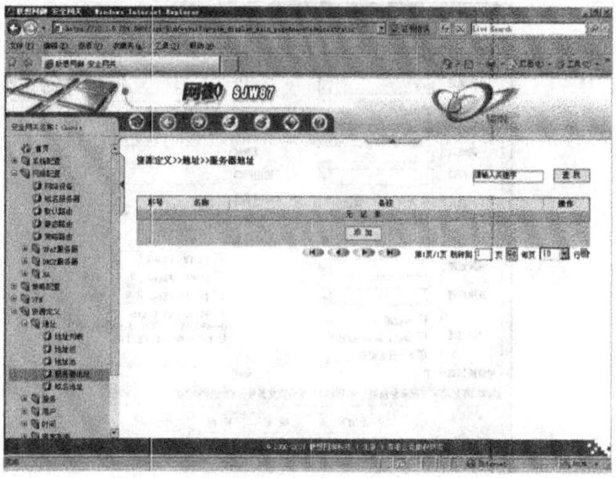

图 7.1.60　添加服务器地址

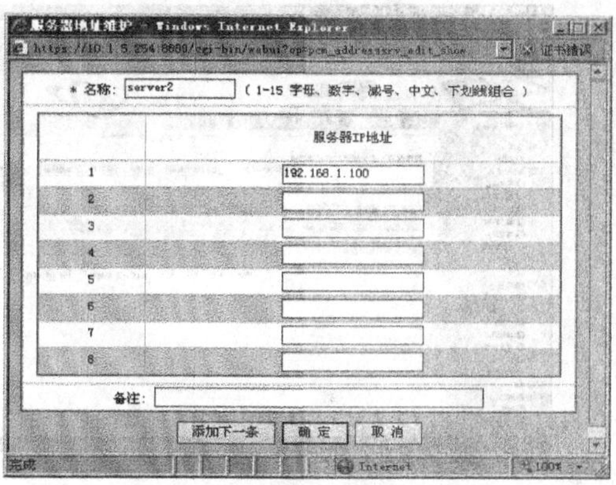

图 7.1.61　服务器地址维护

（9）设定完成，如图 7.1.62 所示。

（10）点击“策略配置”/“安全规则”，点击“添加”，如图 7.1.63 所示。

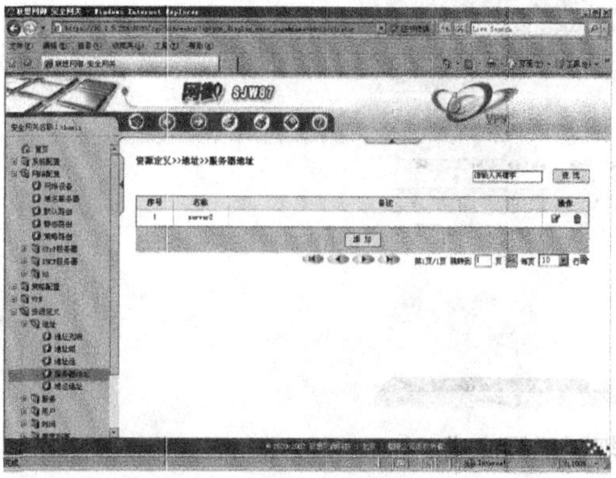

图 7.1.62　服务器地址

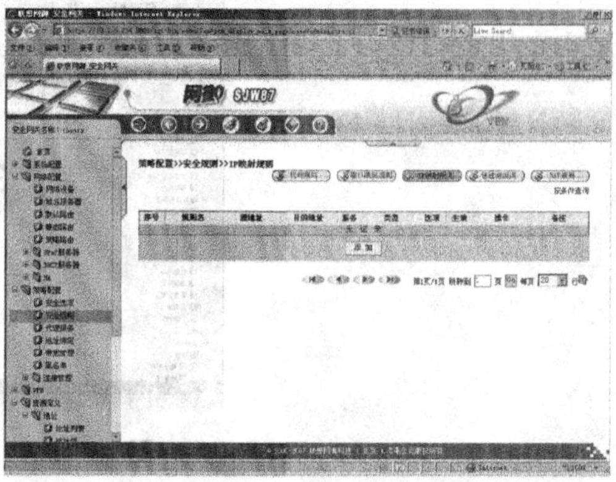

图 7.1.63　添加 IP 映射规则

（11）设定公开地址为 211.100.100.1，内部地址为 server2，勾选“隐藏内部地址”，点击“确定”，如图 7.1.64 所示。

（12）完成 IP 映射规则，如图 7.1.65 所示。

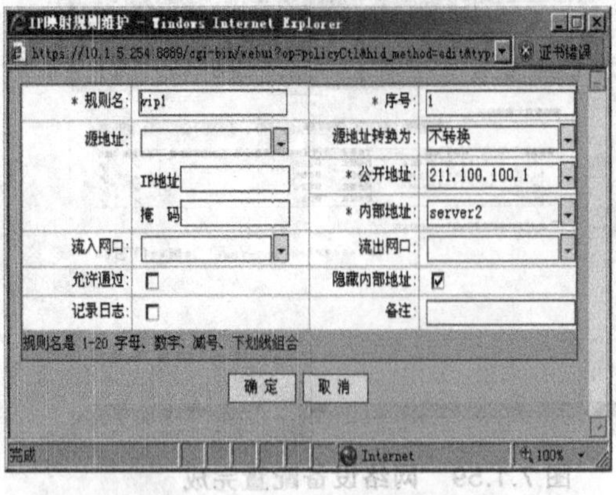

图 7.1.64　IP 映射规则维护

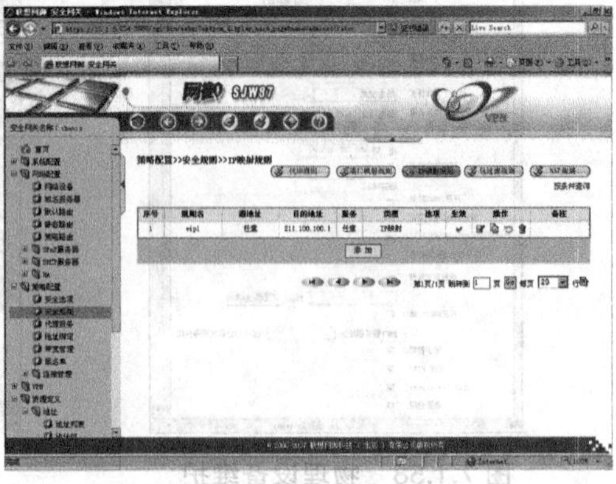

图 7.1.65　完成 IP 映射规则

（13）IP 映射规则配置后，进行包过滤规则配置，如图 7.1.66 所示。

（14）设定源地址为 any，目的地址为 server2，如图 7.1.67 所示。

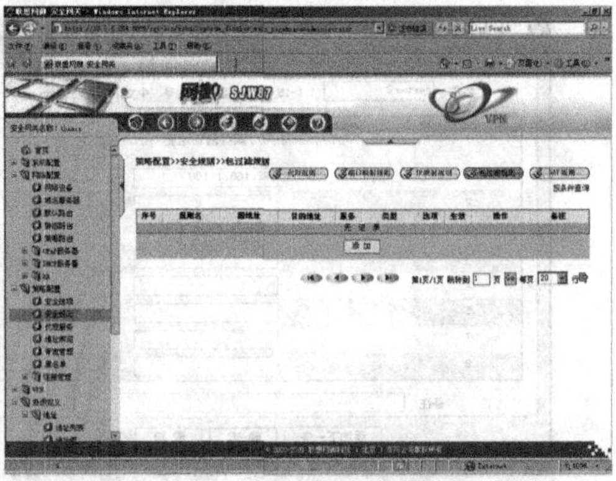

图 7.1.66　包过滤规则配置

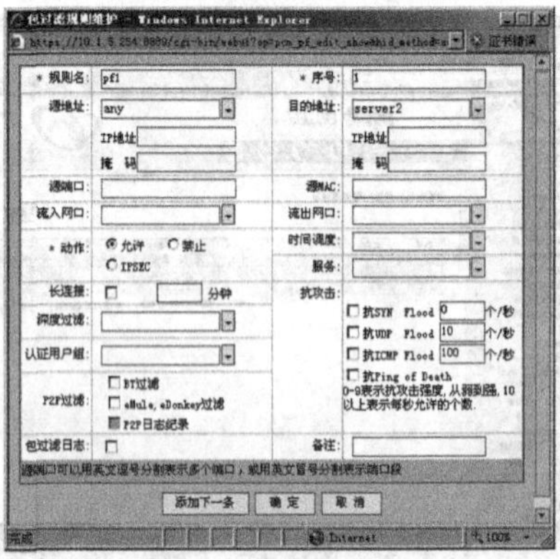

图 7.1.67　包过滤规则维护

（15）完成包过滤规则配置，如图 7.1.68 所示。

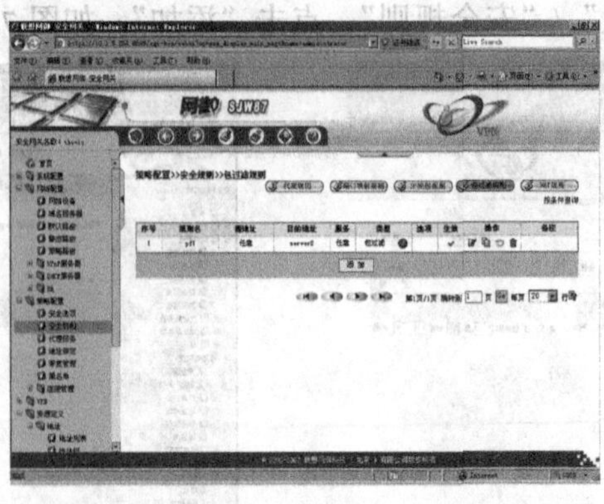

图 7.1.68　包过滤规则配置完成

实验 7.2 ISA 企业级防火墙的应用

【实验目的】

通过操作 ISA 来熟悉防火墙的基本工作原理及应用。

【实验内容】

（1）建立防火墙策略使允许访问相应服务。

（2）设置内外网地址以及访问策略的开发时间。

【预备知识】

（1）Microsoft® Internet Security and Acceleration (ISA) Server 2004 是可扩展的企业防火墙和 Web 缓存服务器，它构建在 Microsoft Windows Server™2003 和 Windows®2000 Server 操作系统安全、管理和目录上，以实现基于策略的访问控制、加速和网际管理。其工作模型如图 7.2.1 所示。

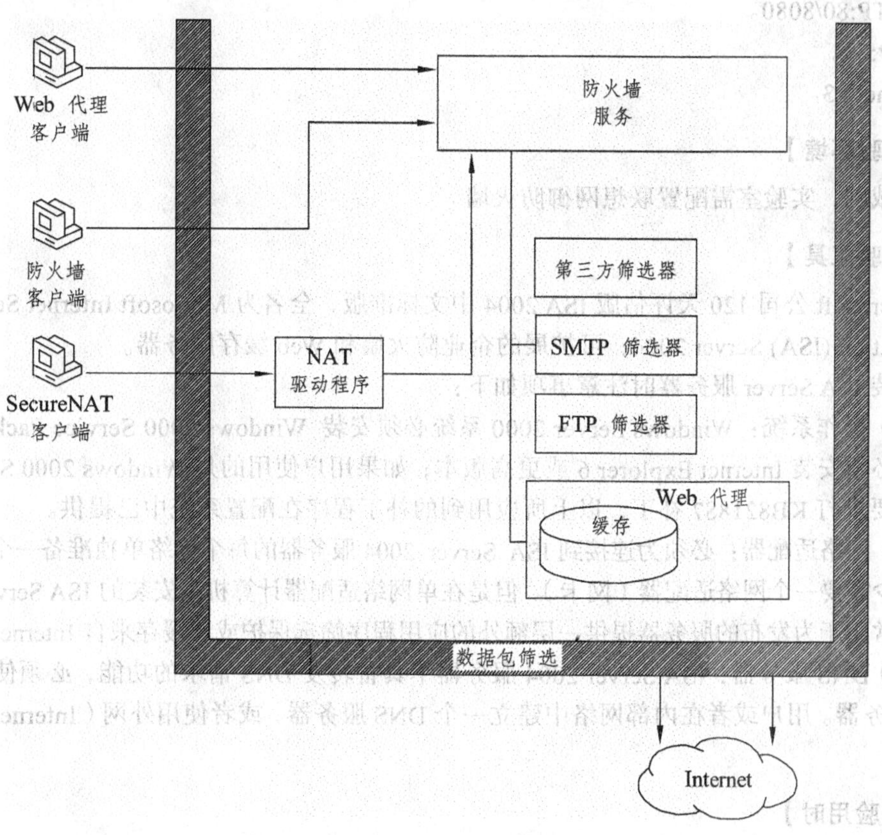

图 7.2.1 ISA 工作模型

（2）ISA 服务器可以保护三种类型的客户端：防火墙客户端、SecureNAT 客户端和 Web 代理客户端。各种客户端的区别如表 7.2.1 所示。

表 7.2.1　各种客户端的区别

功能	SecureNAT 客户端	防火墙客户端	Web 代理客户端
安装	是，需要对网络配置进行一些修改	是	否，需要配置 Web 浏览器
操作系统支持	支持 TCP/IP 的所有操作系统	仅限 Windows 平台	所有平台，但采用的是 Web 应用程序方式
协议支持	适用于多连接协议的应用程序筛选器	所有的 Windsock 应用程序	HTTP、安全 HTTP（HTTPS）和 FTP
用户级身份验证支持	是，仅限 VPN 客户端	是	是

（3）NAT（Network Address Translator），即网络地址转换。NAT 通过将专用内部地址转换为公共外部地址，从而对外隐藏了内部管理的 IP 地址。这样，通过在内部使用非注册的 IP 地址，并将它们转换为一小部分外部注册的 IP 地址，从而减少了 IP 地址注册的费用。同时隐藏了内部网络结构，因此降低了内部网络受到攻击的风险。

（4）常用协议端口对应关系：

HTTP:80/8080。

FTP:21。

Telnet:23。

【实验环境】

局域网，实验室需配置联想网御防火墙。

【实验工具】

Microsoft 公司 120 天评估版 ISA 2004 中文标准版，全名为 Microsoft Internet Security and Acceleration (ISA) Server 2004；可扩展的企业防火墙和 Web 缓存服务器。

安装 ISA Server 服务器时注意事项如下：

（1）操作系统：Windows Server 2000 系统必须安装 Windows 2000 Service Pack 4 或更高版本；必须安装 Internet Explorer 6 或更高版本；如果用户使用的是 Windows 2000 SP4 整合安装，还要求打 KB821887 补丁，以上所应用到的补丁程序在配置系统中已提供。

（2）网络适配器：必须为连接到 ISA Server 2004 服务器的每个网络单独准备一个网络适配器，至少需要一个网络适配器（网卡）。但是在单网络适配器计算机上安装的 ISA Server 2004 服务器通常用于为发布的服务器提供一层额外的应用程序筛选保护或者缓存来自 Internet 的内容。

（3）DNS 服务器：ISA Server 2004 服务器不具备转发 DNS 请求的功能，必须使用额外的 DNS 服务器。用户或者在内部网络中建立一个 DNS 服务器，或者使用外网（Internet）的 DNS 服务器。

【实验用时】

30 分钟/实例。

【实验过程与步骤】

实验 7.2.1　建立防火墙策略使允许访问相应服务

（1）点击右侧“防火墙策略任务”中的“创建新的访问规则”，如图 7.2.2 所示，出现新建访问规则向导，填入规则名称“allowed”，如图 7.2.3 所示。

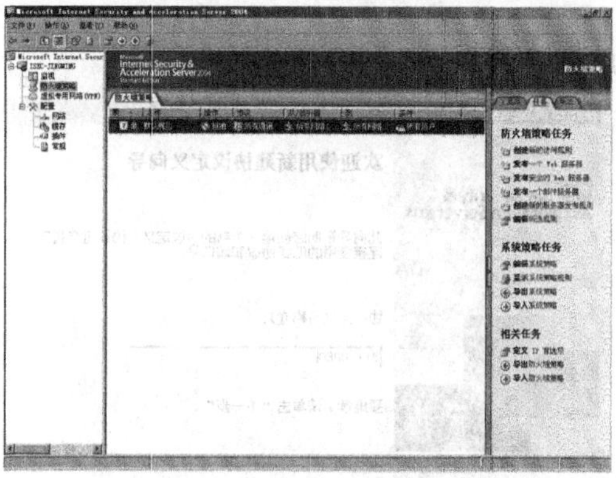

图 7.2.2　ISA 防火墙主界面

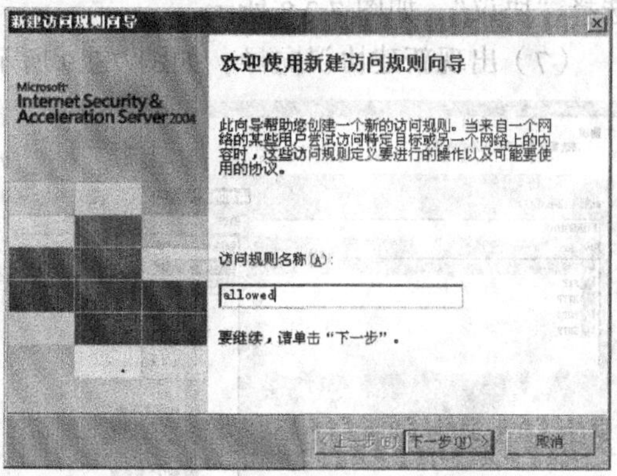

图 7.2.3　新建访问规则向导

（2）点击“下一步”，选择“允许”，如图 7.2.4 所示。

（3）点击“下一步”，选择下拉菜单中的“所选的协议”，如图 7.2.5 所示。

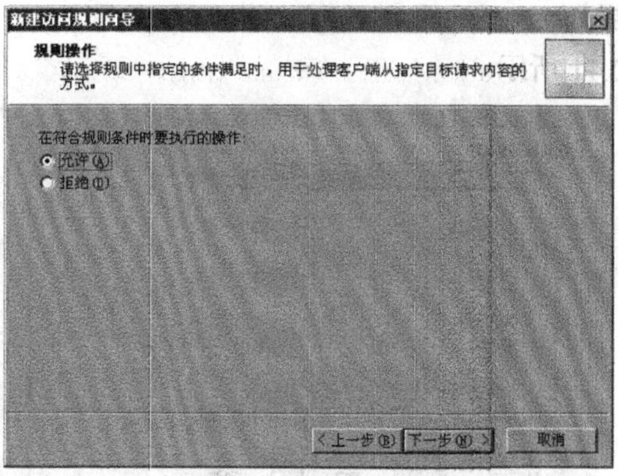

图 7.2.4　规则操作

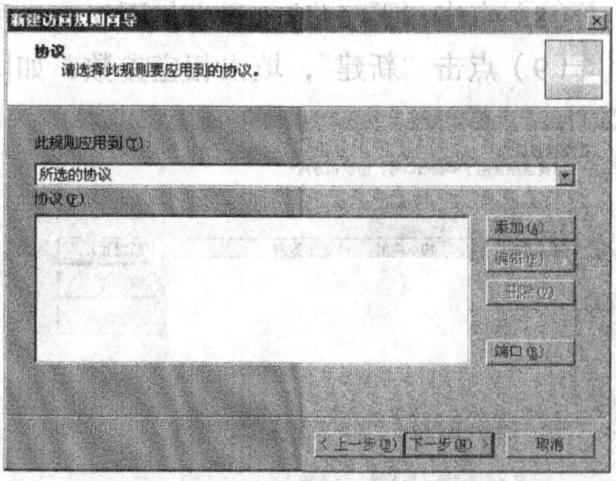

图 7.2.5　设置应用协议

（4）点击“添加”，如图 7.2.6 所示。

（5）展开菜单，选择相应的协议：HTTP、FTP、SMTP 及 POP3，分别点击“添加”以完成协议的添加，如图 7.2.7 所示。为了能正常浏览网页，还必须添加 DNS 协议。

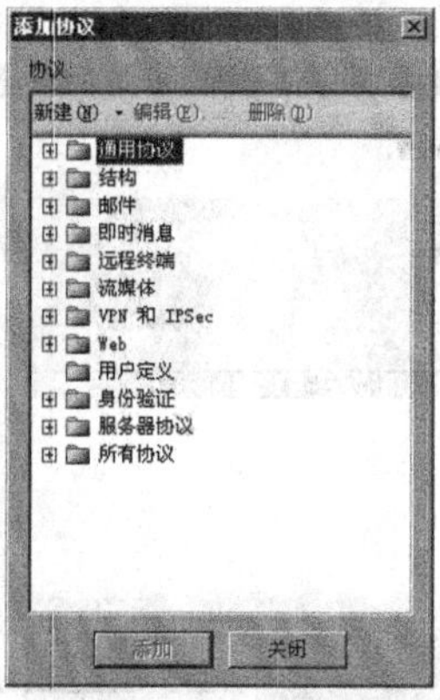

图 7.2.6　添加协议

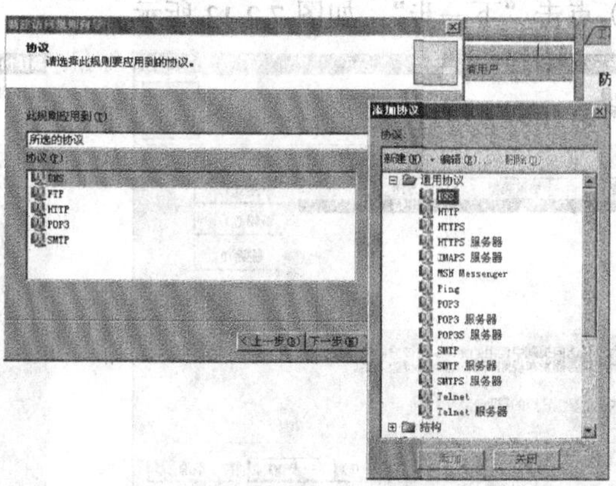

图 7.2.7　添加相应协议

（6）此外，还必须手动创建 HTTP8080 协议，以允许用 8080 端口访问。点击“新建”，选择“协议”，如图 7.2.8 所示。

（7）出现新建协议向导，如图 7.2.9 所示，填入名称“http8080”。

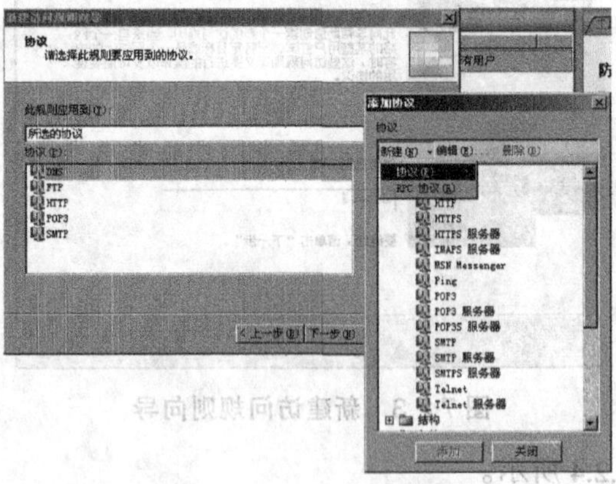

图 7.2.8　新建协议

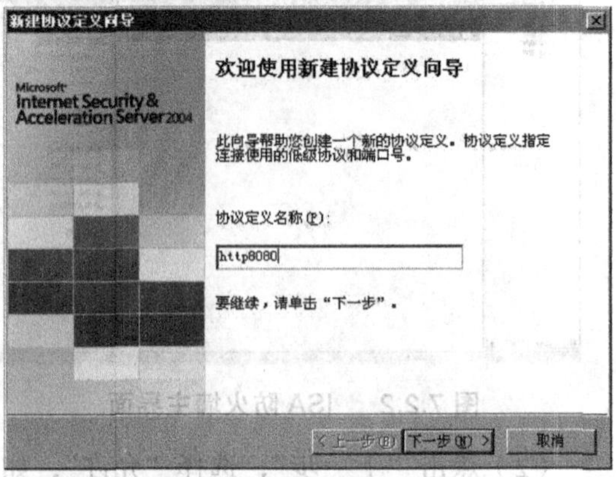

图 7.2.9　新建协议向导

（8）点击“下一步”，弹出如图 7.2.10 所示界面。

（9）点击“新建”，填入相应参数，如图 7.2.11 所示。

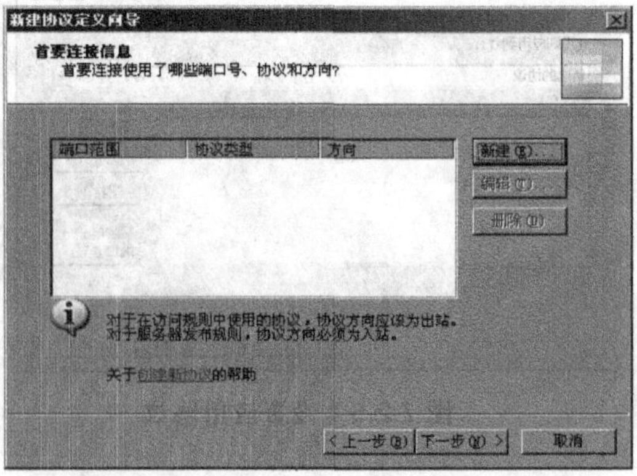

图 7.2.10　首要连接信息

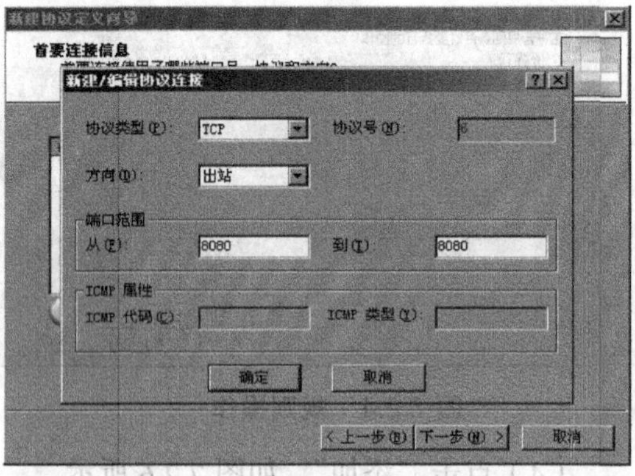

图 7.2.11　填入协议连接信息

（10）点击“确定”，并点击“下一步”，如图 7.2.12 所示。

（11）点击“下一步”，如图 7.2.13 所示。

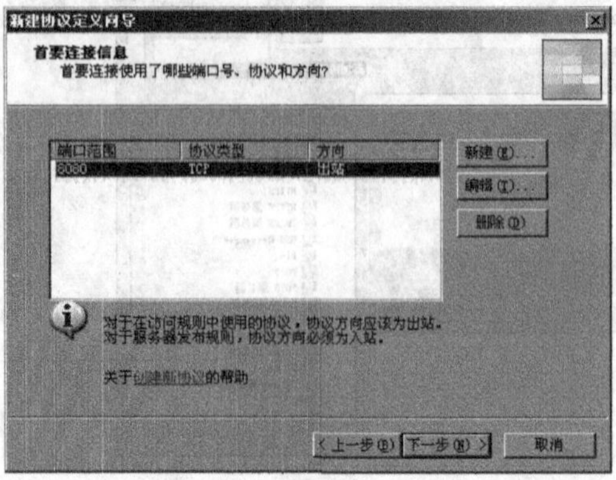

图 7.2.12　首要连接信息

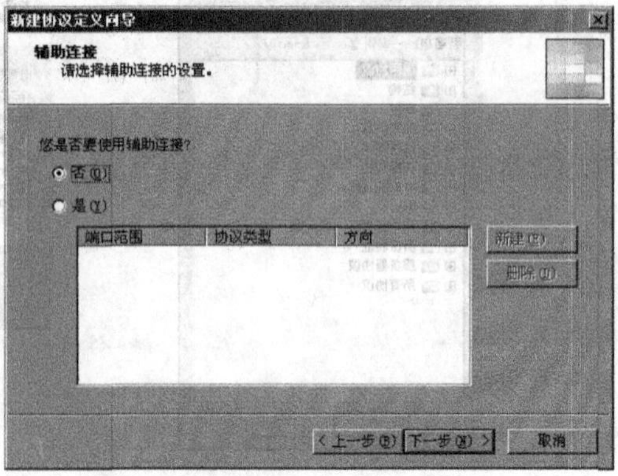

图 7.2.13　辅助连接设置

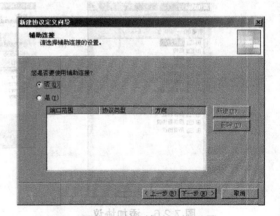

（12）点击“完成”，如图 7.2.14 所示，http8080 创建完毕。可以看到如图 7.2.15 所示界面，点击“添加”。

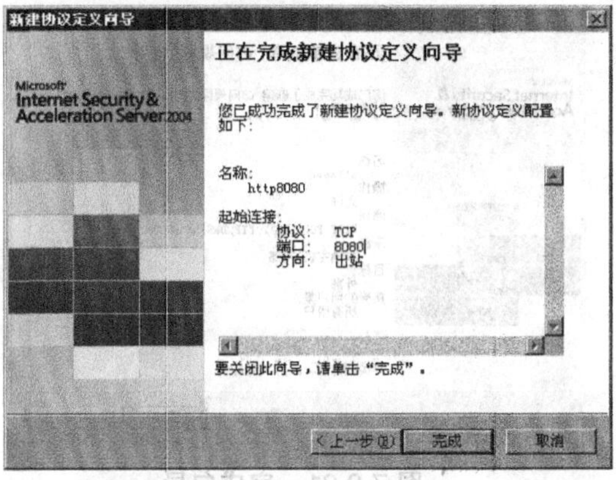

图 7.2.14 完成向导

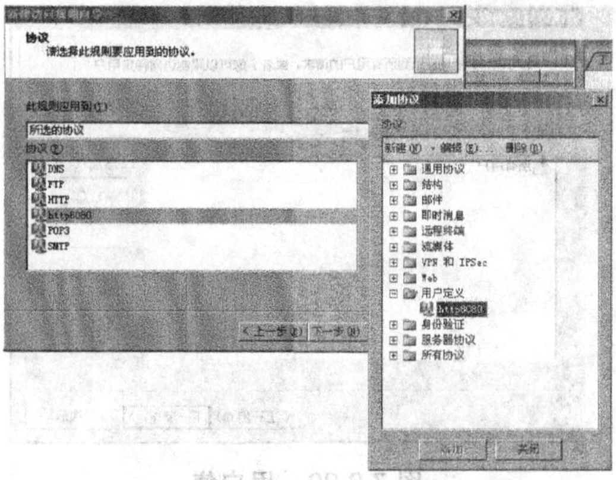

图 7.2.15 添加新建的协议

（13）关闭“添加协议”窗口，点击“下一步”，如图 7.2.16 所示。

（14）点击“添加”，选择“本地主机”和“内部”，如图 7.2.17 所示。

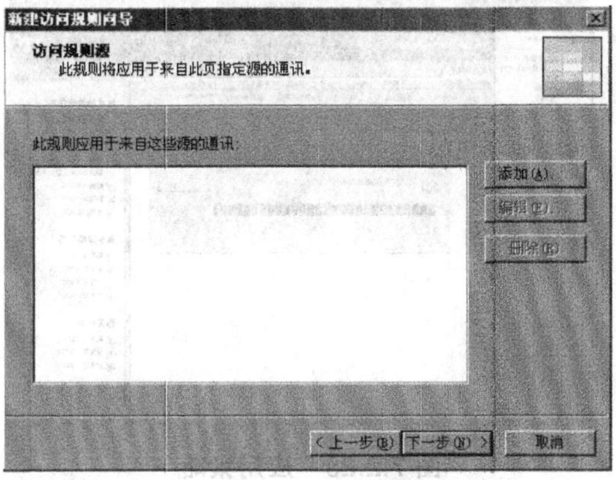

图 7.2.16 访问规则源

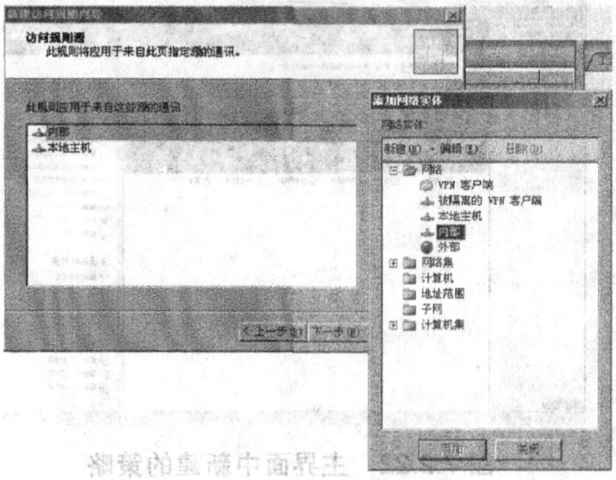

图 7.2.17 添加访问规则源

（15）关闭“添加网络实体”窗口，点击“下一步”，弹出如图 7.2.18 所示界面。

（16）点击“添加”，选择“外部”，如图 7.2.19 所示。

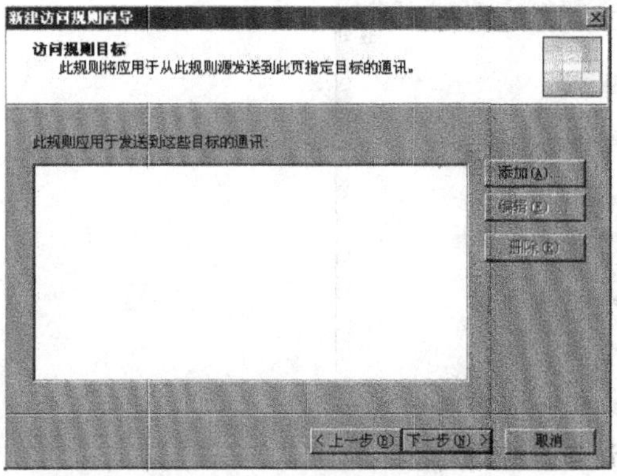

图 7.2.18 访问规则目标

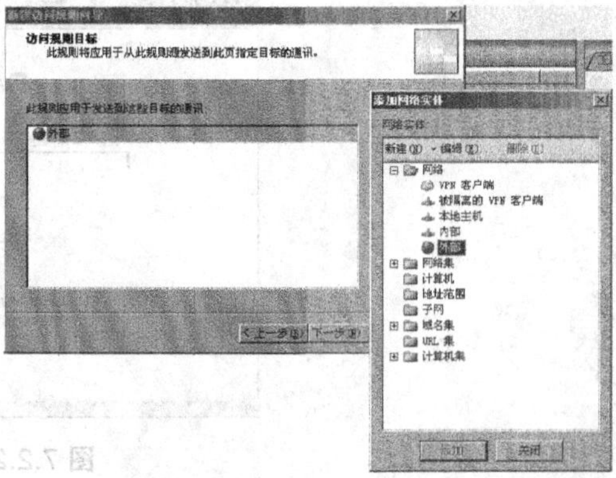

图 7.2.19 添加访问规则目标

（17）关闭“添加网络实体”窗口，点击“下一步”，弹出如图 7.2.20 所示界面。点击“下一步”，完成规则建立，如图 7.2.21 所示。

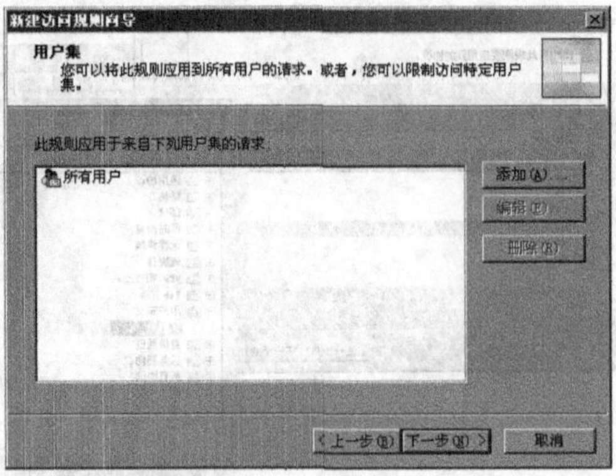

图 7.2.20　用户集

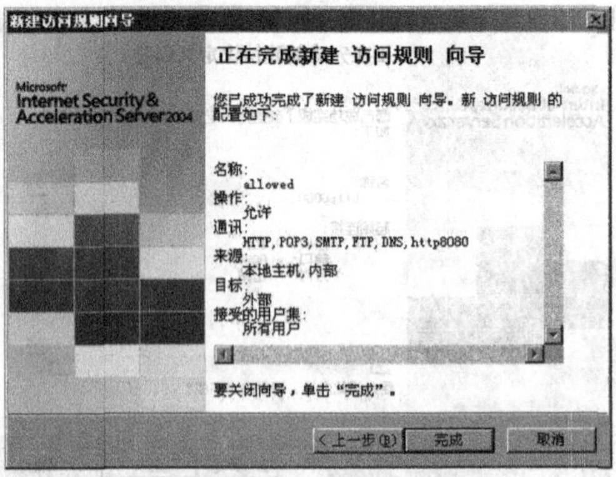

图 7.2.21　完成向导

（18）这时可以在防火墙策略中看到刚刚新建的规则，如图 7.2.22 所示。

（19）点击“应用”，可以实施对防火墙规则的修改，如图 7.2.23 所示。

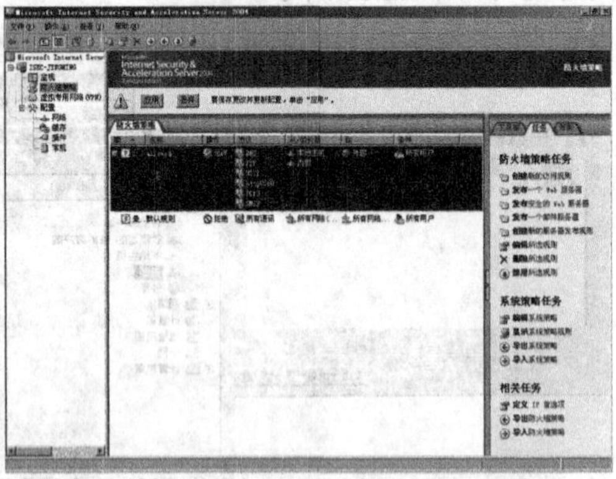

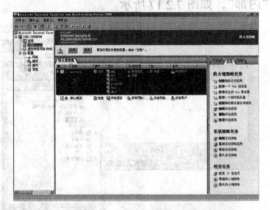

图 7.2.22　主界面中新建的策略

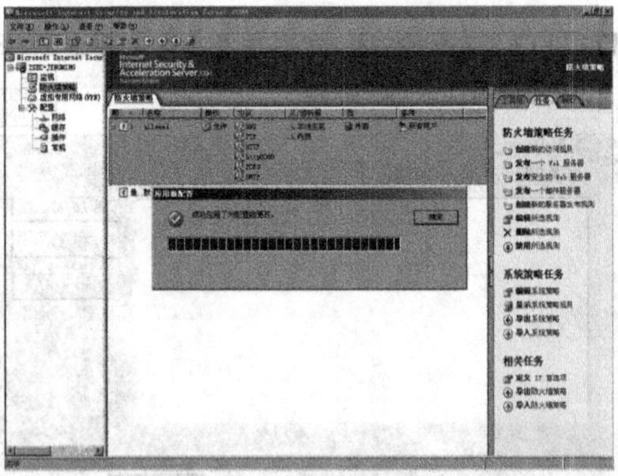

图 7.2.23　应用策略

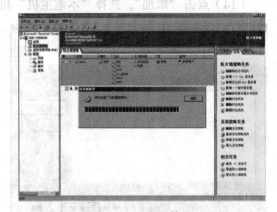

（20）点击“确定”，完成规则的应用。这时在 ISA 服务器上以及内部网络上访问网站，可以正常访问，如图 7.2.24 所示。

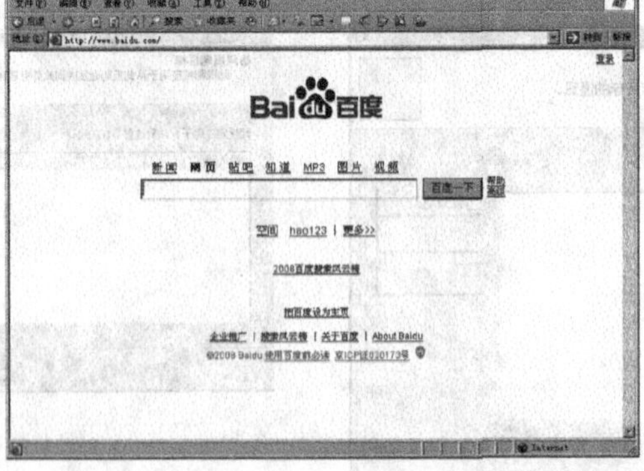

图 7.2.24　访问网站

实验 7.2.2　设置内外网地址以及访问策略的开发时间

（1）打开连接外部网络所用的“本地连接”的属性，如图 7.2.25 所示。

（2）打开“Internet 协议（TCP/IP）”的属性，设置 IP 地址、网关、DNS 等，如图 7.2.26 所示。

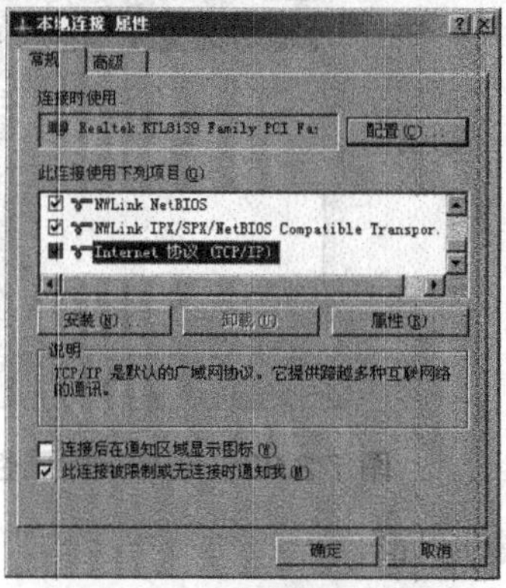

图 7.2.25　外部连接属性

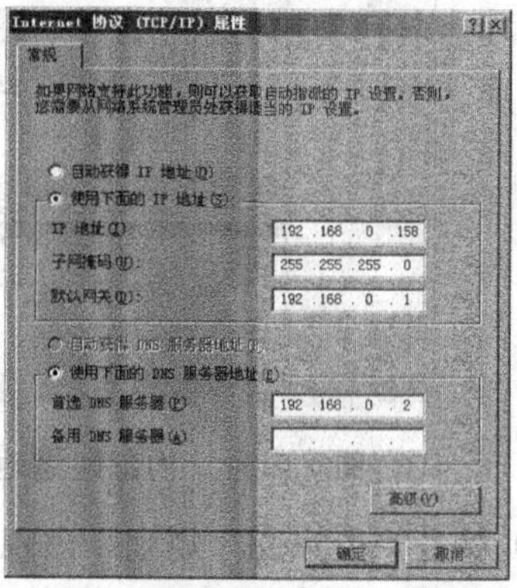

图 7.2.26　Internet 协议属性

（3）打开连接内部网络所用的“本地连接 2”的属性，如图 7.2.27 所示。

（4）打开“Internet 协议（TCP/IP）”的属性，设置 IP 地址、网关、DNS 等，如图 7.2.28 所示。

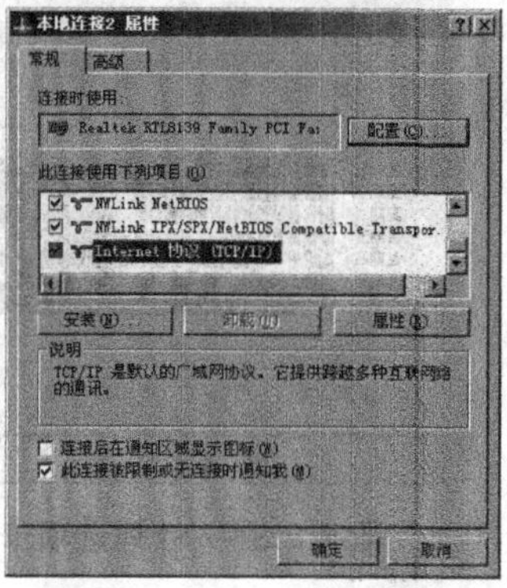

图 7.2.27　内部连接属性

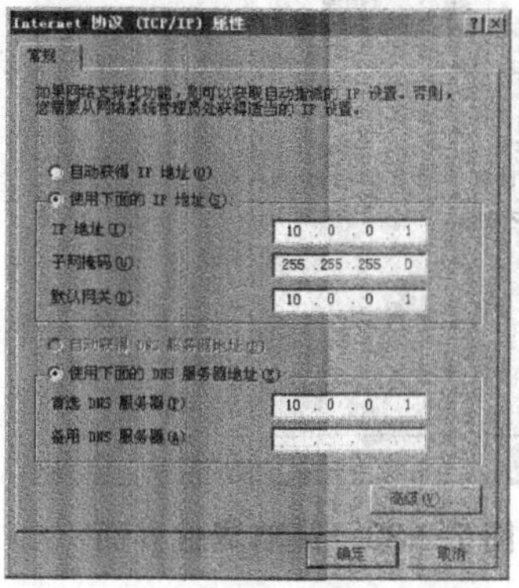

图 7.2.28　Internet 协议属性

（5）设置防火墙“网络”，选择“内部”属性，如图 7.2.29 所示，

（6）点击“编辑”，如图 7.2.30 所示。

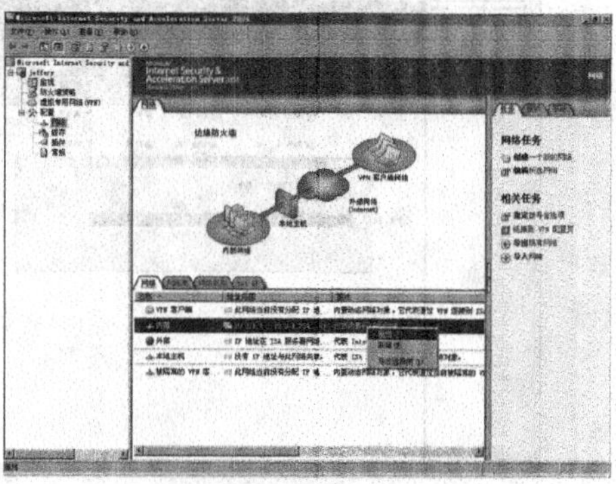

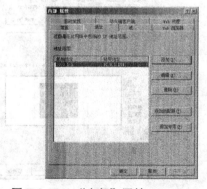

图 7.2.29　选择内部网络属性

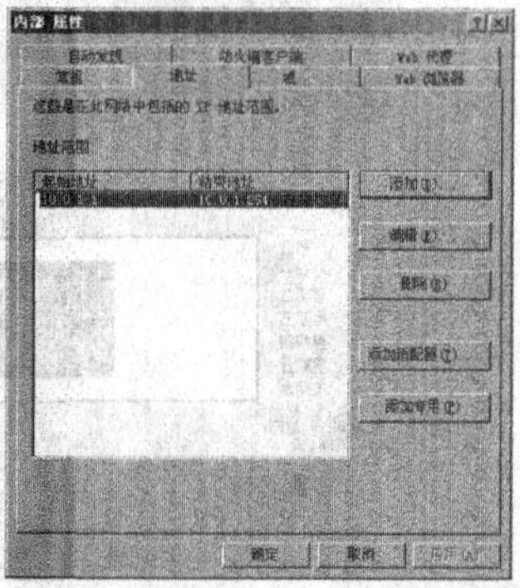

图 7.2.30　“内部”属性

（7）编辑内部网络地址，如图 7.2.31 所示。

（8）右键点击策略，选择“属性”，如图 7.2.32 所示。

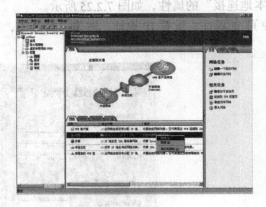

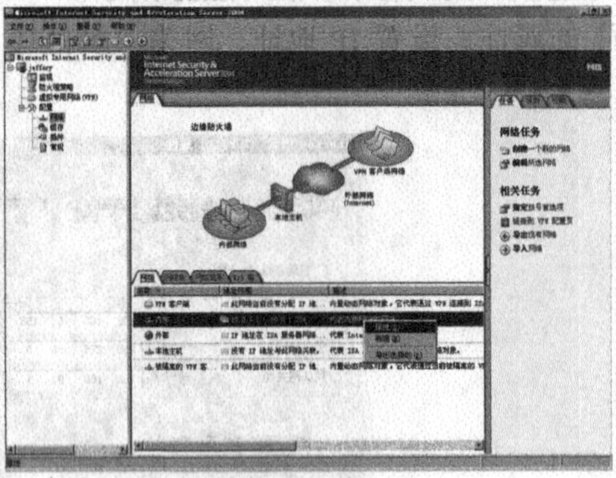

图 7.2.31　内部网络地址

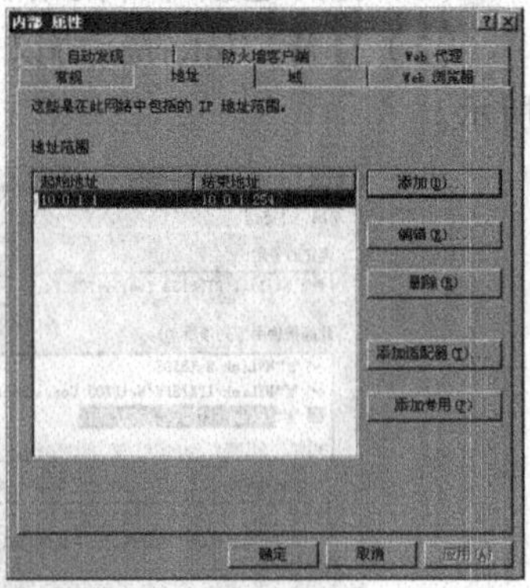

图 7.2.32　选择策略属性

（9）双击“allowed”规则，出现如图 7.2.33 所示属性界面。

（10）选择“计划”标签，如图 7.2.34 所示。

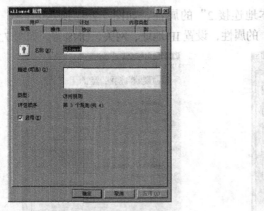

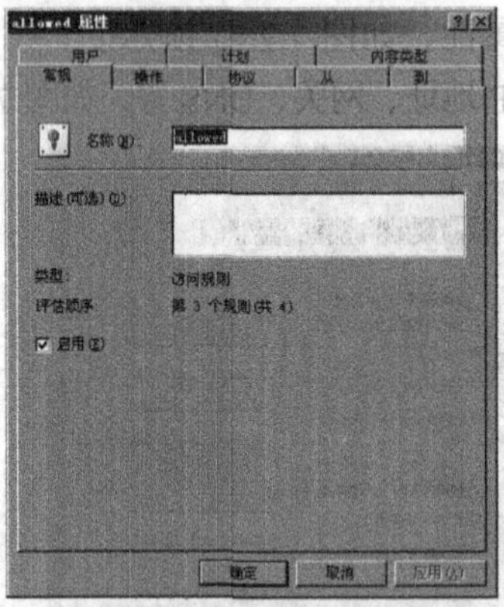

图 7.2.33　策略属性界面

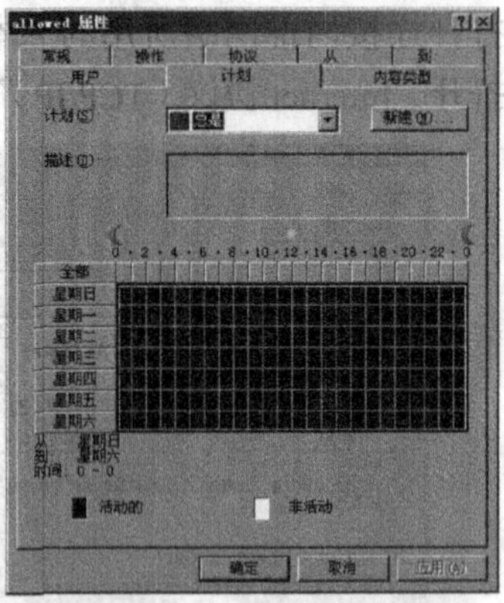

图 7.2.34　计划选项卡

（11）在“计划”后的下拉菜单中选择“工作时间”，如图 7.2.35 所示。

（12）点击“应用”，完成对于 allowed 规则时间上的限制，然后应用规则，如图 7.2.36 所示。

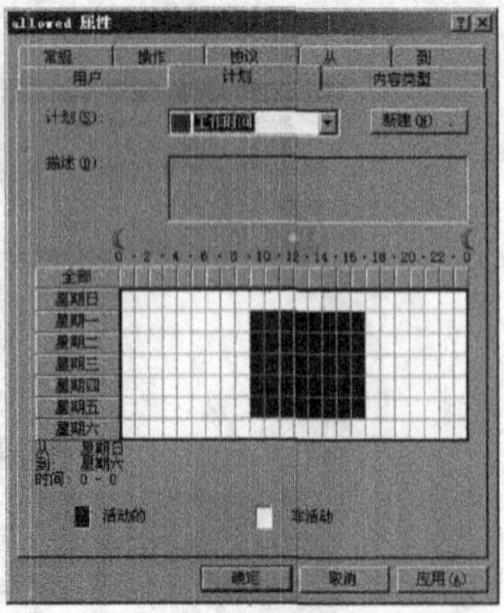

图 7.2.35 设置策略应用时间

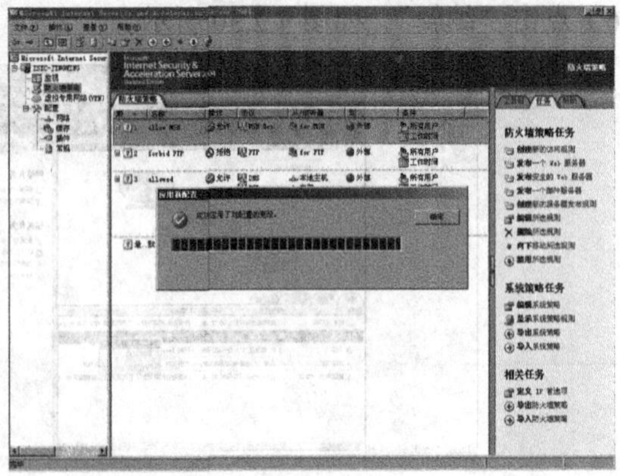

图 7.2.36　完成应用

【作业】

1. 防火墙分类?
2. 完成实验报告。

第 8 章　数据备份与恢复实验

在日常工作中，人为操作错误、系统软件或应用软件缺陷、硬件损毁、计算机病毒、黑客攻击、突然断电、意外宕机、自然灾害等诸多因素都有可能造成计算机中数据丢失，给企业造成无法估量的损失。数据的丢失极有可能演变成一场灾顶之灾。因此，数据备份与恢复对企业来说显得格外重要。

实验 8.1　Windows 下的备份与还原

【实验目的】

掌握利用 Windows 备份工具进行数据备份及还原的方法。

【实验内容】

（1）修改 Windows 备份工具的默认设置。

（2）利用 Windows 自带的工具进行备份操作。

（3）利用 Windows 系统自带的工具进行数据的还原操作。

【预备知识】

（1）了解 Windows 的基本使用知识。

（2）了解数据备份的基本用途。

【实验环境】

局域网。

【实验工具】

Windows 系统自带的数据备份工具。

【实验用时】

30 分钟/实例。

【实验过程与步骤】

实验 8.1.1　修改 Windows 备份工具的默认设置

（1）备份软件路径：依次单击“开始”/“程序”/“附件”/“系统工具”/“备份”，如图 8.1.1 所示。

（2）欢迎界面如图 8.1.2 所示，选择“工具”/“选项”。

（3）“选项”属性界面如图 8.1.3 所示。

（4）选择“排除文件”标签页，如图 8.1.4 所示。

（5）点击“新加”，弹出如图 8.1.5 所示界面。

（6）选择“.avi 文件类型”，应用路径为“d:\”，并勾选“应用于所有子文件夹”，如图 8.1.6 所示。

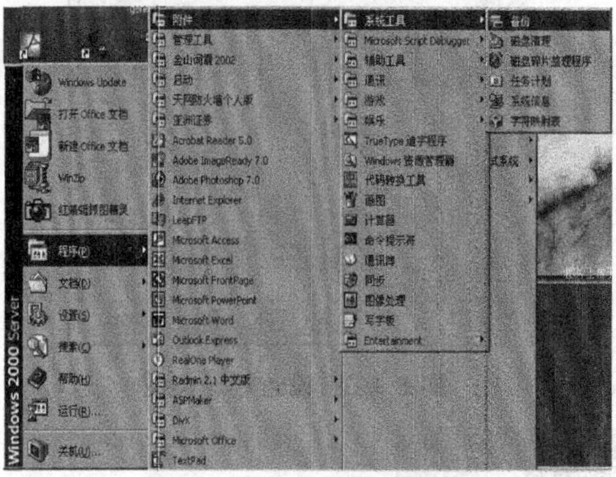

图 8.1.1　打开备份工具

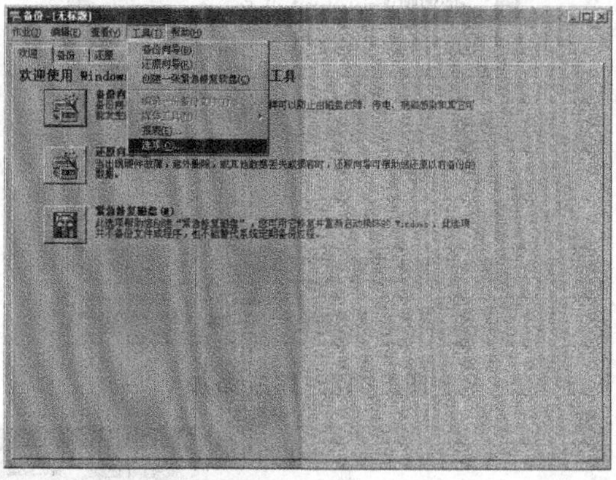

图 8.1.2　选项

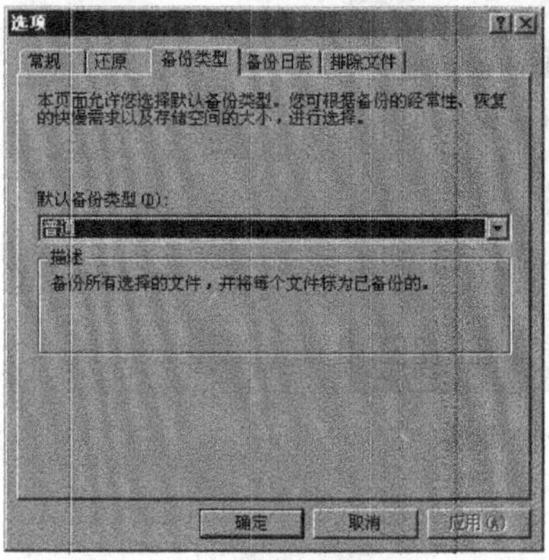

图 8.1.3　选项属性界面

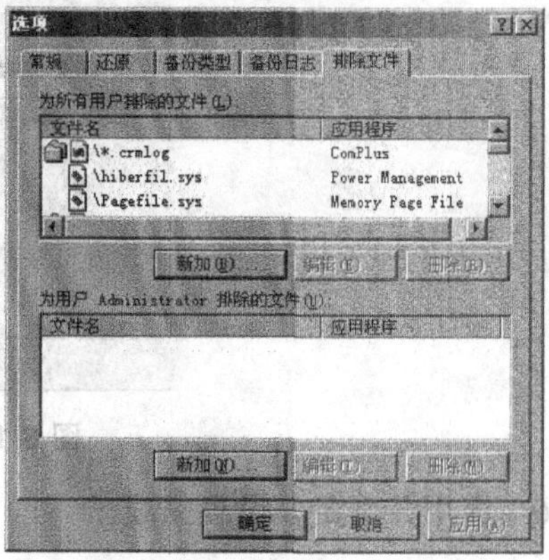

图 8.1.4　排除文件

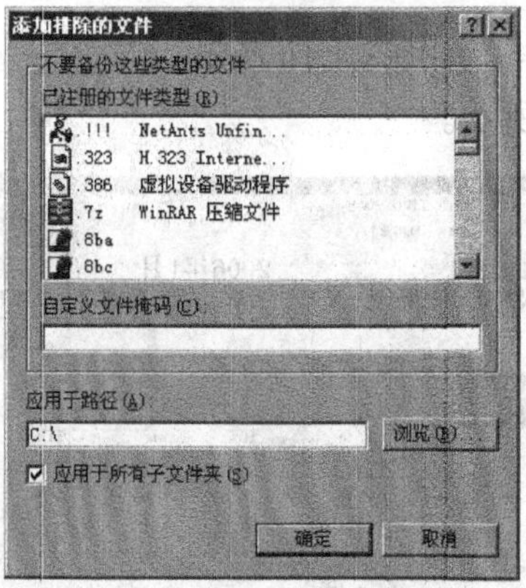

图 8.1.5　添加排除文件

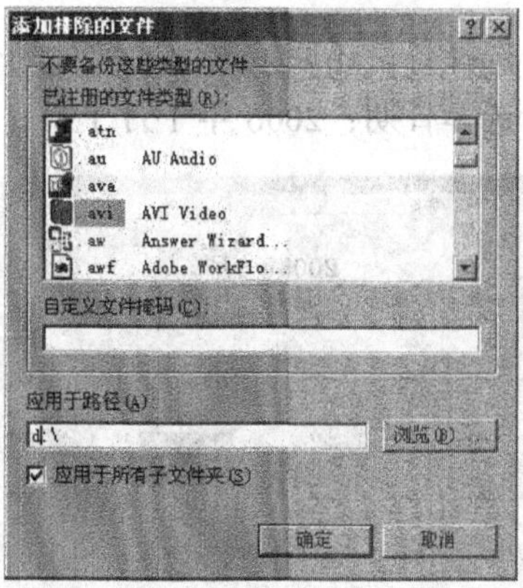

图 8.1.6　设置路径

（7）点击“确定”，如图 8.1.7 所示。

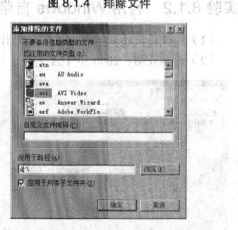

（8）选择“还原”标签页，选中“无条件替换本机上的文件”，如图 8.1.8 所示。

（9）选择“备份类型”标签页，默认备份类型选择“每日”，如图 8.1.9 所示。

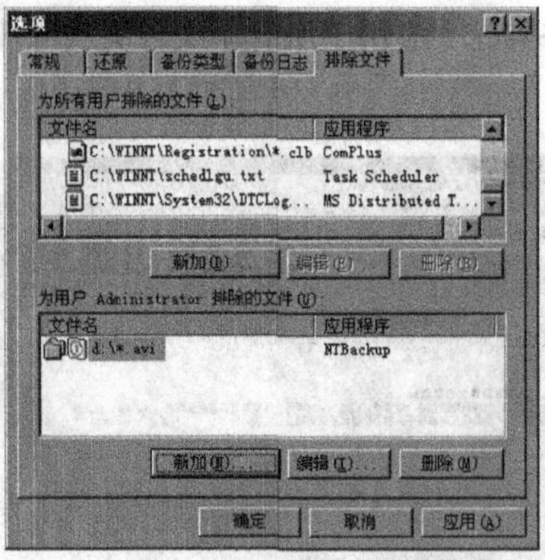

图 8.1.7　完成添加

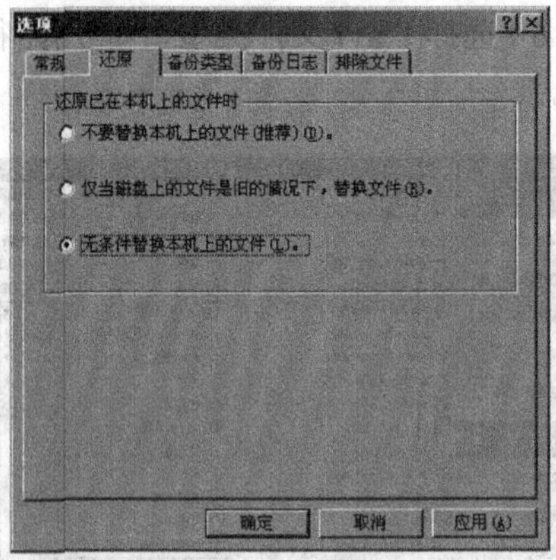

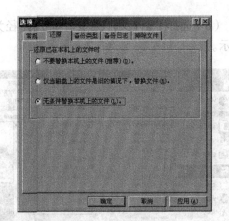

图 8.1.8　设置还原类型

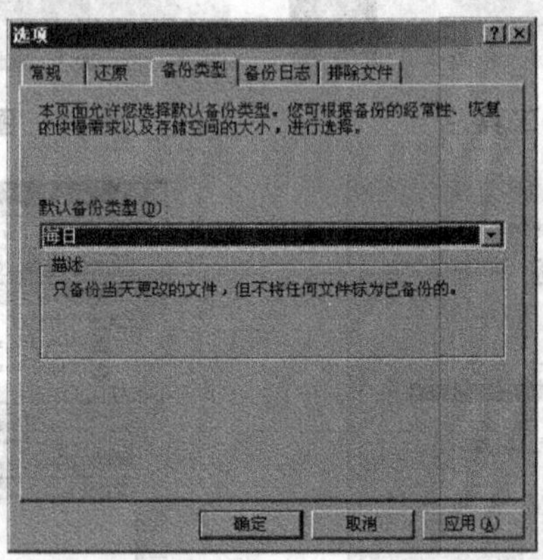

图 8.1.9　设置备份类型

（10）应用并确定，设置完成。

实验 8.1.2　利用 Windows 自带的工具进行备份操作

（1）选择备份还原主界面的“计划作业”选项卡，如图 8.1.10 所示。

（2）选择日期：2006 年 1 月 1 日，如图 8.1.11 所示。

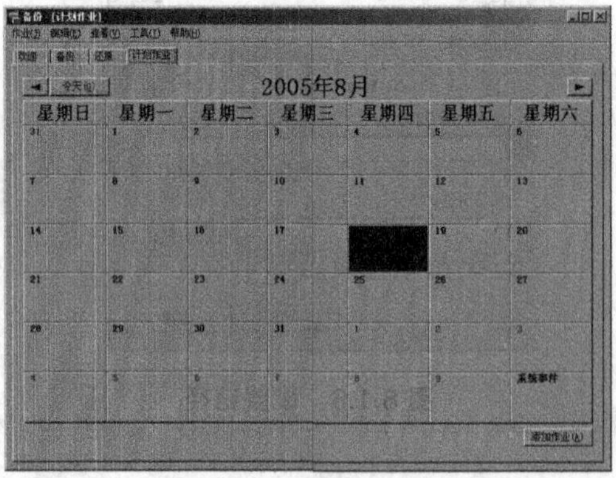

图 8.1.10　计划作业

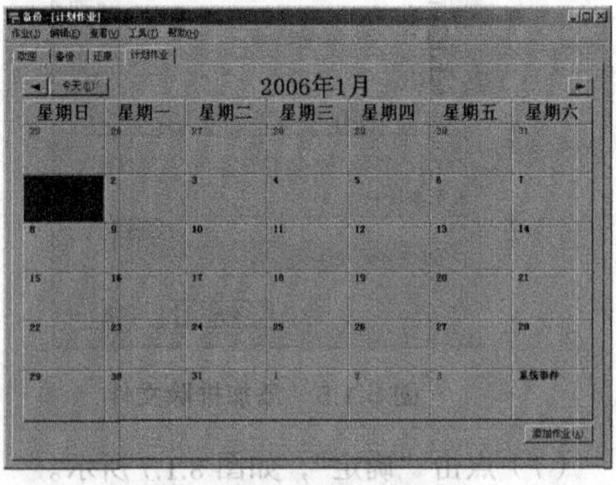

图 8.1.11　选择计划事件

（3）双击 1 月 1 日所在方框，弹出如图 8.1.12 所示界面。

（4）点击“下一步”，选择“只备份系统状态数据”，如图 8.1.13 所示。

图 8.1.12　备份向导

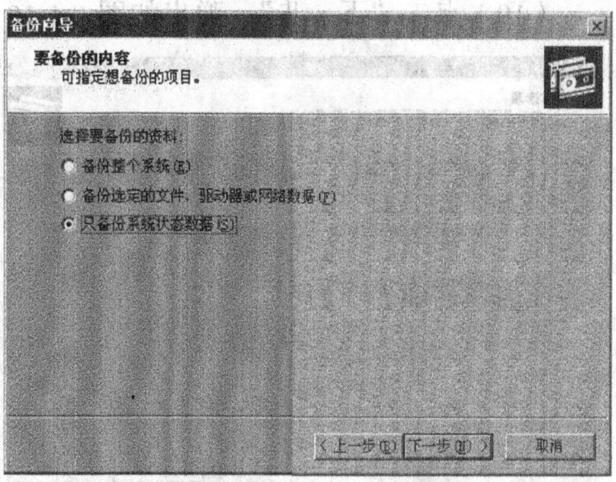

图 8.1.13　备份内容

（5）点击“下一步”，弹出如图 8.1.14 所示界面。

（6）点击“浏览”，将备份文件存于“e:\”，命名为“statas”，如图 8.1.15 所示。

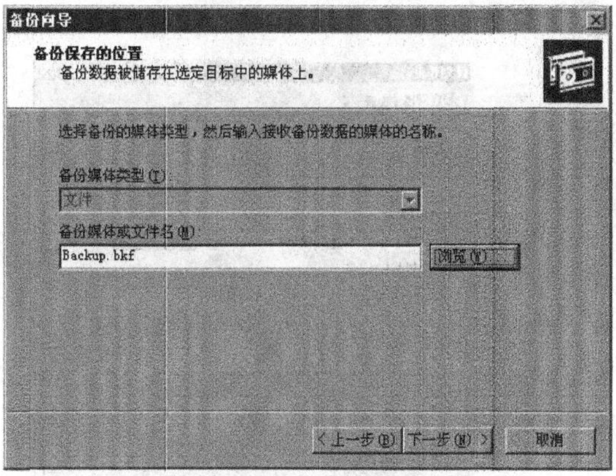

图 8.1.14　保存位置

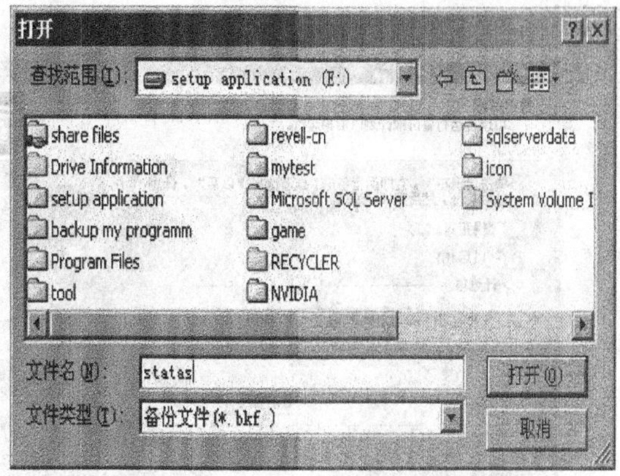

图 8.1.15　备份文件名称

（7）点击“打开”，结果如图 8.1.16 所示。

（8）点击“下一步”，选择“备份后验证数据”，如图 8.1.17 所示。

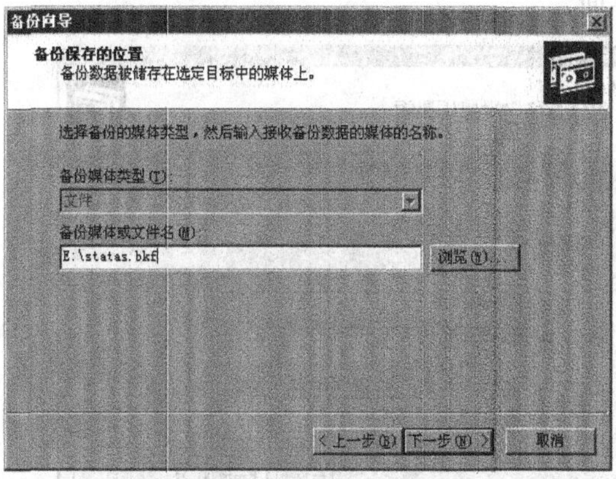

图 8.1.16　完成保存位置

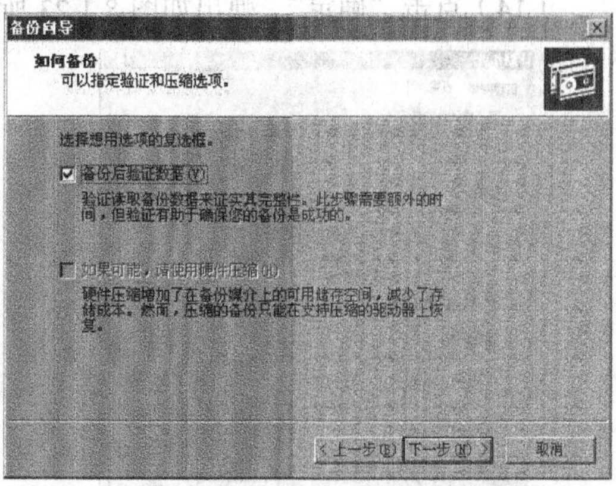

图 8.1.17　验证数据

（9）点击“下一步”，选择“将备份附加到媒体”，如图 8.1.18 所示。

（10）点击“下一步”，弹出如图 8.1.19 所示界面。

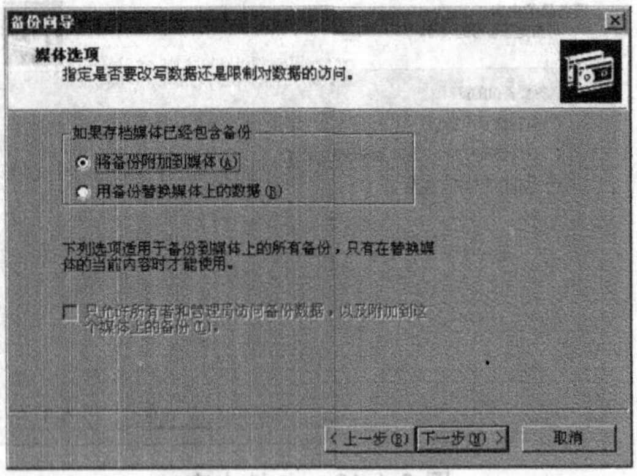

图 8.1.18　媒体选项

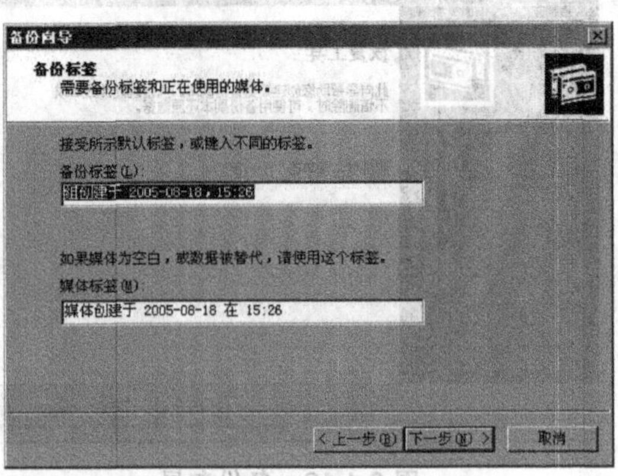

图 8.1.19　备份标签

（11）点击“下一步”，弹出如图 8.1.20 所示界面。

（12）点击“设定备份计划”，选择计划任务为“一次性”，开始时间为 6:00，如图 8.1.21 所示。

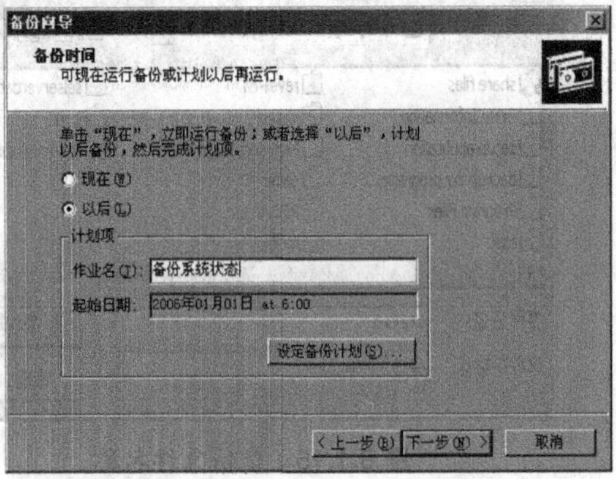

图 8.1.20　备份事件

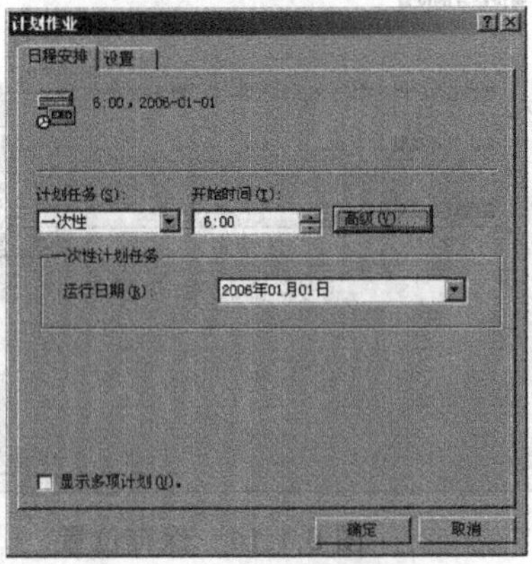

图 8.1.21　计划作业设置

（13）选择“设置”选项卡，选中“如果计算机在使用中，停止任务”，如图 8.1.22 所示。

（14）点击“确定”，弹出如图 8.1.23 所示界面。

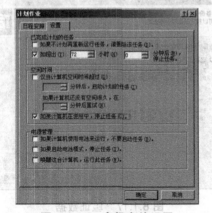

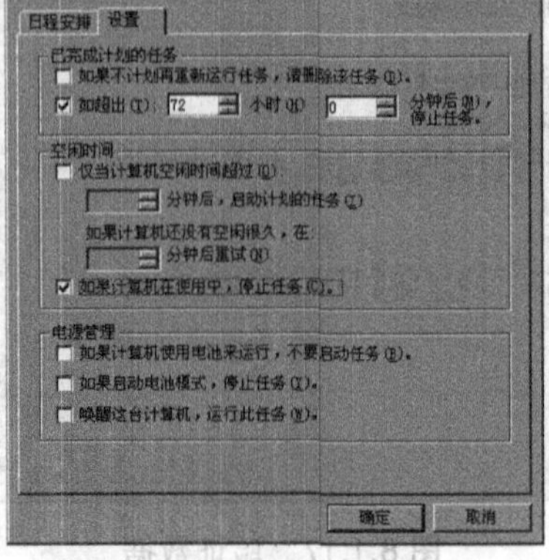

图 8.1.22　空闲事件设置

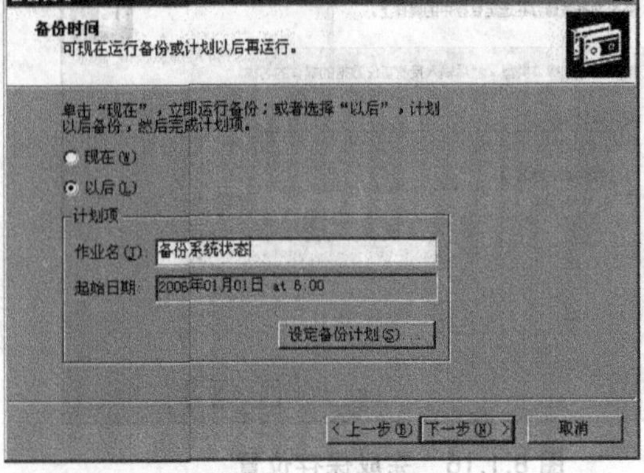

图 8.1.23　设置计划项

（15）点击“下一步”，弹出如图 8.1.24 所示界面，点击“完成”即可。

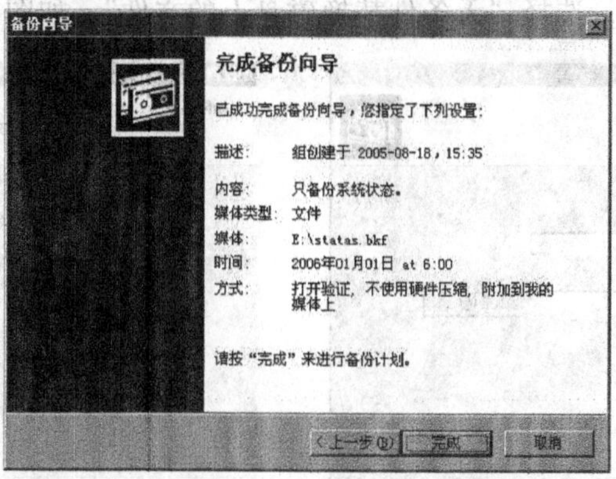

图 8.1.24 完成向导

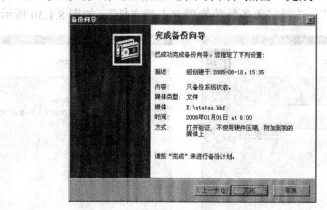

实验 8.1.3 利用 Windows 系统自带的工具进行数据的还原操作

（1）打开备份还原主界面，如图 8.1.25 所示。

（2）点击“还原向导”，如图 8.1.26 所示。

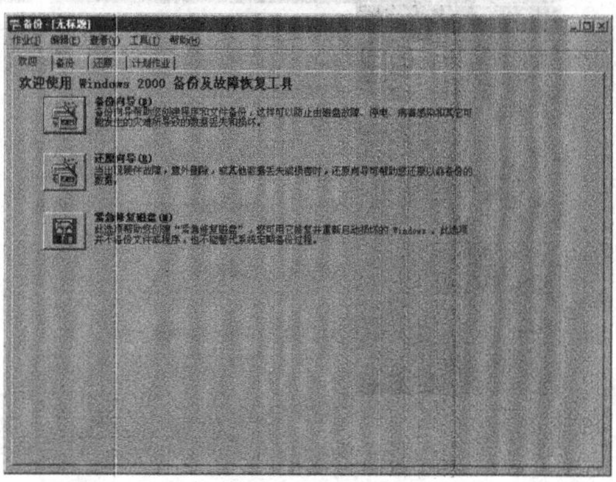

图 8.1.25 备份工具欢迎界面

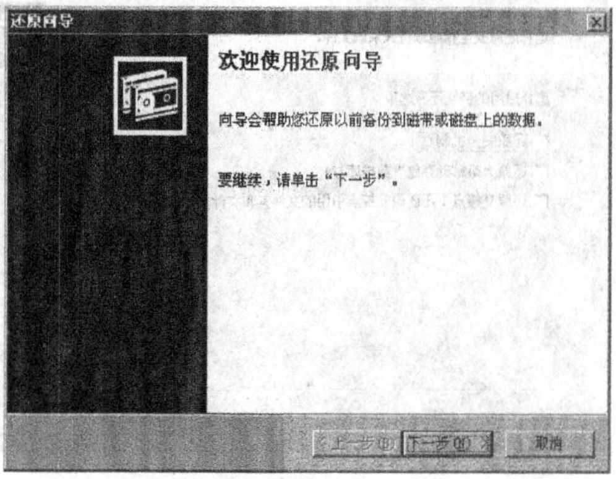

图 8.1.26 还原向导

（3）点击“下一步”，选择需要还原的文件夹“D:\”，如图 8.1.27 所示。

（4）点击“下一步”，进入高级向导，如图 8.1.28 所示。

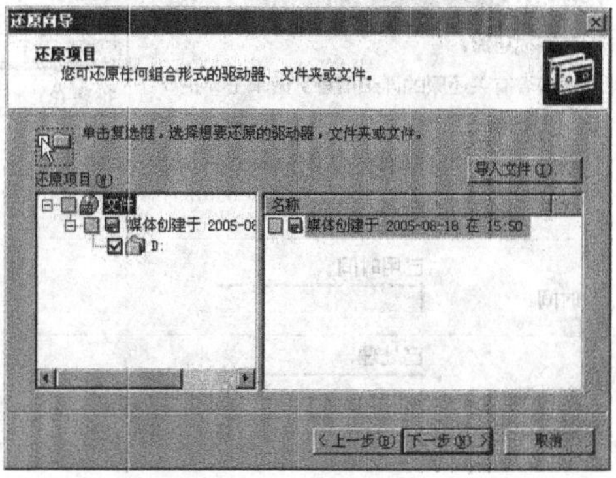

图 8.1.27 还原项目

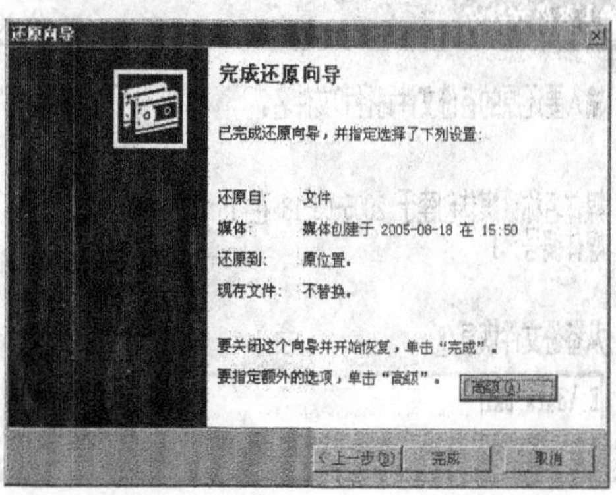

图 8.1.28 进入高级向导

（5）点击“高级”，将文件还原到“单个文件夹”，备用位置为“e:\data”，如图 8.1.29 所示。

（6）点击“下一步”，选择“无条件替换磁盘上的文件”，如图 8.1.30 所示。

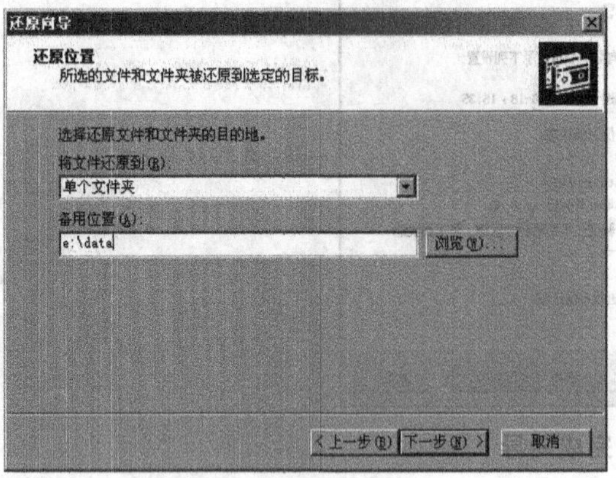

图 8.1.29　还原位置

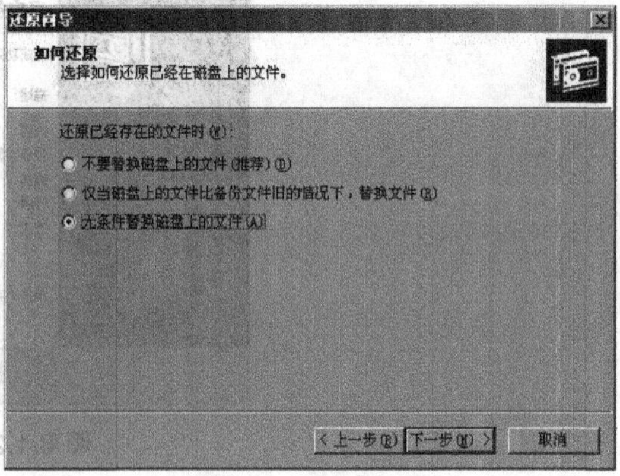

图 8.1.30　如何还原

（7）点击“下一步”，取消所有选项，如图 8.1.31 所示。

（8）点击“下一步”，完成界面如图 8.1.32 所示。

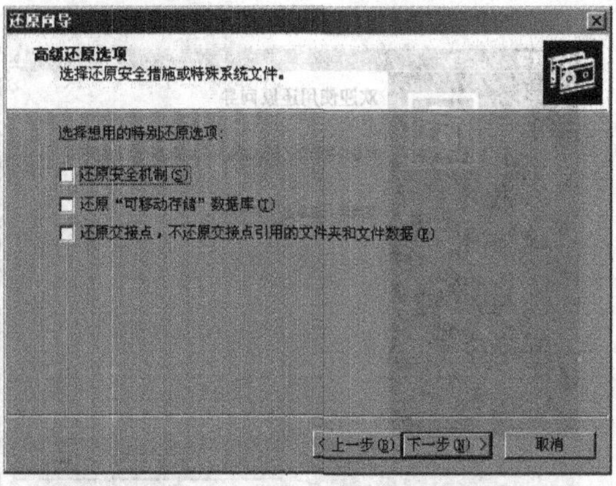

图 8.1.31　高级还原选项

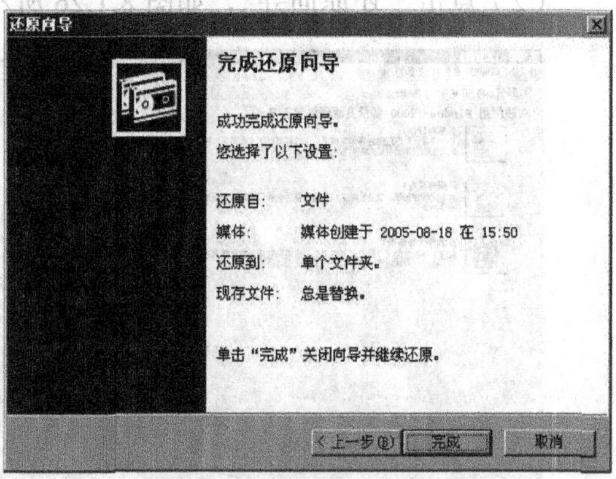

图 8.1.32　完成向导

（9）点击“完成”，弹出如图 8.1.33 所示对话框，确认备份文件位置为 e:\data.bkf。

（10）点击“确定”开始还原，还原结束界面如图 8.1.34 所示。

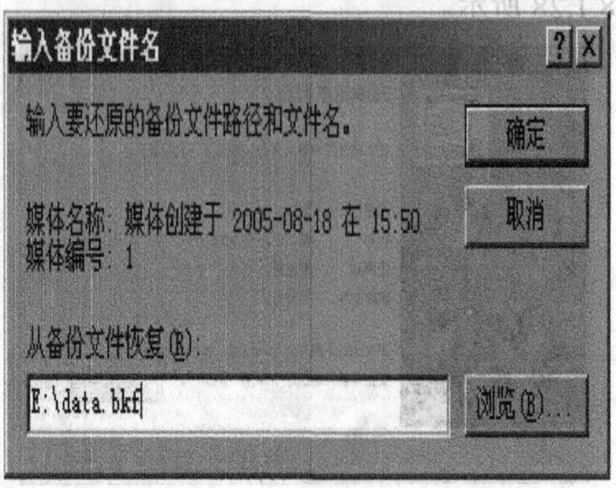

图 8.1.33　选择映像文件

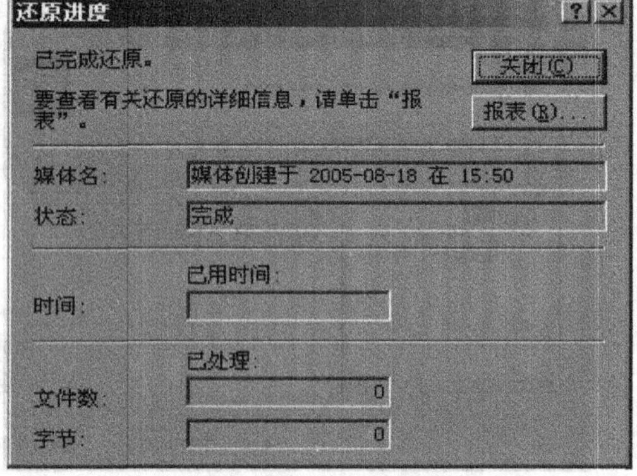

图 8.1.34　还原过程

（11）点击“关闭”结束任务。

实验 8.2　Ghost 数据备份与恢复

【实验目的】

学会熟练使用系统及数据备份工具 Norton Ghost 2003。

【实验内容】

（1）运用 Ghost 对 Windows 系统进行备份。

（2）运用 Ghost 还原向导还原数据。

【预备知识】

（1）了解 Windows 的基本使用知识。

（2）了解数据备份的基本原理和用途。

【实验环境】

局域网。

【实验工具】

Symantec 公司 Norton Ghost 2003 中文版，全名为 Symantec Norton Ghost，用于 Windows 操作系统的备份/恢复。

【实验用时】

30 分钟/实例。

【实验过程与步骤】

实验 8.2.1　运用 Ghost 对 Windows 系统进行备份

（1）打开 Norton Ghost 2003 主界面，如图 8.2.1 所示。

（2）点击“Ghost 基本功能”中的“备份”选项，运行备份向导，如图 8.2.2 所示。

图 8.2.1　Norton Ghost 2003 主界面

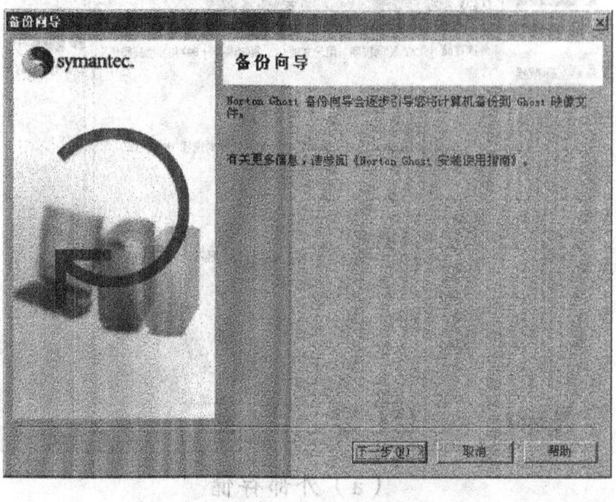

图 8.2.2　备份向导

（3）点击“下一步”，选择要备份的源磁盘分区，如图 8.2.3 所示。

（4）点击“下一步”，选择备份文件的存储位置，如图 8.2.4 所示。

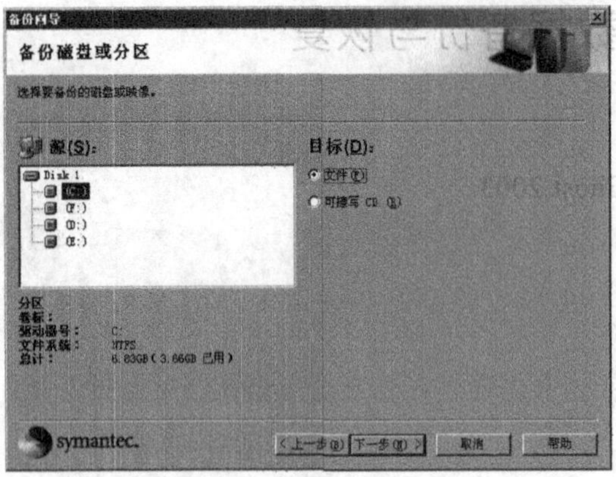

图 8.2.3　备份磁盘或分区

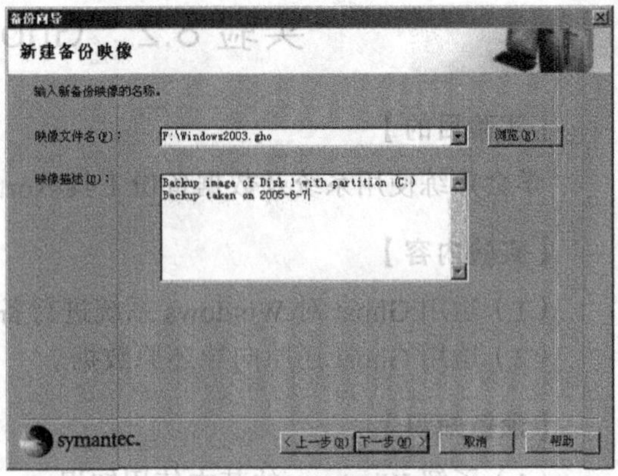

图 8.2.4　新建备份映像

（5）点击“下一步”，出现“高级设置”界面，点击“高级设置”，如图 8.2.5 所示。弹出如图 8.2.6 所示界面。

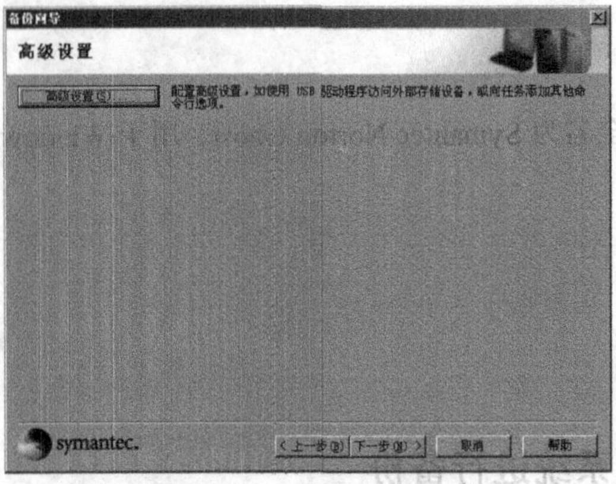

图 8.2.5　高级设置

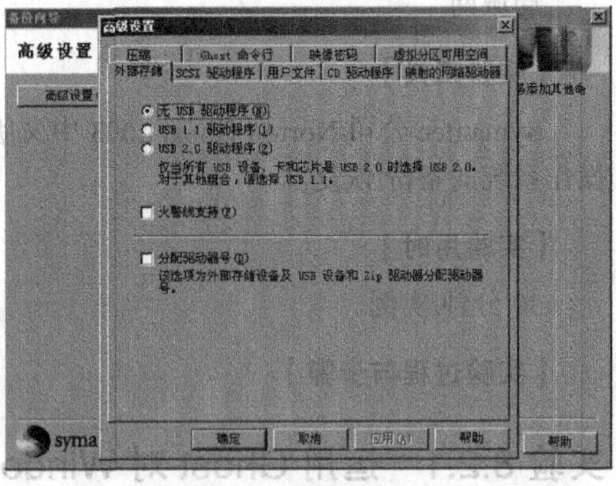

图 8.2.6　高级设置属性

（6）分别对“外部存储”“压缩”“映像密码”进行设置，如图 8.2.7 所示。

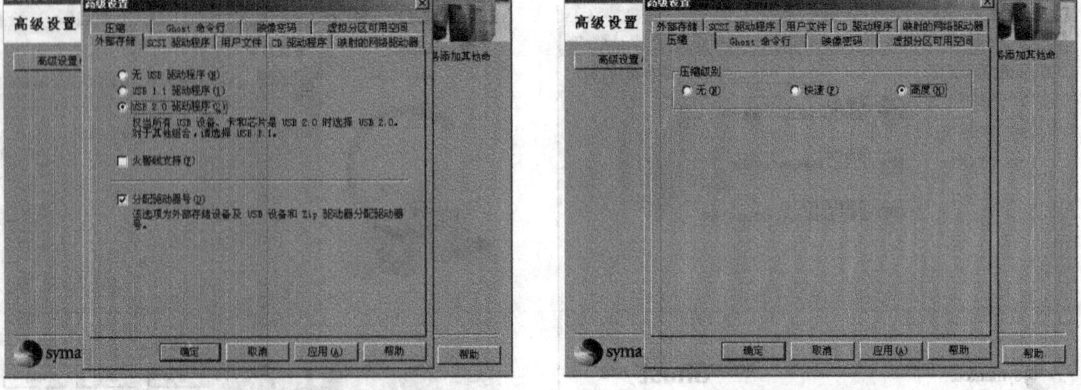

（a）外部存储　　　　（b）压缩级别

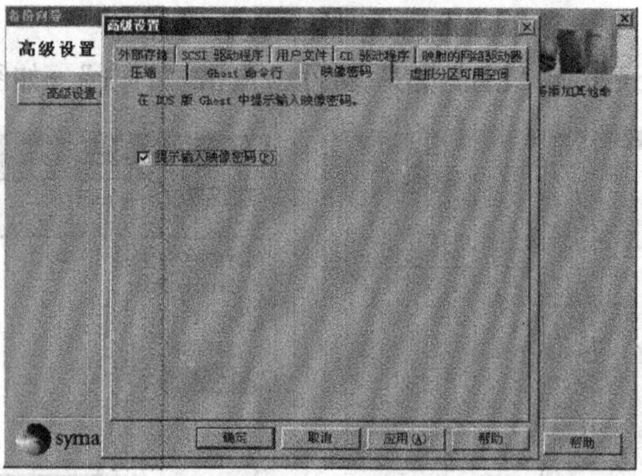

（c）映像密码

图 8.2.7 高级设置

（7）单击“应用”并确定，点击“下一步”，如图 8.2.8 所示。

（8）点击“下一步”，点击“立即运行”，并点击弹出对话框中的“确定”，如图 8.2.9 所示，系统将重新启动，并自动进入 Ghost，生成映像文件。

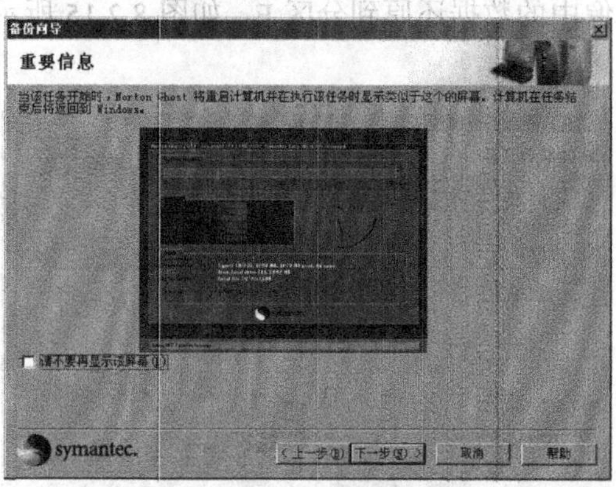

图 8.2.8 重要信息

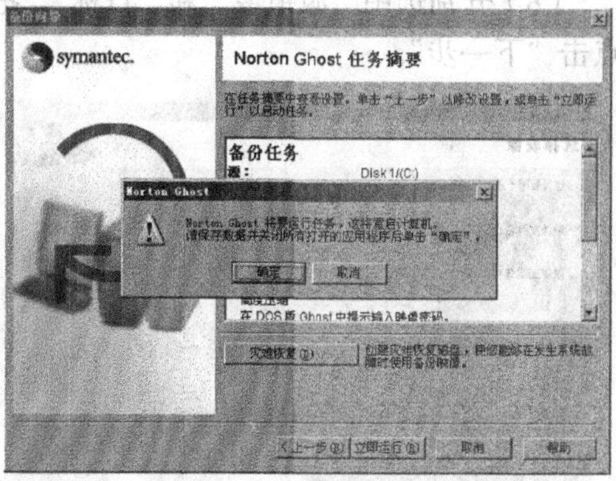

图 8.2.9 重启系统

实验 8.2.2 运用 Ghost 还原向导还原数据

（1）在“Ghost 基本功能”中选择“还原”，如图 8.2.10 所示，运行还原向导。

（2）还原向导如图 8.2.11 所示，点击“下一步”。

图 8.2.10 Ghost 界面

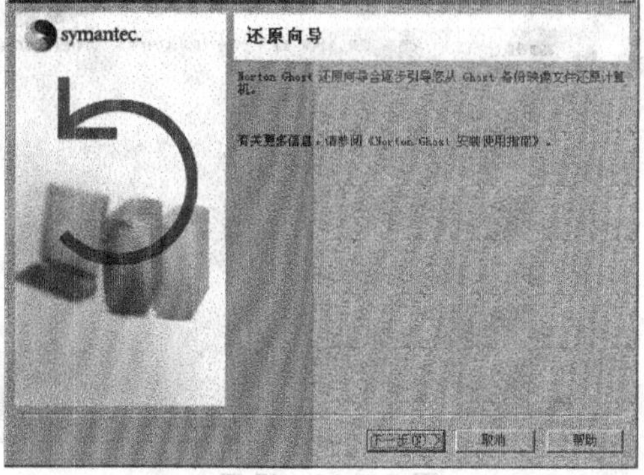

图 8.2.11 还原向导

（3）点击“浏览”，选择镜像文件，如图 8.2.12 所示。

（4）选择 D 盘根目录下的“data.gho”文件，点击“打开”，如图 8.2.13 所示。

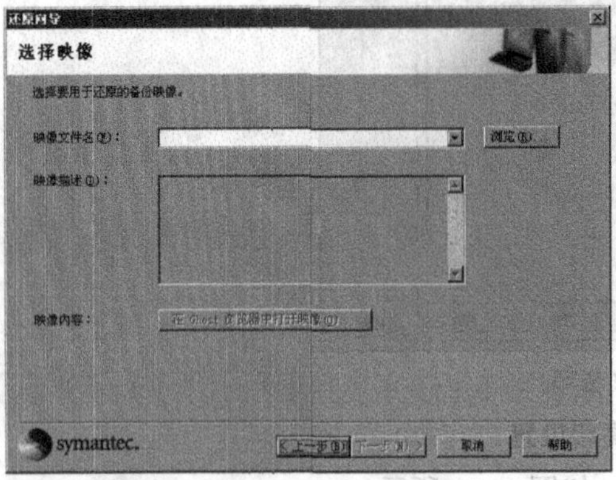

图 8.2.12　选择映像

图 8.2.13　选择 data.gho

（5）点击“下一步”，如图 8.2.14 所示。

（6）分别选中“源镜像”和“目标”，把此镜像中的数据还原到分区 E，如图 8.2.15 所示，点击“下一步”。

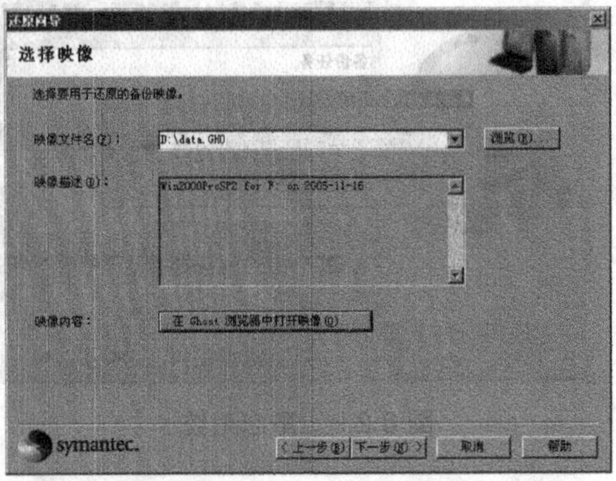

图 8.2.14　选择映像完成

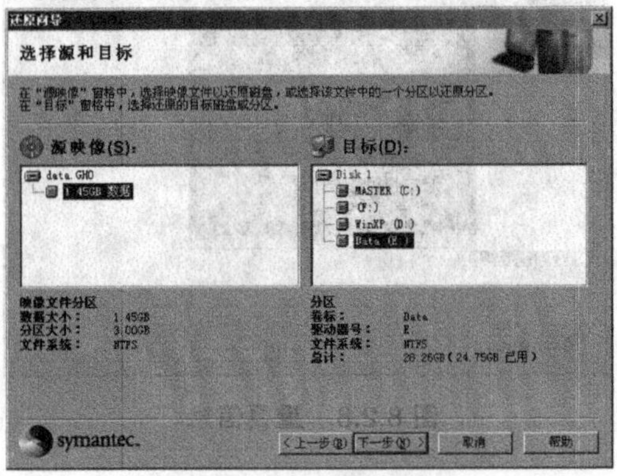

图 8.2.15　选择源和目标

（7）点击“下一步”，如图 8.2.16 所示。

（8）点击“下一步”，如图 8.2.17 所示。

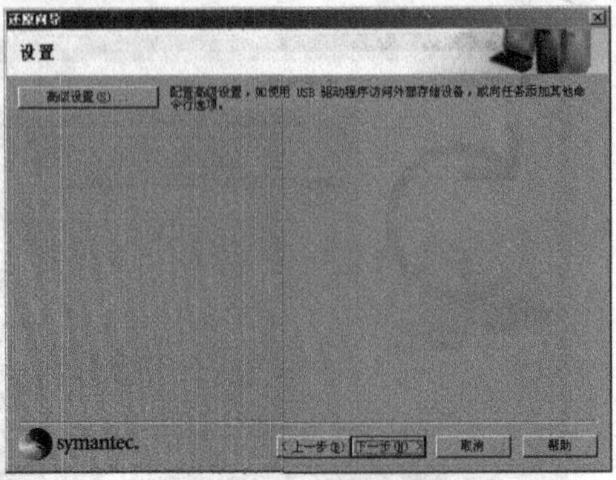

图 8.2.16　设置

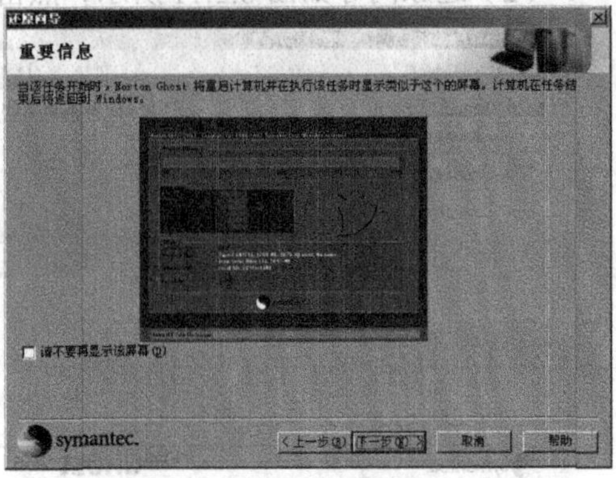

图 8.2.17　重要信息

（9）点击“立即运行”，如图 8.2.18 所示。

（10）弹出对话框，如图 8.2.19 所示，点击“确定”，系统重启并还原数据。

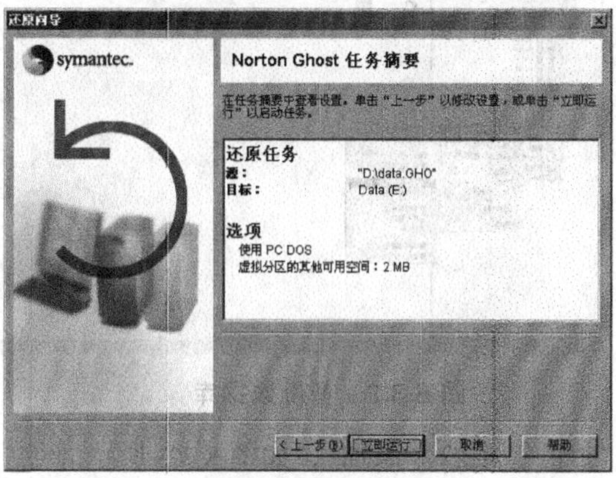

图 8.2.18　任务摘要

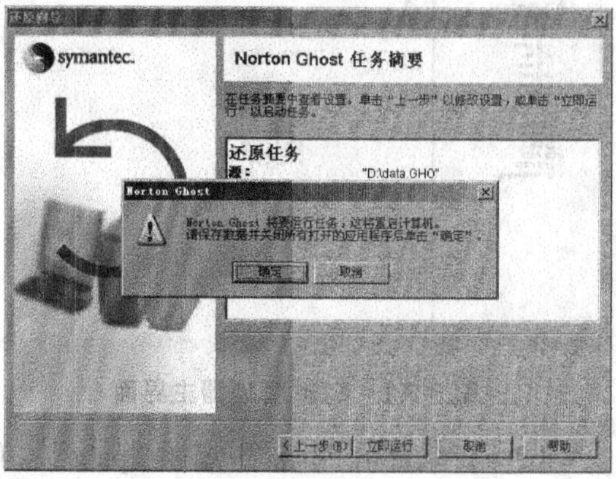

图 8.2.19　确定重启

实验 8.3　SQL Server 实现业务数据的备份

【实验目的】

备份重要数据库数据，完成重要数据库的发布与订阅，限制主要数据库的访问权限。

【预备知识】

MS SQL Server 2000 的基本操作知识。

在 Windows 中使用 MS SQL Server 2000 完成下列所有任务：

（1）实现业务数据库的备份。

（2）完成数据库的发布。

（3）完成数据库的订阅。

（4）对数据库访问权限的设置。

【实验环境】

局域网，实验室终端需安装 MS SQL Server。

【实验工具】

Microsoft 公司 MS SQL Server 2000 中文版，全名为 Microsoft Structured Query Language Server 2000，用于关系数据库管理。

【实验用时】

30 分钟/实例。

【实验过程与步骤】

（1）通过 SQL 管理器主界面连接到 TSCC-20 上的数据库，如图 8.3.1 所示。

（2）选中“pubs”数据库，右键单击，单击“所有任务”/“备份数据库”，如图 8.3.2 所示。

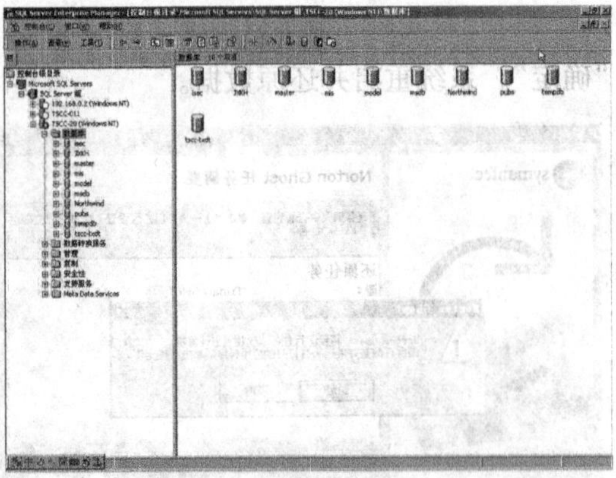

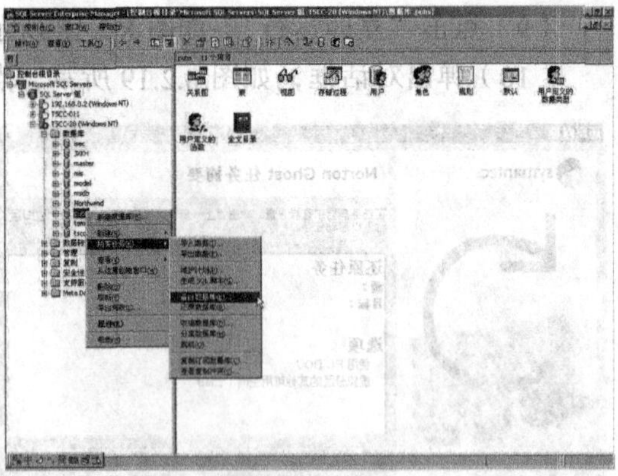

图 8.3.1　SQL 管理器主界面　　　　图 8.3.2　备份数据库

（3）在数据库下拉框中选择“pubs”，单击“目的”中的“添加”，如图 8.3.3 所示。

（4）单击“浏览”，选择“E:\backup\”，输入“CRM_backup”，单击“确定”，如图 8.3.4 所示。

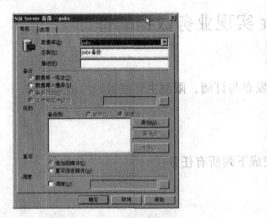

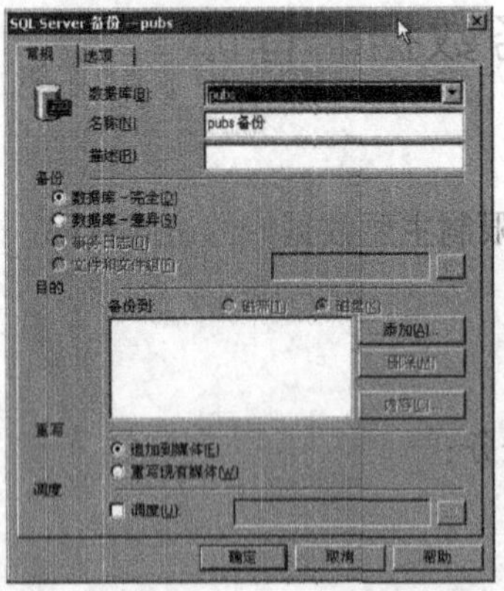

图 8.3.3　备份属性　　　　图 8.3.4　选择备份的路径

（5）设置备份路径后，回到上级目录中，选中“重写”中的“重写现有媒体”，如图 8.3.5 所示。

（6）选中“调度”，单击“浏览”，如图 8.3.6 所示。

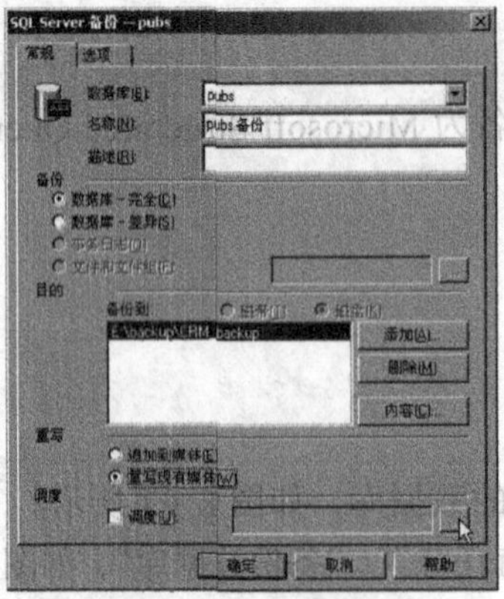

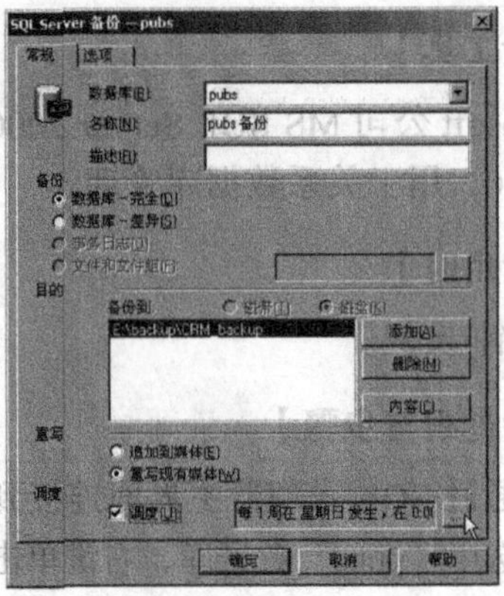

图 8.3.5　设置重写类别　　　　图 8.3.6　备份主页面

（7）单击“更改”，如图 8.3.7 所示。

（8）选中“每周”“星期六”“一次发生于”，输入“23:00:00”，确保开始日期为当前日期，单击“确定”，如图 8.3.8 所示。完成后界面如图 8.3.9 所示。

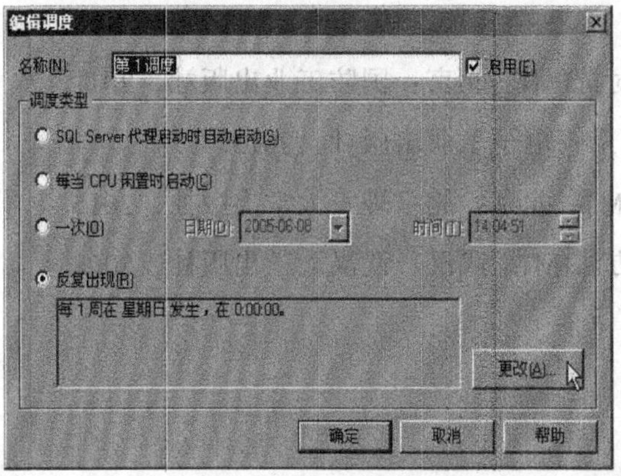

图 8.3.7　编辑调度

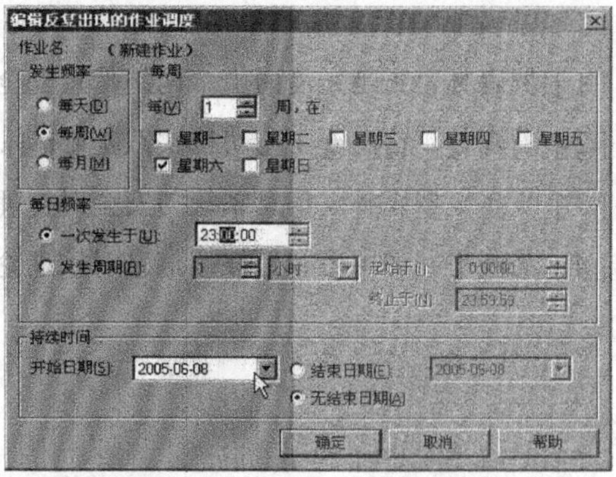

图 8.3.8　设置调度时间

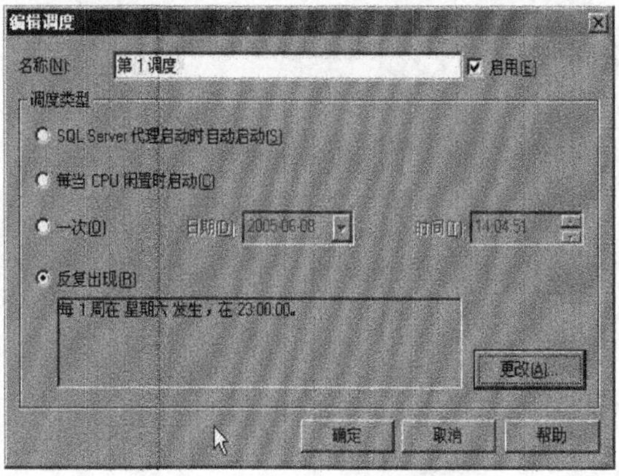

图 8.3.9　更改完成后的界面

【作业】

1. 备份的策略有哪几种？
2. 完成实验报告。

参考文献

[1] 罗森林，王越，潘丽敏. 网络信息安全与对抗[M]. 北京：国防工业出版社，2011.

[2] 罗森林. 信息安全与对抗实践基础[M]. 北京：电子工业出版社，2015.

[3] 王越，罗森林. 信息系统与安全对抗理论[M]. 北京：北京理工大学出版社，2015.

[4] 吴晓平，魏国珩，付钰. 信息对抗理论与方法[M]. 武汉：武汉大学出版社，2008.